江苏省海洋科学与技术优势学科建设经费资助
江苏省水产养殖学品牌专业建设经费资助

主要海水品种实用健康养殖技术

阎斌伦　等编著

海洋出版社

2017年 · 北京

图书在版编目（CIP）数据

主要海水品种实用健康养殖技术/阎斌伦等编著．—北京：海洋出版社，2017.12

ISBN 978-7-5027-9997-7

Ⅰ.①主… Ⅱ.①阎… Ⅲ.①海水养殖 Ⅳ.①S967

中国版本图书馆 CIP 数据核字（2017）第 312885 号

责任编辑：杨　明
责任印制：赵麟苏
海洋出版社　**出版发行**
http：//www.oceanpress.com.cn
北京市海淀区大慧寺路 8 号　邮编：100081
北京朝阳印刷厂有限责任公司印刷　　新华书店发行所经销
2017 年 12 月第 1 版　2017 年 12 月北京第 1 次印刷
开本：787mm×1092mm　1/16　印张：31.25
字数：438 千字　定价：90.00 元
发行部：62132549　邮购部：68038093　总编室：62114335

前　　言

约占地球表面积71%的海洋蕴藏着极其丰富的生物资源，与已被充分开发的陆地生物资源相比，海洋生物资源具有更大的开发潜力。广阔的海洋将成为人类21世纪获得食物和药品的重要来源。当今世界，面临人口爆炸、资源破坏、食物短缺三大危机严重挑战的紧要关头，世界各国都把开发海洋作为国民经济发展的重点，竞相投入巨资进行海洋资源开发研究。其中，海洋渔业的发展是开发海洋生物资源的主要组成部分。传统的海洋渔业以捕捞为主，但由于世界各国捕捞技术的发展和捕捞强度的增大超过了海洋生物资源的自然增长，制约着以捕捞为主的海洋渔业的发展。自20世纪中期海水养殖开始引起各水产大国的重视，在这些国家中，海洋渔业的发展逐渐从捕捞型向增养型过渡。

我国水产品总产量连续几年居世界第一，产量不断提高，但质量却不尽如人意，因此，水产品的卫生安全问题也是目前水产业所面临的严重问题。我国加入WTO意味着关税壁垒的消除，我国的水产品要与国外发达国家的水产品进行竞争，必须做到质量保证，健康、无药物残留、卫生及无公害，这些是首要条件。到21世纪中叶，我国健康养殖将全面赶上世界先进水平，即对应用基础有深入研究，实现生态调控自动化、生产操作机械化、产品质量可追溯。近20年来，我国渔业发展速度一直高于整个国民经济发展速度，我们始终坚信再过15~20年时间，水产健康养殖将出现一个全面发展的新局面。到那时，我国健康养殖的水产品，成为我国水产养殖的一个品牌，让我国人民及全世界人民吃着放心，为21世纪人类健康做出更大的应有的贡献。

开展健康养殖，达到养殖可持续发展的要求，必须对现有的养殖技术包括养殖模式、养殖品种、设施结构等进行更新，同时提高管理水平，加大监督力度，使我国水产养殖业走可持续发展之路。为普及建康养殖技术，我们收集了全国各地健康养殖技术的案例和管理措施，结合我们的相关研究成果和实践经验，编著成书，供新型职业渔民参考，也可以作为水产职业院校教学用书及普通高校水产养殖专业师生参考用书。

由于中国幅员辽阔，气候条件和盐度、光照、水质、底质等自然环境因素千差万别，加之养殖品种繁多，考虑到养殖的原理和通用技术基本相通，所以我们选编了具有代表性种类的实用养殖技术。本书共分五部分，分别介绍了养殖品种22种。其中中国对虾、南美白对虾、日本对虾、脊尾白虾、大菱鲆和半滑舌鳎部分由徐加涛编写；梭子蟹、青蟹、缢蛏、文蛤和青蛤部分由罗刚编写；藻类部分由李信书编写；扇贝、鲍鱼、牡蛎和菲律宾蛤仔由董志国编写；栉孔扇贝和乌贼由高焕编写；海参、海胆由许建和编写。全书由阎斌伦统稿。在此书的编写过程中，引用和参考了许多养殖科技工作者的有关文献资料，并得到很多同行的热情帮助；本书的出版得到江苏省高校优势学科“海洋科学与技术”和江苏省品牌专业“水产养殖学”建设经费的资助，在此致以衷心感谢！

由于时间和条件的限制，再加之我们的水平所限，书中不妥之处敬请读者批评指正。

编者

2017年3月于淮海工学院

目 录

第一篇 鱼类养殖

第二篇 虾蟹养殖

第三篇　贝类养殖

第四篇　海藻养殖

第五篇　海珍品养殖

第一篇　鱼类养殖

第一章
半滑舌鳎养殖

半滑舌鳎又名半滑三线舌鳎，地方名：龙力、舌头、牛舌、鳎板、鳎米、鳎目、鞋底鱼。半滑舌蹋为东北亚特有名贵鱼类，主要分布于我国的黄海、渤海海区，具有营养丰富、广温、广盐、个体大、生长快等特点，深受消费者喜爱，市场前景广阔。目前江苏沿海都有养殖，主要集中在连云港市赣榆区沿海一带，基本采用工厂化养殖模式，且规模逐年扩大，其养殖用水大都使用地下盐化水，也有搭配使用自然海水。近几年来半滑舌鳎商品鱼市场售价都在 400 元/kg 左右，而正常情况下其养殖成本不超 100 元/kg，工厂化养殖的产量基本可达 7~10 kg/m^2，因此养殖效益十分可观。

第一节　半滑舌鳎生物学

一、形态特征

体甚延长、侧扁，呈长舌状；头部小，吻略短，前端圆钝。眼小，两眼均位于头部（朝游泳方向）左侧，下眼前缘在上眼前缘的后方，眼间隔颇宽，等于或略大于眼径，平坦或微凹下。有眼侧具 3 条侧线，上中侧线间具鳞 19~21 行，中下侧线间具鳞 30~34 行，无眼侧无侧线。背鳍起点在吻部前端的背方。臀鳍起点在鳃盖后缘的后下方。无胸鳍。有眼侧具腹鳍，以膜与臀鳍相连；无眼侧无腹鳍。尾鳍后缘尖形。有眼侧暗褐色（图 1-1）。

图 1-1　江苏省海洋水产研究所养殖的半滑舌鳎（张志勇 摄）

二、生活习性

半滑舌煽的适温范围广，最高可达 30℃，在 4℃的温度下尚可自然越冬，在水温 14~28℃生长良好。

半滑舌鳎也是一种广盐性鱼类，能在盐度为 0~37 的水中存活，生长适宜盐度为 16~32。适宜生长的 pH 值范围为 7. 6~8. 6，池塘养殖水中溶解氧要求在 4 mg/L 以上，工厂化养殖水中溶解氧要求在 5 mg/L 以上。水中氨氮要求低于 0. 02 mg/L。

半滑舌鳎喜欢清新的水质，水中悬浮物多影响其正常呼吸，不利于摄食和生长，水体透明度应在 50 cm 以上。工厂化养殖光照要求在 600 lx 以下，池塘养殖可以通过提高水位来降低池底光照强度。

三、食性

在自然条件下以底栖生物为食，渤海湾海区的半滑舌鳎主要摄食口虾姑、鲜明鼓虾、日本鼓虾和其他双壳类以及多毛类、棘皮动物、黄卿鱼等。在人工饲养条件下，半滑舌鳎喜食沉性饲料，可终年摄食，其摄食强度的周年变化不大。

四、生长发育

半滑舌鳎在3龄前处于生长加速期，此后生长速度下降。体长为10 cm的鱼种，经12~15个月的饲养，体重可达到500 ~ 800 g（上市规格）。

个体发育：初孵仔鱼全长2.56~2.68 mm；2 ~3日龄的仔鱼开口摄食；至18日龄进入稚鱼期。25日龄的稚鱼右眼开始向上移动；29日龄时右眼完全转到左侧，变态为侧偏游的稚鱼，此时全长约15 mm。57日龄进入幼鱼期，侧线基本形成，全长约25~27 mm 。79日龄的幼鱼，鳔退化，鳞片发育完全。

五、繁殖习性

半滑舌鳎在3龄达到性成熟后身体变得厚实，全长/体高能达到3.96。雌雄个体差异较大，雌性个体的平均体长为523 mm，最大体长可达800 mm以上；雄性个体的平均体长为280 mm。在自然海区内雄性个体数量较少，性腺不发达，繁殖力低，所以其资源量较少。

第二节　半滑舌鳎的苗种生产

一、亲鱼的选用

亲鱼来源有野生鱼种和人工养殖鱼种。收购野生舌鳎，大小皆宜，刚收购的海捕舌鳎，先进行药浴消毒、消炎3~5 d，治疗体表的伤口和杀灭体表的寄生虫，然后放入沙底的池塘，或水泥池底铺沙进行养殖，可获得较高的养殖成活率，养殖一段时间后，其体质得到恢复，对小水体环境适应后，再移入亲鱼池进行人工培育。

直接利用海捕亲鱼进行繁殖时，在海上捕获亲鱼后，挑选出性腺成熟度好的、受伤不严重、健康活泼的亲鱼，清洗鱼体表附着的黏液和污物，放入亲鱼运输容器中，及时运到育苗场。捕捞的野生亲鱼，选择雌鱼体长在45 cm以上、体重800 g以上，雌鱼性腺发育至Ⅳ、Ⅴ期，性腺明显隆起；雄鱼体长在25 cm以上，体重在120 g以上，鳞片完整，体表无外伤的个体作为亲鱼，经过短期人工生殖调控用于繁殖。

目前经过几年的养殖推广，人工养殖的半滑舌鳎有许多达到了性成熟繁殖规格，可作为亲鱼。利用人工养殖的鱼种作为亲鱼育苗时，应选择2龄以上个体，雌鱼在1 500 g以上、雄鱼在200 g以上为宜，选择体色正常、体形完整的健康个体，体色异常、畸形、有损伤、不健壮的个体一律不能用。

二、亲鱼的培育

人工繁殖用亲鱼蓄养在水泥池中，常用的水泥池为圆形或八角形，中心排水，面积为20~30 m^2。蓄养密度为2~3尾/m^2，雌雄比为1∶1~1∶3。培育采用充气常流水的方式，每天换水率200%~400%，不间断充气。水质要求：水温20~25℃，日温差小于1℃；海水盐度26~32；pH值7.8~8.4；溶解氧6 mg/L以上。要求水质清洁，不能有悬浮物，池水不停地循环流动，否则鱼体表黏附污物，发黏发霉，对鱼摄食生长不利。

培育期间早晚各投喂一次，饵料种类有沙蚕、双壳贝肉、虾蛄肉和小鲜鱼肉，投饵量为亲鱼体重的1%~3%。日常管理要求每天清底一次，及时清除残饵、污物及死鱼。10~15 d清刷一次池底和池壁，根据亲鱼的摄食和活动状况，对亲鱼进行一次药浴消毒。人工调控光照的强度应在1 000 lx以下，每日光照时间在16 h以内。

三、亲鱼越冬、度夏

在冬季培育亲鱼需要有越冬的条件，11月末，当水温降到12℃以下时，进入了越冬管理阶段。越冬水温最好维持在8℃以上（可用加温或地下井水进行调节），有利于亲鱼摄食，维持生长和体能消耗，翌年4月中旬随着水温的回升逐渐调高水温，进入常温培育阶段。

亲鱼的越冬培育由于摄食量下降，鱼体代谢活动减少，可以1~2 d换水一次，保持不间断充气。每天清污一次，保持池内清洁。每月土霉素药浴消毒一次。由于半滑舌鳎亲鱼不喜欢摄食块状鱼肉，越冬饵料以贝肉为主，间或投喂沙蚕，投喂量为鱼体重的1%~2%。

当水温高于26℃时，半滑舌鳎也呈现不良反应：水温26℃时，摄食量开始下降；水温28℃以上时，摄食量明显减少、体质下降，容易受到病害侵袭，有时会发生大量死亡的现象。在夏季高温季节，可用地下井水调节培育池水温26℃以下；另外亲鱼培育应注意降低密度、增大流水量，及时清污，保持池内清洁，每10 d需用土霉素药浴消毒一次，防止病菌繁殖引发疾病。

四、苗种培育技术

（一）催产

半滑舌鳎属秋季产卵自然繁殖类鱼，当秋季水温从高温降至25℃以下时，可人工控制调节水温，维持在20℃以上，进行光照、水流诱导促进性腺发育成熟。经过2~3个月的精心管理，雌鱼腹部明显隆起，从腹腔后缘至接近尾部，由大到细凸起呈胡萝卜状，当用手轻轻抚摸腹部凸起，明显可以感到性腺呈松软状态时，表明性腺完全成熟，进入产卵期。雄鱼性腺隆起不明显，但是发育成熟的雄鱼游动活泼。

（二）产卵与受精

半滑舌鳎产卵前，有明显的雌雄聚集的现象。雄鱼聚集在要产卵的雌鱼周围，进行产卵追逐诱导刺激。半滑舌鳎的追尾在时间上没有规律，而其产卵却有时间规律，正常产卵时间为22：00—2：00，多数集中在24：00—1：00产卵。当雄鱼和雌鱼都发育良好时，每天产卵的时间基本准时。当雄鱼和雌鱼发育成熟不同步或发育产卵过程中出现问题时，产卵受精时间规律会受到破坏，也有白天产卵的现象。发现亲鱼产卵后，及时将池内的受精卵收集，受精卵可通过流水收集于池外的集卵网箱内。

性腺发育良好的亲鱼，轻压腹部可挤出卵子和精液。由于半滑舌鳎雌鱼的排卵量相当大，而雄鱼的精液量很少，为了保证较高的受精率，进行人工授精时，可用3尾雄鱼配1尾雌鱼。半滑舌鳎的成熟卵子呈浮性，采用湿法人工授精较好，挤出卵后可快速用海水分离去掉下沉的死卵和黏液，然后加入精子，均匀搅动，提高受精率。

（三）人工孵化

通过集卵网箱收集的受精卵用10～15 g/m³的碘液浸洗3～5 min，然后用清洁海水冲洗，放入量筒中静置分离，去除下沉的死卵，计数后放入孵化箱内孵化。孵化箱为80目的筛绢网箱，孵化箱放于水泥池内孵化，水泥池和孵化箱内不间断充气，孵化箱内微量充气，使水体缓和波动。

孵化条件要求光照控制在1 000 lx以下，孵化水质：pH值为7.8～8.2、溶解氧5.0 mg/L以上、盐度27～32、氨氮小于200 μg/L、水温20～24℃。

孵化期间及时清除死卵，每隔2 h镜检受精卵发育进展情况，在水温22～23℃条件下，半滑舌鳎受精卵经过36～40 h，仔鱼便可破膜而出，完成孵化。初孵仔鱼全长2.5～2.6 mm，头长0.48 mm，头高0.23 mm，具有54～58个肌节，躯干上有色素，色素分段分布，有四个色素段。

（四）苗种培育

1. 布池

半滑舌鳎的苗种培育池以圆形池为好，10～25 m^2面积大小的池子操作方便，易于管理。培育条件为：海水盐度 27～32、水温 22～23℃、pH 值 7.8～8.2、溶解氧大于 5 mg/L，水深 0.8～0.6 m 即可。

培育池布苗可布即将孵化的受精卵，此时受精卵上浮性好，容易收集，搬移容易操作。半滑舌鳎苗种代谢旺盛，苗种培育成活率较高，变态伏底后，不再上浮摄食。伏底的苗种吸附力强，小水流冲不动，伏底后吸底清污、分池困难，苗种培养密度不宜过高，仔鱼布池的密度以 0.5 万～1.0 万尾/m^2 为宜，可根据育苗场的设施条件和技术管理水平而定。

2. 苗种生长

半滑舌鳎初孵仔鱼经 30 d 培养后，鳔基本吸收，嘴的弯度、形状与成鱼一致，全长 25 mm 左右，体宽 10 mm 左右，鱼体不透明，体色黄色，分布黑褐色细小斑点。鳃部、脊椎骨仍可见红色，鳍条和躯干区分明显，各鳍完善，尾鳍呈三角形尖状，侧线可见，进入幼鱼阶段。

3. 培育管理

（1）水质、光照

半滑舌鳎苗种培育，适宜水温 20～24℃，随着苗种的生长逐渐降低培育水温，水温日变化不超过 1℃，要求水质清新、稳定，透明度要求能看见池底。海水适宜盐度 27～32，培育过程中要求盐度恒定，pH 值 7.8～8.2。要求水中连续充气，池水保持缓慢波动状态，保持 DO 大于 5 mg/L。要求及时更换新水，保持苗种池水中氨氮小于 0.02 mg/L。

半滑舌鳎苗种不喜强光，光照强度大时，仔、稚鱼多在底层活动，苗种培育时光照控制 1 000 lx 以下，以 400~600 lx 为宜。孵化后 2 d，开始换水，每日换水两次，初期每日换水率为 10%~20%，以后逐渐增加换水量，每日吸底一次。

（2）饵料及投喂

仔鱼孵化后，可向池中加入小球藻，保持池水中小球藻浓度 30 万个/mL 左右。

孵化后 3 d，鱼活动能力较强，卵黄基本吸收，仅剩聚集油球的残余部分，口已完全张开，开始开口摄食。此时开始投喂经过小球藻和营养强化剂强化过的轮虫，保持池水中轮虫密度 8~12 个/mL。每天吸底清污一次，每日换水 10%~30%。

孵化后 8 d，可以投喂经营养强化后的卤虫无节幼体，保持池水中卤虫无节幼体密度 3~5 个/mL，以后逐渐增加卤虫无节幼体投喂量，增至 8~10 个/mL 后保持密度，减少轮虫投喂量。每天吸底清污一次，每日换水 30%~50%。

孵化后 13 d，停止投喂轮虫，开始驯化投喂配合饲料，此时鱼体游泳能力强，生长代谢旺盛，投喂饲料增加，尤其是投喂配合饲料后，水体污染情况逐渐加重，应适当增大充气量，增加换水量，日换水量 50%~100%，每天吸底清污一次。

孵化后 17~19 d，鱼体处于变态发育阶段，摄食欲望不强，不喜欢摄食硬颗粒配合饲料，同时伏底变态期间，鱼体质弱，吸底伤亡严重，为了保持水质，降低吸底强度，这 3 d 可以停止投喂配合饲料。加大换水量，日换水量 100%~150%，两天吸底清污一次。

孵化 20 d 以后，鱼体进入伏底或附壁生活，主要在水底摄食，不再游到水中摄食。开始逐渐增加配合饲料的投喂驯化，逐渐减少卤虫无节幼体的投喂量。鱼苗伏底后可将水位降低，30 d 后卤虫幼体的投喂量减至每天一次，投喂时间在下午14：00—15：00，其余时间投喂配合饲料。40 d后停止投喂卤虫无节幼体，改为投喂冻卤虫，每天一次，其余时间投喂配合饲料。60 d后逐渐停喂卤虫，全部转化为配合饲料，配合饲料驯化摄食正常后即可出售苗种。半滑舌鳎由于伏底摄食，摄食时将食物压在口下吸入吞食，摄食缓慢，觅食时间长，要求配合饲料在水中要有较高的稳定性。

4. 苗种出池

半滑舌鳎苗种培育至全长3 cm以上，需要40 d左右的时间。3 cm以后的苗种培育过程中需进行分苗、并池、倒池等操作。半滑舌鳎苗种伏底或附壁能力强，不在水中游动，难以用抄网捞出，苗种出池可以通过排水或虹吸的方法出苗。

（1）排水法出苗

通过从中心管向外排水，苗种随水流流出，在出水口用网箱收集苗种。网箱放在帆布桶或大塑料盆内，网箱的网目为1~2 mm，及时将网箱内收集的苗种用瓢或抄网移出，防止收集苗种密度过大，引起缺氧现象。由于半滑舌鳎伏底附壁能力强，放水出苗时，要用水流沿池四周逐渐向中心冲洗，才能将苗种冲入中心管排出，待出苗池水排尽后，还要反复冲洗排水管，才能将排水管内的苗种冲洗出来。

（2）虹吸法出苗

通过虹吸管将鱼苗吸出，在池外用网箱收集虹吸出的苗种，方法同排水法出苗。用虹吸法出苗时，虹吸管口要钝圆，减轻鱼被吸出时受到撞击的伤害，同时要不断地向池内加水，保持池水水位，产生一定的落差，否则水位下降，虹吸的吸力小，吸出鱼的效率低。

5. 病害防治

半滑舌鳎属于暖温性鱼类，繁殖期间水温高，病原生物繁殖旺盛，整个育苗期间，要建立严格的阻止病原传播的措施。育苗的工具要专池专用，对共用的工具，中间过程要有消毒清洗措施。以预防为主，平时多注意观察，发现病兆，提前采取防治措施。在苗种开口和变态的几个环节进行土霉素药浴预防，降低生产过程中疾病发生率。

半滑舌鳎受精卵孵化时间短，幼体发育生长快，苗种培育过程中，由于进程快，病害比较轻，目前没发生严重的病害现象。育苗中主要的危害是水质过滤不彻底，细小悬浮物较多。半滑舌鳎苗种游泳速度慢，特别是变态伏底后，活动程度更低，平时伏底不动，摄食时活动或偶有活动，活动也是伏底或是附壁缓慢移动，身上容易附集污物，影响摄食和生长；同时半滑舌鳎培育池吸底清污困难，鱼苗伏底不游动，吸底时容易伤害幼鱼，造成鱼体受伤死亡。防治措施是加强水质管理，加大换水量，保持水质清洁，吸底清污时操作仔细缓慢，避免伤害鱼体。

第三节　半滑舌鳎的养成

一、工厂化养殖设施

（一）养鱼车间

工厂化养鱼车间是建在陆地上的养鱼设施，长方形，多为双跨、多跨单层结构，跨距一般 9~15 m。车间四周为水泥砖混墙体，屋顶断面为三角形或拱形。屋顶为钢架、木架或钢木混合架，顶面多采用遮光材料，如石棉瓦、玻璃钢瓦、无纺布等，设采光透明带或窗户采光，室内照明强度以晴天中午不超过 2 000 lx 为宜。也可用塑料薄膜或 PVC 板覆顶，顶上覆盖草帘、防晒网进行光照和温度调节。

鱼池多为混凝土、砖混或玻璃钢结构。养鱼池的形状有长方形、正方形、圆形、八角形（方形抹角）、长椭圆形等。鱼池面积大小为20～50 m^2，以25～30 m^2较好，池子深度0.6～1.0 m，每池设气石4～8个，进水管1～2处，池底四周向中心有一定坡度，坡度为3%～10%，由池边向池中央逐渐倾斜。鱼池中央设置有排水口，其上安装多孔排水管或防逃网，防止养殖的鱼从排水管逃走，利用池外溢流管控制水位高度。进水管沿池壁切向进水，使池水产生切向流动而旋转起来，将残饵、粪便等污物旋至中央排水管排出，各池污水通过排水沟流出养鱼车间。

（二）供水系统

1. 养殖用水水源

有自然海水和地下海水两种，常用的多为自然海水，有条件打出地下海水井的，可以利用优质的地下海水进行养殖，避免夏季高温和冬季低温对鱼生长的影响。地下海水井的水量必须能够满足车间用水的需求，井水的盐度、氨氮、pH值、化学耗氧量、重金属离子、无机氮、无机磷等水质理化指标要符合《NY 5052海水养殖用水水质标准》的要求。常见含量超标的金属离子有铁离子（Fe^{2+}）和钙离子（Ca^{2+}），如果Fe^{2+}离子含量较多（加漂白粉后水发红），氧化后变成胶絮状的Fe^{3+}离子，水质混浊，鱼鳃容易附着污物，鱼池及用具被染红。如果Ca^{2+}离子含量较多，池中及鱼鳃上有颗粒状附着物，鱼生长受阻，严重时引起死亡。由于地下水严重缺氧，必须设立曝气装置，使溶解氧达到5 mg/L以上，否则会导致养殖鱼类摄食量减小，生长减慢，容易发生各种病害。

2. 供水系统

包括取水管道和取水井、水泵、水质净化系统、供排水管道等，需根据用水量确定水泵等设备的功率、数量及输水管道直径。

（1）水管道和取进水井

大海潮汐每日有涨落，同时岸边水源容易受到污染，为了稳定取水和保证水质安全，需要通过海底铺设管道，将取水口深入到海中一段距离和一定深度取水，此种方式取水需用离心泵。铺设海底管道后，也可在海岸边挖掘大口井，将海水引入大口井，通过大口井取水，这样可以利用多种水泵形式取水。

（2）水泵

水泵有轴流泵、离心泵、潜水泵等类型，不同类型的水泵有不同的特点，可以根据具体情况选用。轴流泵具有耐用、效率高的优点，但是扬程低，潜水泵使用方便，缺点是耗电易损坏。

（3）水质净化系统

工厂化养鱼对水质要求较高，要达到鱼类最佳生活环境的水质要求，必须具有功能完善、运转良好的水质净化系统，这是工厂化养鱼的关键和技术核心。水质净化系统包括沉淀池、过滤器和消毒装置等。

沉淀池：沉淀池是利用重力沉降的方法从自然水中分离出密度较大的悬浮颗粒，容积应为养鱼厂最大日用水量的3~6倍。用水量小的养鱼厂，沉淀池一般修建在高位上，利用位差自动供水，其结构多为钢筋混凝土浇制，设有进水管、供水管、排污管和溢流管，池底排水坡度为2%~3%。用水量大，有条件的养殖车间，可利用海水池塘或沿岸的海参池作为沉淀池取水。

过滤器：过滤器的目的是将自然水中的细小悬浮物通过过滤的方法除去，常用的过滤器有机械过滤器和生物过滤器两种。在封闭循环水养殖厂需要用生物过滤器，主要利用生物过滤器中的细菌除去溶解于水中的有毒物质，如氨等，它分为生物滤池和净化机两类。

蛋白分离器：蛋白分离器又称为泡沫分离器，是一种简单有效的水质净化处理装置。利用水中的气泡表面可以吸附混杂在水中的各种颗粒状的污垢以及可溶性的有机物的原理，通过气浮方式来脱除养殖水中悬浮的胶状体、纤维素、蛋白素、残饵和粪便等有机物，用来减少物理的和化学的胶状物。采用充氧设备或旋涡泵产生大量的气泡，将通过蛋白质分离器的海水净化，这些气泡全部集中在水面形成泡沫，将泡沫收集在水面上的容器中，它就会变为黄色的液体后被排除。蛋白质分离器可以有效地清除水中的有机物颗粒、蛋白质、有害金属离子等，水质净化效果较好，是海水养殖系统中不可或缺的重要组成部分。

消毒装置：养鱼系统中经过过滤的水还含有细菌、病毒等致病微生物，因此有必要进行消毒处理。目前常用的消毒装置为紫外线消毒器和臭氧发生器：紫外线消毒器有紫外线灯、悬挂式和浸入式紫外线消毒器等，它们均可发射波长约 260 nm 的紫外线以杀灭细菌、病毒或原生动物，用的紫外线灯为低压水银蒸汽灯；臭氧发生器：臭氧消毒具有化学反应快，投量少，水中无持久性残余、不造成二次污染等优点，也是目前工厂化养鱼常用的、较为理想的消毒装置。

（三）辅助设施的配置

工厂化养鱼辅助设施主要有充气、供暖设施及一些配套设施。

1. 充气设施

目前的增氧设备主要有两类：一类为增氧机式，具有风量大，风压稳定，气体不含油污等优点，但其气源来自未经过滤的空气，含氧量低，因此只适合于养鱼密度较小（载鱼量小于 10 kg/m^3）的开放式工厂化养鱼厂；另一类为制氧机式，它可以由空气中制取富氧（含氧量大于 90%）或纯氧，并直接通往养鱼水体中达到增氧的目的，适合于养鱼密度高（载鱼量大于 20 kg/m^3）的封闭式循环流水养鱼厂。

充气泵、增氧机等产生动力，通过输气管道将空气或氧气送入养殖车间，输气管道可采用PVC管或无毒塑料管，通过各级支管输送到每个池子，每个支管设有阀门控制气量，通过塑料管与散气石或散气管通入各池的水中，氧气通过散气石或散气管进入池子的水中，进行增氧。

2. 供暖设施

温流水养鱼厂可利用工厂、电厂余热、地热等作热源；而工厂化循环流水养鱼必须设置加温设施。供暖设施包括锅炉、热交换器（或散热管）、供热及回水管道。

锅炉是使用较早，目前仍普遍采用的一种加温设备。现在常用燃煤型锅炉，由锅炉产生蒸汽或热水，通过铺设于池底的热水管在管内进行封闭循环来间接加热池水。

3. 其他配套设施

工厂化养鱼厂由于用电量较大，还需配备变电设施，为防止停电，导致生产失败，还应配备发电机组。

二、养殖管理

（一）苗种的选择和运输

放养小规格苗种全长要求在6 cm以上，大规格苗种全长在10 cm以上；要求鳞片完整，无伤残，健壮活泼，大小均匀，体色正常。规格太小的苗种，养殖场日常吸底清污操作困难，不易管理。

苗种的运输采用泡沫箱内装塑料袋充氧运输，对颠簸路途适应性好，苗种受损伤轻，运苗成活率高，具体操作方法参见池塘养殖的苗种运输。每袋可装6 cm的苗种100~120尾，10 cm的苗种50~60尾。

苗种运输过程中应注意以下事项：根据路途、路况、水温、气温等条件，确定合理的运输密度。运输前要停食1～2 d，使鱼处于空胃状态，运输水温保持在10～13℃。运输过程中，要注意遮阴和保温。运输途中，避免剧烈颠簸、晃动，防止鱼体互相擦伤。

（二）苗种放养

1. 养殖密度、规格筛选

一般6 cm的幼鱼放养密度300～400尾/m^2；10 cm的幼鱼放养密度200～250尾/m^2；15 cm的幼鱼放养密度100～150尾/m^2；20 cm的幼鱼放养密度60～80尾/m^2；25 cm放养密度50～60尾/m^2；30 cm放养密度30～35尾/m^2；35 cm放养密度20～25尾/m^2；40 cm放养密度15～18尾/m^2；45 cm放养密度10～12尾/m^2，稍低于鲆、鲽类品种养殖的放养密度。

养殖1～2个月可进行一次规格筛选，筛选时要注意以下几个方面：注意鱼的健康状态，鱼体有病时或有寄生虫感染时，不能筛选，否则引起病情加重和病原扩散传播，应治疗后再筛选；筛选前要停食一天，使鱼处于空胃状态，减少操作时对鱼体的伤害；规格筛选操作要细心、轻快，尽量避免因操作使鱼体受伤；做好筛选记录，记录每池鱼的数量及体长规格；筛选后应对鱼进行药浴。

2. 水质管理

半滑舌鳎底栖生活，不在水中游动，需要保持池中水体流动，有利于清除代谢物。养殖水位不需太高，一般保持40～50 cm水深即可。生长的适温范围为13～26℃。水温日变化幅度大于2℃时，摄食量明显减少甚至不摄食，要求保持水温波动缓慢。能在盐度5～37的海水中正常生长，养殖的盐度在32以下较为适宜。对水质的酸碱度要求海水pH值为7.5～8.5，低盐度pH值为

7.0~7.5。当水中溶解氧在3 mg/L以上时半滑舌鳎能正常生存。工厂化养殖池水中的溶解氧应保持在5 mg/L以上；水中氨氮含量低于0.02 mg/L。工厂化养殖水经过各种净化、消毒处理，要求池水清澈、透明见底。半滑舌鳎暗光下游动自由，光照弱时鱼群分散伏底；光照强时，半滑舌鳎因寻找隐蔽场所而聚集，养殖要求光照在600 lx以下为宜。

3. 换水及清洗池子

半滑舌鳎的工厂化养殖以常流水换水方式较好，根据养殖条件和鱼体密度需要，池中保持一定的水位，进水管按一定流量不停地向池内进新水，高出水位的水自动从排水管口溢出。每日人工拔掉排水管排水1~2次，随着水流形成的旋转力量，可以将部分池中的污物带走，残饵和排出的粪便可以及时流走。常温养殖时日换水量100%~300%，夏季高温时日换水量为200%~500%，冬季低温时日换水量可减少到100%~200%。采用地下海水养殖时，由于海水温度比较稳定，日换水量可常年保持在300%~500%。

养殖中要求每日清洗池底一次，清洗池底可以安排在下午人工排水时进行，在排水时用刷子轻推池底，将污物推向排水口，随水流排出。养殖一段时间后，池底和池壁上会沉积附着污物，并且繁殖细菌和寄生虫，需要将鱼移到干净的池中养殖，清刷原池底和池壁，进行消毒杀菌。

4. 饲料及投喂

半滑舌鳎养成过程中，基本投喂干性的商业饲料，其投喂次数可根据鱼的大小调整，投喂量需要根据鱼体的摄食情况、当时的水质情况灵活掌握。一般15 cm以下的苗种每天投喂3~4次，日投喂量为鱼体重的2%~3%；15 cm以上的苗种每天投喂2次，日投喂量为鱼体重的1%~2%。在水温超过26℃或在水温低于13℃时，发现鱼摄食不良时，应适当减少投饵次数及投喂量。

半滑舌鳎摄食状况好的鱼，饱食后，腹部明显凸起。原则上每天要定时、定量投喂。针对舌鳎摄食缓慢，觅食时间长的特点，每次投喂时间稍长，池底可有少量剩余饲料颗粒，留给觅食慢的鱼摄食。

（三）病害防治技术

养殖过程中特有的病害为烂尾病和出血病。

1. 烂尾病

（1）发病时间

在养殖全过程中均可发生。

（2）主要症状

病鱼尾鳍腐烂、末端发白，伤口处皮肤、肌肉有血丝或炎症，然后逐渐向鱼体前部蔓延，甚至可以达体长的1/5～1/4。鱼体死亡不严重，摄食没有明显变化，当环境条件改善、饲料营养丰富时，糜烂部位可以自行痊愈。烂尾病的病因和病原不明，推测可能与营养不良有关。

（3）防治措施

改善水质条件，经常更换新水，提高饲料质量，丰富饲料营养成分。

2. 出血病

（1）发病时间

在养殖全过程中均可发病。

（2）主要症状

鳍条、皮肤、鳞下发红，鳍条增厚，体表不整洁，分泌黏液、附着许多污物严重时鱼体大面积发红，体表、鳍基出血。鱼不摄食，引起死亡。

（3）防治措施

改善水质条件，经常更换新水。全池泼洒生石灰水100～150 mg/L，5～7 d为一个疗程。

第四节　半滑舌鳎的养殖实例

由于半滑舌鳎对水质要求不像大菱鲆那么严格，而且对水温的适应性更强，在比较浑浊的水中一样正常生长，因此相对于大菱鲆来说更适合江苏省养殖。赣榆华宏公司主要利用自然海水进行养殖，在夏季高温和冬季低温时用井水养殖，成功地解决地下水资源紧张问题，而且养殖周期比起纯井水养殖缩短了20 d左右，经济效益十分明显，值得以后进行大范围推广。这种养殖模式在技术上和纯井水养殖并无不同，只是在交换用水时要进行过渡，防止盐度、温度、pH值等理化指标变化过大，造成不适。过渡方法：用相同流量的水泵向高水位池同时打水，以后逐渐减小将停用水源流量，直至完全被替代，这个过程一般2~3 d完成。

以2010年度为例：当年4月18—23日进规格5.5 cm的鱼苗共计15万尾，放入4个60 m^2的养殖池中，5月15日开始掺入自然海水，由于鱼苗较小，第一天自然海水用量约占1/3，第二天占1/2，第三天全部改为自然海水。到7月20日上午室外水温达到27.5℃鱼苗摄食开始明显减少，当日下午即用井水掺入，养殖池中水温逐渐降到24℃，第二日上午鱼苗摄食转为正常，一直到8月7日全部改为井水养殖。9月15日室外水温降低到25℃以下，再逐渐改为自然海水，10月底水温低于16℃后，再改为井水。翌年3月11日第一批1 200条商品鱼上市，相较以往纯井水养殖上市时间提前近1个月，5月28日销售完毕。期间共利用60 m^2养殖池28个，共出商品鱼144 200条，成活率96.13%，利润超过300万元。总结：尽量利用适温上限养殖，因此鱼苗生长十分迅速，虽然由于经常调整用水造成管理麻烦，但是相较于养殖周期缩短节约的成本来说微不足道。

第二章
大菱鲆养殖

大菱鲆分类上属于鲽形目，鲽亚目，鲆科，菱鲆属（拉丁文名 *turbot*，音译名“多宝鱼”），系栖息于大西洋东北部沿岸的一种特有比目鱼。大菱鲆原产于欧洲，是世界市场共同认可的优质比目鱼类之一。大菱鲆的肌肉丰厚白嫩，骨刺少，内脏团小，出肉率高，身体可食部分多于牙鲆，且鱼肉煮熟后不老，无腥味和异味，风味独特，口感爽滑甘美，尤其他的鳍边和皮下含有极丰富的胶质，营养价直高，是理想保健和美容食品，深受消费者的喜爱。此外，大菱鲆的幼鱼体色多样性，色彩绚丽，加之比目鱼特有的身姿，在水体中可营造出色彩斑斓、彩蝶飞舞的优美效果，有水中蝴蝶之美誉，可开发成冷水性观赏鱼，美化人们的生活。大菱鲆日益受到国际养殖界的高度重视，并在不断地扩大其养殖范围。英国自 20 世纪 50 年代开始人工养殖，短期内获得较理想的效益，开创了海水鱼类养殖的新局面。大菱鲆鱼对不良环境的耐受力较强，病害少，适合于在水质清洁、透明度大的高密度集约化养殖条件下养殖，经济效益高，越来越被广大养殖者所接受。目前，大菱鲆工厂化养殖已在我国北方沿海获得高速发展，在江苏沿海尤其在连云港市也已有一定规模。

第一节 大菱鲆生物学

一、形态特征

身体扁平，体形呈菱形，因背鳍和臀鳍较宽，整体观又近似圆形，双眼位于身体头部左侧（图 2-1）。有眼侧呈青褐色，具点状黑色素和少量皮刺，有隐约可见的黑色和咖啡色花纹，会随环境变化而变更体色的深浅；另外体表有少量角质鳞。无眼侧呈白色，光滑无鳞。背鳍与臀鳍无硬棘，很长。尾鳍宽而短，较小。头部与身躯之比相对较小。口裂中等大，其牙齿细短，并不锐利。身体中部肌肉层较厚，内脏团较小，位于腹腔前位。性腺位于腹腔下后方，成熟期性腺由前向后不断膨大，以致充满整个腹腔，而将内脏团挤于腹腔前位上方。

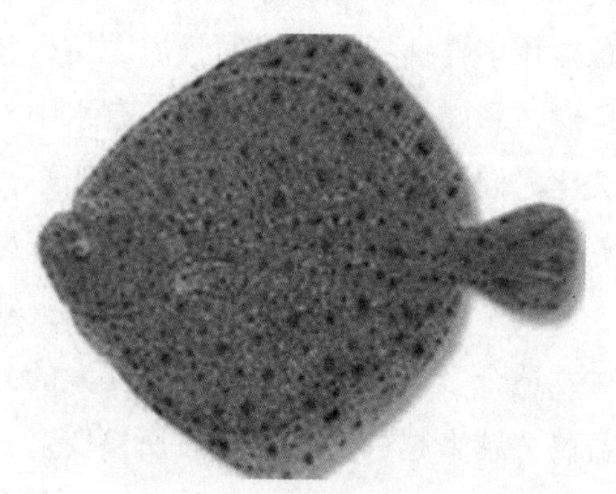

图 2-1 大菱鲆（引自百度）

二、生活习性

大菱鲆为冷水性底层鱼类，栖息于水温较低的泥沙底海区。适应低水温生活和生长是大菱鲆的突出特点之一。但对温度有较高的耐受力，它能短期耐受0~30℃的极端水温。1龄鱼的生活水温为3~26℃，2龄以上的鱼对高温的适应性逐年有所下降，长期处于24℃以上的水温条件下将会影响成活率，但对于低温水体（0~3℃），只要管理适宜，并不会构成生命威胁。实践证明：3~4℃仍可正常生活。10~15 cm的大规格鱼种，在5℃的水温条件下仍可保持较积极的摄食状态，集群游动和摄食的行为均表现活跃。大菱鲆成鱼的生活适温范围为7~22℃，最佳生长水温为15~19℃，致死高温为29℃左右，致死低温为1~2℃。

大菱鲆适应盐度范围广，对盐度耐受范围为12~40；适宜的pH值范围为7.6~8.2；对光照的要求不高，200~3 000 lx即可；能耐低氧（3~4 mg/L，高密度养殖除外）。

大菱鲆喜底栖，无眼的一侧贴底生活。觅饵时跃起捕食，平时活动较少。养殖的大菱鲆性格温顺，无互相残杀现象，喜群居和集群游向水面掠食，食后迅速下潜池底静卧不动。可以互相多层挤压在一起，除头部外，相互重叠面积可超过60%对生长、生活也无妨。

三、食性

大菱鲆属肉食性为主的杂食性鱼类。在自然水域中，幼鱼期摄食甲壳类和多毛类，成鱼期摄食小鱼、小虾等。人工育苗期的饵料系列为轮虫→卤虫幼体→微颗粒配合饲料。成鱼人工养殖阶段可以投喂鲜杂鱼、冰鲜杂鱼或人工配合饲料。大菱鲆从幼鱼开始至整个养成期间，极易接受配合饲料，而且饵料利用率和转化率都很高，饵料系数达1.2∶1，甚至高达1∶1。

四、生长

我国北方沿海养殖证明，7℃以上可正常生长，10℃以上可以快速生长。

在工厂化养殖条件下最适的养殖水温为15~19℃，5 cm苗种入池养殖一年，体重可达800~1 000 g，翌年至第三年生长速度加快，一般年增长速度可以超过1 kg。3~4龄鱼体重可达5~6 kg。

五、繁殖

野生雌性大菱鲆3龄性成熟，体重2~3 kg，体长40 cm左右；雄鱼2龄性成熟，体重1~2 kg，体长30~35 cm。自然繁殖季节为5—8月。养殖亲鱼性成熟年龄一般可以提早一年。大菱鲆亲鱼对光照和温度很敏感，可以利用光温调控方法，诱导和控制亲鱼在年周期内1—10月的任何一个月份产卵。

大菱鲆属于分批产卵鱼类，产卵量与雌鱼个体大小密切相关，平均每千克体重可产卵100万粒。大菱鲆亲鱼在人工条件下一般不能自行排卵受精，繁殖盛期偶有成熟卵自行排出体外，但绝大多数为未受精卵。所以至今人工繁殖培育鱼苗仍依赖于人工采卵授精。

第二节　大菱鲆苗种生产

一、亲鱼选择

大菱鲆的亲鱼来源有两种，一是捕捞野生鱼；二是从养殖池中挑选。我国不是大菱鲆的原产地，因此一般都是通过挑选养殖成鱼做亲本。选择的亲鱼必须体型完整、色泽正常、健壮活泼、摄食能力强、集群性强。雌鱼要求3龄以上，体重3 kg以上；雄鱼要求2龄以上，体重2 kg以上。

二、亲鱼培养

（一）培育设施

循环流水系统：为保证水质优良，水温稳定，循环利用海水或井水必须建造半封闭或全封闭式的循环流水系统。系统包括：泵站、高水位池、回水池、污水处理池等，外加有机物分离器、臭氧发生器、紫外线消毒器等组成。

（二）亲鱼培养池

培养池为圆形，对面积要求不高，大小均可，一般20~60 m^2。每平方米可放养1~2尾，雌雄比为2∶1或1∶1。

（三）亲鱼强化培养

10月初亲鱼进池后，需要强化培养。亲鱼的发育对饲料的要求比较高，必须投喂添加有性腺发育必需的脂肪酸、维生素和矿物盐等的冷冻颗粒饲料。后期添加新鲜小杂鱼、贝类等，亦要有强化营养物质添加。

（四）循环流水

培养亲鱼用水必须经过严格检验，必须符合国家一级渔业用水标准。pH值在8.0左右，溶解氧7 mg/L以上，氨氮在0.1 mg/L以下，盐度在28~35，流水可日交换量2~6个全量。

（五）控光、控温

池顶遮光，完全用灯光控制亲鱼池光照。光照强度200~600 lx。照明灯安置在池上方1.2 m处，光照时间由8 h逐渐增加到18 h。水温由8℃逐渐增加到14℃。经过2个月的调控，即可使亲鱼分期、分批成熟。

（六）日常管理

每天投喂2次，上午8：00、下午16：00时进行，每周连续投喂6 d，停食1 d。日投喂量为鱼总重1%~3%。密切注意观察亲鱼摄食情况，活动能力及集群等。亲鱼培养池要严格保持安静，防止噪声和人员工作惊扰。

三、苗种培育

（一）人工授精与受精卵孵化

雌雄亲鱼性腺成熟后即可进行人工授精，将受精卵移入孵化池（一般为网箱或圆锥形水槽）。孵化池盐度25~33，温度13~15℃，光照强度200~2 000 lx，正常要求500~1 000 lx，光照时间16 h。保持微充气和水流动，使受精卵在水体中保持均匀分布。每天水循环保持在2~3个全量。孵化密度为1万~2万粒/m^3，5~6 d后受精卵孵化出仔鱼。

（二）培育理化指标

pH值7.6~8.2，氨氮不超过0.01 mg/L，亚硝酸盐不超过0.1 mg/L，悬浮颗粒不超过15 mg/L。育苗期间水温逐渐由13℃升至18~19℃。育苗前期光照维持在200~400 lx，从早期变态开始加强光照逐步增加至2 000~4 000 lx。

（三）生长及密度调节

初孵仔鱼（全长2.5~3.3 mm）在上述条件下，经过2~3个月的培育，其生长发育过程为：初孵→红苗（全长3.3~4.7 mm）→黑苗（全长4.7~10.0 mm）→花苗（全长10.0~16.0 mm）→彩苗（全长16.0~30.0 mm）→

伏底（全长 30.0~50.0 mm 以上）即可达出苗规格。培苗容器一般使用直径为 3~5 m 的圆形水泥池或圆形玻璃钢水槽，放养密度由初期的 1.0 万~2.0 万尾/m^3逐渐减少至 500~1 000 尾/m^3。

（四）换水和充气

1~5 日龄仔鱼每日换水 1/5，以后逐渐增加换水量，再改为流水培育。换水量的大小根据池中清洁程度及理化指标决定。培育过程中要有良好的充气条件，充气量也要根据苗种的生长速度逐渐加大。

（五）去油膜和清底

当水表面出现油膜说明有机物增多，需要及时将油膜清除。及时清除池底残饵、粪便、死体等脏物。为预防病害，可使用水质净化剂和微生物制剂。

（六）饵料投喂

轮虫经过强化培养后作为开口饵料，连续投喂 15~20 d；从第 10 d 左右投喂经强化培养的卤虫无节幼体，连续投喂 10 d 左右。从第 12~15 d 开始投喂微颗粒饲料直到育苗结束。轮虫投喂量为 5~10 尾/mL，卤虫投喂量为前期 0.1~0.2 尾/mL 逐渐增加到 0.5~1 个/mL。微颗粒饵料要勤投、少投，密切观察不要有过量剩余饵料。

根据仔、稚、幼鱼的不同发育阶段要及时分池，及时清除底部沉淀物，定期施用预防性药物。经过约 90 d 培育，鱼苗体长一般可到达 5~6 cm 进入养成阶段。

（七）病害防治

①搞好卫生：车间要干净、整洁，池内和外壁每天用高锰酸钾溶液擦洗

1 次。每月彻底倒池、消毒 1 次。

②保证投喂新鲜饵料。

③发现病、死鱼苗应及时捡出，隔离检验，集中销毁。饵料中添加人参、甘草等强肝利胆的活性物质，以增强鱼苗的体质。

第三节　大菱鲆的养成

大菱鲆的养成一般有工厂化养殖、网箱养殖和池塘养殖。目前大多是工厂化养殖，利用地下水恒温的有利条件进行养殖。养殖池一般为圆形或方形圆角，面积 30~60 m^2。其养殖设施具体参照半滑舌鳎的养成。

一、鱼苗选购与运输

苗种选购：要求规格至少 5 cm 以上，体态完整，无伤无残，健壮活泼，大小均匀，体色为正常的“沙色”。尽量淘汰白化苗和黑化苗。

鱼苗运输前要停食降温，运输水温 7~8℃为宜。30 L 的聚乙烯袋装入 1/3 的过滤海水可装体长 10 cm 以下鱼苗 100~150 尾，育苗进池时温差不要超过 2℃，盐度差在 5 以内。

二、放养密度

10 g 以下的鱼苗放养密度为 2 kg/m^2 以下；10~50 g 的鱼种 2 kg/m^2；50~100 g 鱼种 5~7 kg/m^2；随着个体增大逐步降低养殖密度，最终养成密度约为 30~60 尾/m^2。

三、饵料投喂

养成饲料可分为干性的商业饲料和自制的湿性颗粒饲料。苗种入池后，实际生产中多用全价配合干性颗粒饲料。苗种放养后，日投喂5~8次，以后随着个体增大逐渐减少投喂次数。投喂量以饱食率90%左右为准。

四、日常管理

一般每天保持100%~500%的换水量，每天在投饵半小时后用虹吸法清除池底。每日做好水温测量，使温差尽量控制在0.5℃以内。每过一段时间要进行分选，将生长速度不一的鱼苗分池管理。定期用毛刷清理池壁和池底。及时将病鱼死鱼捞出。对所有入池的工具进行消毒，定期测量体长，分析生长情况，及时调整下阶段饲养管理。

五、病害防治

弧菌病是大菱鲆最常见的细菌性疾病，由弧菌引起。症状：体色发黑，鳍充血溃烂，体表有淤点，肌肉组织出血等。防治：发病初期用氟苯尼考3 g/m^3 药浴3 d，每天2 h，第4 d起用量减为2 g/m^{3}药浴2 h连续用5~7 d，直至症状消失。

第四节　大菱鲆的养殖实例

由于江苏省地下海水大多铁、锰或其他重金属含量过高不能直接进行养殖使用，因此要加装锰砂、石英砂过滤罐、槽；个别地方甚至需要多个过滤罐、槽联合使用方能达到养殖标准。与直接利用地下水养殖相比，养成周期要长30 d左右。自然海水由于受透明度、温度等限制太大很少使用。

以连云港某养殖公司为例：该公司自2006年投产以来由于选址不当，水中铁离子超标17倍，锰离子超标31倍，造成连续3年亏损。2009年底该公司加装3组过滤罐，每组过滤量为120 m^3/h，将其中两组串联，一组备用。

使用过滤罐后，因为重金属超标造成的病鱼、体弱鱼逐渐好转，两个月后不再发现有病、弱鱼，于是加大鱼苗放养量。2010 年 3 月 18 日从山东日照购进规格 12 g 左右的鱼苗 10 万尾，经过精心管理，到 2011 年 4 月 2 日挑拣个体达到 600 g 成鱼 780 尾上市；5 月 26 日全部上市，成活率 98% ，纯利润 90 万元。总结：比起直接用地下水养殖，经过滤后井水养殖周期要长 1 个月左右，生产成本每条鱼要多出 1.5~2.0 元，但是对于无优质地下水地区来说是唯一选择，特别是自 2011 年下半年以来大菱鲆的价格不断上涨，多出的成本完全可以接受。相较于正常养殖方式，管理的重点在于及时清理过滤罐，第一层过滤罐每 3 个月要洗砂一次 ，第二层过滤罐 6~8 个月洗砂一次，其他管理和正常养殖方式相同。

第二篇　虾蟹养殖

第三章
中国对虾养殖

中国对虾又称东方对虾、明虾等，属节肢动物门，甲壳纲，十足目，对虾科，对虾属。是我国分布最广的对虾类，主要分布于我国黄渤海和朝鲜西部沿海。我国的辽宁、河北、山东及天津市沿海是主要产区。在其产卵洄游的过程中也有少量分布到朝鲜西海岸、江苏的海州湾、东海北部的嵊泗和舟山群岛一带，珠江口也曾有发现。捕捞季节每年有春、秋两季，4—6月为春汛；9—10月为秋汛；10月中下旬为旺汛期。

20世纪70年代，随着中国对虾苗种孵化、培育技术的突破，全国沿海迅速掀起了养殖中国对虾的热潮，产量逐年增加，亩①产量可达250~300 kg，效益连年增长，至80年代末达到最高峰。中国对虾当时作为海水养殖的主导产业，为我国赚回了大量外汇。但到1993年，中国对虾暴发大规模病害，发病的虾池，在1~3 d内便全军覆没，虾农谈病色变，连续几年暴发的虾病给各养虾单位及个人造成了巨大的经济损失，中国对虾养殖业一度陷入低谷之中。十几年来，经过各级、各类水产科研院所对中国对虾病害防治及种质优化的不断科技攻关；各对虾养殖业主在养殖过程中的不断摸索和实验，采取了种种防病措施及养殖模式，使中国对虾自身免疫力不断增强，产量及效益逐年好转，中国对虾养殖业呈现了不断转机复苏的迹象。尤其是2010年以来

① 亩为非法定计量单位，1亩≈666.67平方米。

由全国水产技术推广总站牵头推出的中国对虾优良新品种“黄海 2 号”经过在全国海水养殖池塘的示范推广，取得了较大成功。从而推动了中国对虾养殖业的健康发展。相信中国对虾的养殖不久定能重现 20 世纪 80 年代的辉煌。

中国对虾作为江苏省沿海主要的养殖对象之一，其主要特点是：①个体较大。雌虾一般体长 18～23 cm，体重 60～150 g，最大体长 26 cm，体重 200 g。雄虾一般体长 13～17 cm，体重 30～40 g。②生长速度快。在池塘养殖条件下，120 d 体长就可达到 12 cm 以上，体重 20 g 以上。③适应能力强。对水温、盐度适应范围广和底质要求不严。④苗种有保障。养殖生产用苗种可以全人工解决，并能够进行多茬生产。⑤可食性好。由于壳薄其可食比高，肉质细嫩，味道鲜美，位居对虾类之首。⑥易收获。正常情况下不潜底，可用简单的挂网放水法收获。但美中不足的是：①对营养要求高。对植物性饵料的利用率偏低，通常情况下要求饲料中蛋白质的含量达 40% 以上。②耐受力差。不耐捉拿和干运，影响活虾上市销售。③雌雄个体差异较大。④抗逆能力弱。对低溶解氧和特定病原（白斑综合征杆状病毒 WSSV）抵抗能力差，极易因缺氧浮头死亡和感染白斑病毒病而绝产。

第一节　中国对虾的生物学

一、形态特征

个体较大，体形侧扁。甲壳薄，光滑透明，雌体呈青蓝色，俗称“青虾”；雄体呈棕黄色，俗称“黄虾”。通常雌虾个体大于雄虾。中国对虾全身由 20 节组成，头部 5 节、胸部 8 节、腹部 7 节。除尾节外，各节均有附肢一对。有 5 对步足，前 3 对呈钳状，后 2 对呈爪状。头胸甲前缘中央突出形成额角。额角上下缘均有锯齿。额角上缘具 7～9 齿，下缘 3～5 齿。头胸甲无肝脊。第一触角上鞭约等于头胸甲长的1/3。第三步足伸不到第二触角鳞片的末端（图3-1）。

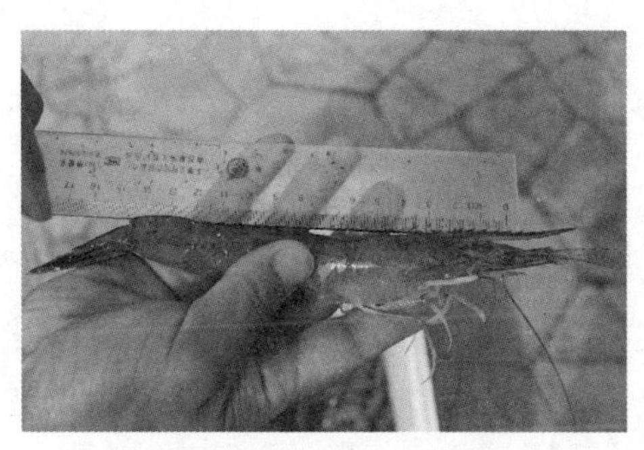

图3-1　人工养殖的中国对虾黄海2号新品种（彭言强 摄）

二、生态习性

（一）生活习性

中国对虾属广温、广盐性、一年生暖水性大型洄游虾类。中国对虾是对虾种类分布纬度最高的种类，其耐低温可达4~6℃，性腺发育可在7~16℃的温度下进行，其种群生活水温范围在8~26℃；中国对虾耐受盐度范围为1~40。中国对虾具有昼伏夜出的生活习性和本能。它们多数在夜间活动、觅食；白昼则多隐蔽、潜居。中国对虾潜底较浅往往仅将身体潜入底质中而额剑，眼及触须多置于底质之外。中国对虾具有洄游习性：渤海湾对虾每年秋末冬初，便开始越冬洄游，到黄海东南部深海区越冬；翌年春北上，形成产卵洄游。4月下旬开始产卵，雌虾产卵后大部分死亡。卵经过数次变态成为仔虾，仔虾约18 d经过数十次蜕皮后，变成幼虾，于6—7月在河口附近摄食成长。5个月后，即可长成12 cm以上的成虾，9月开始向渤海中部及黄海北部洄游，形成秋收渔汛。

（二）摄食习性

中国对虾为杂食性种类，其饵料范围很广，不论碎屑、微生物、动物性饵料、植物性饵料还是人工配合饵料都能够摄食。幼体阶段营浮游生活，一般以浮游藻类、原生动物以及水中的悬浮颗粒为食，随着幼体从浮游生活向底栖生活的转变，其饵料组成也由浮游生物为主转向底栖生物为主。成虾主要以底栖甲壳类为食，亦喜食贝类，尤喜食双壳贝类。中国对虾的觅食以嗅觉和触觉为主。一般是以螯足来探查、摄取食物，一旦发现食物后，即以螯足及颚足抱持食物送进口中。大颚用于撕扯、切割及磨碎食物，小颚则用来协助把持、咀嚼食物。中国对虾有抱持食物在水中一边游动，一边进食的习性。中国对虾还有自相残食的习性，饥饿状态下会攻击刚蜕皮的同类，人工培养下的中国对虾仔虾即有明显的相互残食行为，有时在溞状幼体阶段就会看到同类相残的现象，密度过大是诱发残食的主要因素。

（三）生长特性

中国对虾通过蜕皮完成生长，因此其生长速度有赖于蜕皮的次数和再次蜕皮时体长与体重的增加程度。一般在其生命周期内每隔数天或数周蜕皮一次。对虾的蜕皮主要发生在夜间，整个过程在几分钟之内即可完成。起初是虾的活动频率加快，蜕皮时甲壳，腹部向胸部折叠，反复屈伸。随着身体的剧烈运动，头胸甲向上翻起，身体屈曲自壳中脱出，然后继续弹动身体，将尾部和附肢自旧壳中抽出，食道、胃以及后肠的表皮也同时蜕下。刚蜕皮的虾活动力弱，有时会侧卧水底，幼虾及仔虾蜕皮后可正常游动。

中国对虾正常的肥满度在仔虾期为 1；体长 5~10 cm 时为 1.1；10 cm 以上时为 1.2~1.3。若小于正常值则表示饲养条件不佳，生长不良。

对虾的生长还受环境因素的影响，主要为温度、盐度、水质及密度等。

（四）繁殖发育

中国对虾为雌、雄异体，通常从外形上可以辨别。雌、雄个体不等大，雌体大于雄体。雌、雄个体通常在体色上亦有差别，成熟的中国对虾雌体呈青绿色；雄性则呈黄褐色。第二性征明显，雄性交接器由第一腹肢特化而成，左右两片，可相互连锁，中央纵行卷曲呈筒形，交配时用于传递精荚，生殖孔位于第五步足基部，在第二腹肢内缘基有一小的雄性附肢。雌性交接器为封闭式纳精囊，位于第四、五步足之间的腹甲上，生殖孔位于第三步足基部。

中国对虾的交配期在江苏沿海一般为10月下旬至11月底。当雌虾进行生殖蜕壳时，雄虾与之交配，将一对精荚囊输入其纳精囊内，精荚的瓣状体留于纳精囊之外，俗称“挂花”，2~3 d后当雌虾甲壳变硬后，瓣状体即脱落。交配后的纳精囊由凹平变成微凸，并隐约可见其内白色的精荚。雌虾抱卵量通常在10万~100万粒并可分批产卵，最多可产7次。

中国对虾的产卵期一般为4月下旬至6月底。都在夜间进行，产卵前，原来伏于海底的对虾从海底浮起，在水中游来游去，用胸肢做拍打动作，卵从生殖孔中不断产出，精子也自纳精囊中排除，同时游泳足用力扇动，使卵在水中充分受精并散开，然后慢慢沉向海底自受精卵开始至无节幼体的孵出，此间称为胚胎发育。胚胎发育速度随温度等环境条件而变化，在适宜的温度范围内，水温高则发育快，反之则慢，超过一定的温度界限则不能正常发育。中国对虾的受精卵在水温21℃的条件下，约需24 h完成胚胎发育；盐度、溶解氧、pH值、重金属离子等环境因子也会影响胚胎的发育。

中国对虾有一个复杂的幼体发育阶段，在此期间幼体要多次蜕皮，并在形态上及生活习性上发生很大变化。对虾的幼体发育分为无节幼体期、溞状幼体期、糠虾期以及仔虾期等阶段。无节幼体卵圆形或倒梨形，体不分节，具尾叉，具三对附肢，为游泳器官，营浮游生活，幼体内源性营养不摄食，一般分六期；溞状幼体分三期，身体分为头胸部与腹部，分节明显，出现复眼，颚足双枝型为运动器官，后期尾扇形成。营浮游生活，开始摄食，多为滤食性，后期具捕食能力；糠虾幼体腹部发达，出现腹肢，胸肢双枝型，营浮游生活，捕食能力强，分三期；仔虾期体形与幼虾基本相似，由浮游生活为主转向底栖生活为主，食性也由浮游生物为主转为底栖生物为主，做游泳、爬行和弹跳等运动，生产上通常以日龄来表示。

第二节　中国对虾的苗种生产

一、主要设施

（一）育苗室

育苗室的建筑必须满足对光线和通风的要求，一般使用透光率为70%的原色玻璃钢波形瓦顶，并开设天窗，使晴天上午10：00室内光强度最低在5 000 lx以上。室内房顶装遮光帘，以调节光照强度。窗户要大，利于采光、通风。条件适宜的地区也可建透明塑料膜覆顶的育苗室。

（二）育苗池

一般为水泥池。通常每个池20~100 m^3。池形以长方形为好，池深1.5~2.0 m，池内角弧形，池底倾斜度2%~3%。在池底最低处设有排水孔，便于排水、洗卵和出苗。另外育苗池还设有进水、加温、充气管道，必要时还加设淡水管道。在江苏省沿海不少育苗场利用育苗池兼做亲虾的越冬池。

（三）饵料培养室

饵料培养室分植物性饵料培养室和动物性饵料培养室，两室均要靠近育苗室，以方便投喂。

植物性饵料培养室主要用于单胞藻培养，要求光照度在晴天时能达到 1 000 lx 以上。

动物性饵料培养室主要用于孵化卤虫卵和培养轮虫等动物性饵料。

（四）供水设施

供水设施包括蓄水池、沉淀池、砂滤池、高水位池、水泵及管道阀门等。蓄水池有蓄水和使海水初步沉淀两种作用，其容量不应小于育苗场日最大用水量的 10~20 倍。沉淀池数量一般不少于两个，其容水量一般应为育苗总水体日最大用水量的 3~5 倍。

高位水池可利用水位差自动供水，使进入育苗池的水流稳定，操作方便，又可使海水进一步起到沉淀作用。其容积应为育苗总水体的 1/4 左右，可分成多个，每个 50 m^3 左右，池深 2~3 m。

（五）增氧设施

罗茨鼓风机风量大、压力稳定，输送出的气体不容易被污染，适合育苗场使用。要注意其供气能力应每分钟达到育苗总水体的 1.5%~2.5%。还应注意风压与池水深度的关系，一般水深 1.5~1.8 m 的水池，风压应为 465.5~665 KPa；水深 1.0~1.4 m 的池子风压应为 399~465.5 KPa。为灵活调节送气量，可选用不同风量的鼓风机组成鼓风机组，分别或同时送气。同一鼓风机组的各风机，风压必须一致。

（六）增温设施

根据各地区气候条件和能源状况的不同，增温方式应因地制宜。一般有蒸汽锅炉增温、工厂余热增温、地热增温等几种方式。如利用锅炉蒸汽增温，每 1 000 m^3水体需用蒸发量为 1~2 T/h（60 万~120 万 KCAL）的锅炉，蒸汽经水池中铁加热管（严禁使用镀锌管）使水温上升。

二、亲虾培育

（一）亲虾选择

亲虾来源有秋冬季养殖塘挑选和春汛自然捕捞。每年 10 月底，雄虾性腺成熟，开始交配，一般在 11 月上旬水温低于 10℃ 而且雌虾不再“挂花”这时就可以挑选亲虾进越冬室。水温较低的情况下，亲虾活动力弱不容易受伤，可以有效提高亲虾成活率。挑选亲虾时注意事项：要求精荚完全吸收，体表不带伤，活力强，肌肉饱满，颜色正常，个体较大，已交配。亲虾放养密度 10~15 只/m^2。

（二）亲虾运输

亲虾运输使用车、船均可。长距离运输以活水或充气为宜，使用车运应避免长时间停车。用活水车运输安全、量大是现在最常用方法。运输时注意要尽量夜间行车，防止阳光照射车体使水温升高。运输时放虾密度，比如在直径 1 m 左右的帆布桶内，水深 0.4 m，一般放亲虾 30~40 尾，且需带氧气瓶充氧。

（三）亲虾越冬与强化培养

亲虾进入越冬室后要尽量减少活动，防止亲虾受惊。受惊后的亲虾会迅速弹跳，极容易受伤，降低成活率；即使受伤后不死亡，对以后的性腺发育也会造成很大影响。因此，越冬室要求全部用黑色布帘遮盖，在进行投饵、加温、吸污、换水等操作时动作要尽量放轻。

投饵：亲虾的饵料以活体沙蚕为主，每天投喂一次。如果投喂鲜贝肉，则一天投喂两次，早上1/3，晚上2/3。日投喂量大约为虾体重的5%~8%，注意观察亲虾摄食情况，增减饵料，以每天略有残饵为原则。随着水温升高，亲虾摄食量会逐渐增加，要注意增加饵料。

加温：由于亲虾越冬时间很长，有足够时间升温，所以每次升温幅度可以尽量压低，杜绝突然升温，以免造成亲虾蜕皮。当水温升至14℃时，可以恒定，然后根据具体生产，安排以后升温。

吸污：残饵、粪便等脏物很容易致病，要及时清理。用内径3 cm透明螺纹管，采用虹吸原理将底污吸走。

换水：7~10 d换水一次。每次换水50%左右。进水时注意水流不要过快，进水口尽量接近水面，减少对亲虾的惊扰。水要进行预热，和亲虾池的温差不超过0.5℃。

三、虾苗培育

（一）育苗池的处理

育苗池及育苗有关的其他池子必须浸泡消毒和洗刷干净。新建池要用稻草浸泡30 d左右。池子消毒一般用用50~100 g/m^{3}漂白粉或5%~10%高锰酸钾溶液消毒，冲洗干净后才能进行育苗。

（二）育苗水质标准

要求溶氧量在5 mg/L以上，pH值7.8~8.6，盐度25~35，氨氮含量不超过0.6 mg/L。经砂滤后再用300目筛绢过滤进育苗池，水深1 m左右。如果水中悬浮物还是较多，则用700~1 000目羊绒袋过滤。施2~10 g/m^{3}的EDTA钠盐络合水中重金属离子。

（三）亲虾产卵及孵化

亲虾多在夜间产卵，一般让亲虾在越冬车间原池产卵，翌日清晨检查产卵情况，准备集卵。集卵时，先将亲虾移入他池，然后在池外集苗槽中安放100目集卵箱，将卵随水流入集卵箱中。收集的受精卵先用40目筛绢网箱滤除杂物，再用100目网箱在干净海水中清洗，然后按40万粒/m^3的密度放入育苗池中孵化。另一方法是傍晚将消毒处理好的临产亲虾直接放入消毒处理好的育苗池内的产卵网箱中或直接入池散养进行产卵，一般放养密度15~20尾/m^2。控制适宜水温，并于翌晨检查产卵情况，捞出产空虾，进行卵子计数，密度调整后直接进行孵化培育。

孵化期间水温逐渐升至18℃，保持微波状充气。大约30 h后孵化出无节幼体。

（四）幼体培育

1. 无节幼体培育

无节幼体靠自身卵黄提供营养，故无需投饵。无节幼体培养期间水温逐渐升至20℃。当幼体发育至四期时，接种可做饵料的单胞藻类。在以前的操作中，都要求施肥，现在已经证明是个误区，幼体代谢物足够藻类生长需要，因此，不再要求单独施肥。经过3~4 d后，无节幼体发育为溞状幼体。

2. 溞状幼体的培育

溞状幼体期间水温逐渐升高至21~23℃。溞状幼体以摄食植物性饵料为主，作为饵料的单胞藻类的密度应维持在10 000个/mL左右，到溞状幼体第二期时投喂轮虫，投喂量以保持在3~4 h内捕食干净为原则。到溞状幼体第三期时，开始投喂卤虫无节幼体，投喂原则同轮虫投喂。卤虫幼体务必不能投喂过多，防止不能被捕食的幼体长大，长大的卤虫会将池水滤清破坏水环境，过大的透明度会引起纤毛虫类大量繁殖且易引起弧菌等其他病害滋生，出苗时和虾苗混杂一起会造成极大麻烦。当上述饵料不能满足时，可以用蛋黄、虾片、螺旋藻粉等代替。本着量少、次多的原则，结合实际观察幼体拖便及肠胃饱满度情况来确定具体投饵量。在整个溞状幼体培养期间，一般不需要换水，每天添加5%~10%新鲜海水即可，只要pH值不超过8.6，氨氮含量不超过0.6 mg/L，溶解氧不低于5 mg/L就没有必要换水。大约5 d后，溞状幼体发育成糠虾幼体。

3. 糠虾幼体的培育

糠虾幼体的食性转为动物性饵料为主，但是单胞藻还应保持一定数量。卤虫无节幼体和轮虫投喂量适当加大，一次投喂满足4~5 h。饵料不足也可以用虾片、蛋黄等饵料代替。在糠虾幼体期间开始换水，日换水量15%~20%。水温升至24~25℃。4 d后发育成仔虾。

4. 仔虾培育

仔虾期间全部为动物性饵料。仔虾前期（P1~P4）以投喂卤虫无节幼体及其成虫为主，辅以桡足类；P4以后可以投喂鲜活的枝角类、桡足类以及蛋羹（以蛤肉、虾肉和沙蚕等绞碎并通过60目筛网后与鸡蛋混合蒸煮而成）等。日投喂量可按仔虾体重的200%左右计算。

在仔虾期间，投饵量剧增，水质变化很快，因此对换水的需求大增，日换水最少80%；到了P10以后，换水量要达到100%~150%。培养期间水温升至25~26℃。出苗前2 d开始降温，使水温逐渐接近自然温度。

（五）虾苗出池

当培养池中仔虾体长全部达到1 cm以上时，即可出池。应掌握出池的方

法和虾苗计数方法

1. 出池方法

用滤网先将育苗池水排至1/3~2/3，然后在出苗池内装好出苗箱（通常用40~60目制成的网箱），控制好网箱内一定的水位。而后向集苗箱内用虹吸法出苗。当池水接近池底时方可开池底排水孔出苗。出苗时注意控制水的流速，以免挤伤虾苗。

2. 虾苗的计数

虾苗计数常采用带水容量法和带水重量法两种方法。前者适用于体长1 cm左右的小规格苗种，对虾苗损伤较小，其方法是将虾苗集中在已知容量的器具中，将虾苗搅均匀后迅速用已知容量的烧杯自水中层取满一杯（应在不同位置取2~3次）计数，根据容器与取样水量之比求出虾苗总数。此法应注意器具内虾苗不应过密，时间不宜过长，最好维持连续充气。后者适应于各种规格的虾苗，定量前先取10 g左右的虾苗，计算出每克虾苗的尾数。计算时可用容量10 kg左右的塑料桶带水称取5~8 kg，再捞虾苗，沥去海水，倒入桶内，称取重量，减去桶和水的重量即为虾苗重量，根据取样标准，计算出虾苗总数。

3. 虾苗的运输

应根据路途的远近及交通条件，采取陆运、水运或空运等。装虾容器多采用帆布桶或尼龙袋等。其装运密度应视虾苗的规格、运输时间、水温等因素而定。在一般情况下，当水温20℃左右时，直径1 m，高1 m的敞口帆布桶，装水1/3，装全长1 cm的虾苗25万~35万尾，可安全运输8 h。若途中充气增氧，运输密度可增加1倍。若用尼龙袋充氧运输，容量10 L的聚乙烯透明薄膜袋，内装1/3的洁净海水，充2/3的氧气，装全长1 cm虾苗1万尾，在气温20℃左右，可连续运输10 h以上。当气温太高时，可以用小尼龙袋装上冰块，直接放在帆布桶内，或放于装虾苗袋的塑料泡沫箱或硬纸板箱内降温，以提高成活率。

（六）病害防治

虾卵及对虾幼体的疾病是影响育苗成功的重要因素，在实际生产中应采取以防为主的方针。保持对虾卵子及幼体适宜的密度、适宜的水温、清新的水质环境，充足而营养全面的饵料，以增强其抗病能力，是对虾幼体不发病或少发病的重要保证。

目前已知的对虾育苗期的主要疾病及防治方法如下：

1. 细菌性疾病

目前发现引起细菌性疾病的病原有两类：一类是弧状的，叫弧菌；另一类是杆状，包括假单胞杆菌和气单胞杆菌。这几种细菌的危害基本相同，在400倍的显微镜下即可看到。致病后幼体活力明显下降，游泳不活泼，趋光性弱，腹部弓起，在水中打旋，不进食，体色变白，久之则死亡。

预防措施：①育苗前彻底清池；②育苗用水要经过过滤或消毒；③要及时清污，防止有机物质在育苗池底积累；④投饵适量，多投活饵、人工饵料一定要注意适量；⑤杜绝传播途径，尽量做到工具各池专用；⑥培养密度要合适，密度越大，越易生病。

2. 真菌病

病原体为真菌，在对虾卵子及幼体上常见的有链壶菌、离壶菌、海壶菌三种，在对虾体内以菌丝形式存在。在实际生产中多发现有链壶菌。

致病的卵子及幼体内充满菌丝，卵子停止发育，很快死亡。幼体不活泼，趋光性减弱，不摄食，下沉死亡。其治疗方法为按规定使用杀真菌药物处理。

3. 缘毛类纤毛虫病

该病由原生动物缘毛类纤毛虫固着在虾体上引起的。池中常见的有4个属，即钟虫、聚缩虫、单缩虫、累枝虫。幼体小数量附着时，随蜕皮蜕掉；大量附着时，特别是附着在头胸甲附近时，导致游泳迟缓，妨碍摄食，生长减慢，蜕不下壳，从而导致纤毛虫更大量繁殖，最终导致下沉死亡。

目前对大量繁殖的缘毛类纤毛虫尚无有效的治疗措施，而轻度感染可以通过幼体蜕壳和水质交换，可自愈。另外投以适量、优质饵料，保持清新的水质（砂过滤较好），增强幼体体质，促进较快地蜕壳变态，一般是不会造成较大危害的。也有采取迅速提高水温 2℃左右，促使幼体蜕壳，然后通过吸污，去掉随壳沉入池底的虫体，收到一定的效果。

4. 畸形病

亦称棘毛萎缩病。多发生在对虾无节幼体阶段，溞状幼体也有发生。生病的幼体初期尾棘弯曲、短小，继之尾棘和附肢刚毛进一步萎缩，严重者无节幼体全身刚毛萎缩、光秃。发病初期游动无力，以后沉于水底，虽然也能蜕皮，但有时蜕下来的皮挂在尾部而难以分离。轻者也可以继续变态发育，严重的多死亡。

该病病因与理化环境条件不适有关，如海水温度过高、温差变化太大；或海水中重金属离子含量过高等，皆会造成上述症状。有人认为，这些病症只是幼体不健康的一种表现。防治措施，还是要保持良好的水质环境、适宜的水温。当水中重金属离子较高时，可预先用 EDTA 钠盐进行螯合。

5. 气泡病

幼体身体内有气泡，浮于水面，久之则死亡。低倍镜下，幼体腹部消化道内、血腔（头胸甲下）内皆可见。

该病多认为是由水温突然升高，气体在水中的溶解度下降，空气呈过饱和状态，而多余空气难以立即逸散，被幼体吸入所引起的，而非充气所引起。当空气饱和度达 115%以上时容易发生。

发现此病后，应立即换入温度稍低、空气不饱和的新鲜海水。

6. 丝状细菌病

病原体以毛霉亮发菌为多见。此病多发生在水质较差、池底硫化氢较多的池中，为体外感染，多附着在卵子或各期幼体上，以溞状幼体较易附着。使卵子不能继续发育，幼体活动力减弱下沉于水底，久而死亡。本病的发生原因主要于水质有关，所以保持水质清净是根本的预防措施。

第三节　中国对虾的池塘养殖

一、整池、清塘

整池和清塘是对虾养殖的首要工作之一。整池工作除加固堤坝、修补渗漏外，最主要的重点是修整闸门。闸门通常是工作难点，修整的基本要点：关闭时，在内外水位差达到最大时不漏水、不渗水；开启时，网框与闸门间封闭严密，进水全部经过网框过滤。

（一）整修清污

对虾全部收获后，应将养殖池及蓄水池、沟渠等积水排净，封闸晒池，维修堤坝、闸门，并清除池底污物，整修环沟，平整滩面。晒池工作一般在冬季进行。清淤方法：收虾之后，敞开闸门，让海水冲刷数日，尽量冲除池内有机沉积物和环沟的淤泥，然后排空池水，封闭闸门，暴晒池底至池底龟裂，使残留有机质进一步氧化分解。再用人工或机械翻耕池底，促使其氧化。有条件的可将淤泥杂藻一并搬出，清淤后进水浸泡 2~3 次，每次时间应持续 7~10 d。另外，杂藻和水草过度繁殖的池塘还应适当进行清除。

（二）底质改良

对池底污染严重或酸性较大池塘进行底质改良是十分必要的，具体方法是在清淤整池后，向池中均匀施放生石灰、磷酸矿石粉、炼钢炉渣、白云石或珊瑚粉等，用拖拉机或其他机具对池底进行翻耕，并将其整平压实。目前，利用生石灰等对池底进行改良，已经被各养虾者所公认。这是因为生石灰遇水后可生成氢氧化钙，这种碱性物质可中和池内酸毒，调节池水的 pH 值，增加池水钙的含量，并兼有杀菌、抑菌和促进池底厌氧菌群对有机质的矿化作用。生石灰的具体用量视池底污染程度或酸性情况而定，在土壤 pH 值为 5 时，一般每公顷施用 1.5 t。

（三）消毒除害

清污整池后，必须清除不利于对虾的敌害生物、致病生物及携带病原的中间宿主等，尤其要注意对穴居甲壳类的灭杀工作；同时，要对养殖池、蓄水池及所有沟渠进行消毒，消毒药物可选含氯消毒剂、含碘消毒剂、氧化剂等。药物使用要严格遵从水产养殖规范，不得使用对人、畜有危害的药物。消毒方法通常采用水溶液消毒，可将池内注水 10~20 cm，药物溶入水后搅动均匀，将药物泼洒到药水溶液浸泡不到的地方；也可将池水加满，使用足量的药物一次性消毒除害。经常使用的消毒除害方法有下列几种：①生石灰：池塘经过清污整理后，使用生石灰 75~100 kg/亩，均匀扬洒于池底，可通过机械翻耕等措施使生石灰与池底 15~20 cm 厚的淤泥层均匀混合，后进水 20~30 cm，2 d 后排干，连续冲洗 2~3 次，清池一周后进水 80~100 cm，可灭杀鱼、虾及微生物。如池底为酸性土壤，可酌情加大生石灰使用量。②漂白粉：每亩使用 30~50 kg 或 50~70 g/m^3，灭杀原生动物、病毒、细菌等病原生物，作为主要消毒药物使用。③茶籽饼：将茶籽饼用水浸泡 12 h 左右，按 15~20

g/m^3的用量泼洒入水中，可有效杀灭鱼、虾、贝等。穴居的甲壳类，如蟹类、美人虾等是除害重点，必须在养殖收虾后或早春消冰后清除。对于从未消毒除害或穴居甲壳类严重的养殖池，可同时使用高剂量的生石灰和漂白粉进行灭杀。为了更好地繁殖基础饵料，需依据池塘有害生物的具体情况，采取不同的消毒除害工作。使用敌百虫 2~3 g/m^3对穴居甲壳类的灭杀效果很好，只是药效消失期较长，需要 12~15 d。因此在使用上要严格控制。

二、进水、接种饵料生物

（一）进水

池塘经过消毒除害后 10 d 左右的时间便可进水。进水之前最好先进行水处理，处理方法最好是先沉淀，海水的沉淀最好经过一周的时间，沉淀池的容量应不少于养殖总水体的 30%，其次为彻底消除病原生物和病毒病的媒介生物，在沉淀池进水时可进行药物消毒，常用漂白粉等含氯制剂处理海水（有效氯浓度达 1 g/m^3）。进水时使用 60~80 目筛绢网过滤，避免敌害生物进入。进水应分期进行，早期进水使环沟等深水区水深达 50~60 cm，以促进池水的温度回升并促进饵料生物的繁殖，而后逐渐加深池水，至虾苗放养后 1 个月左右将池水加满。

（二）饵料生物接种、培养

培养饵料生物的时间一般从放苗前 1 个月左右开始，也可根据当地水温状况、水体的“肥瘦”程度以及饵料生物的繁殖特点等灵活掌握。纳水时进水闸外闸槽安装网目为 1 cm 的平板网拦截浮草等大型杂物，内闸槽安装网目为 0. 258~0. 360 mm（40~60 目）的锥形筛绢网过滤海水。

对虾的天然饵料很多，分动物性饵料和植物性饵料。植物性饵料培养一般需要施肥，肥料分有机肥和无机肥两类，前者如鸡粪、牛粪等禽畜粪，一般新建池和土壤偏酸性的池用，使用前必须经充分发酵，用量为每公顷300~400 kg，宜分为2~3次投入；无机肥有硝酸铵、磷酸二氢钾、复合肥等，每次施肥量以氮肥浓度2~4 g/m³，磷肥浓度0.2~0.4 g/m³，前期2~3 d施肥一次，中、后期7~10 d一次。当池水透明度低于30 cm时，停止施肥。有机肥具有肥效慢，肥效长的特点；无机肥相反速效而期短。因此，为了保持池内水色和透明度的相对稳定，应采取有机肥与无机肥相结合的施肥方法。施肥应在每日清晨施用，阴雨天不施。

各地的情况不同，饵料生物也不尽相同，因此对饵料生物的接种也要因地制宜。当单胞藻培养起来后，首先检查池塘中的饵料生物种类及数量，然后再决定接种量和种类。一般情况下不用单独对动物性饵料生物投饵，单胞藻类基本能满足营养需求。

三、虾苗放养

（一）放苗条件

虾苗放养必须具备一定的条件才能进行：①池塘水深应达到40~70 cm；水质肥沃，水色正常，以绿藻、硅藻、金藻为优势藻相形成的绿色、褐色或黄褐色（茶色）及黄绿色为宜，透明度为30~40 cm，且不含纤毛虫、原甲藻、裸甲藻等有害生物；无丝状藻类和沟草过量繁殖。②池水理化因子要满足养殖对象的要求，池塘日最低水温达到14℃以上（江苏沿海一般在4月中、下旬）、昼夜温差不宜超过5℃；盐度与育苗池或暂养池一致或近似，若差别太大应经驯化后放养，盐度差不宜超过5；池水pH值应在7.6~8.8之间，否则进行人工调节。③试水，放苗前分别取育苗池和养殖池水各1~2 kg置盆中，各放虾苗10~20尾，24 h后观察其成活情况，成活率在80%以上的说明水质良好，否则，应进行认真分析，找出原因。④天气以晴朗为好，气温适宜，无风雨和寒潮。⑤虾苗符合标准要求。

（二）虾苗质量

苗种是水产养殖的三大物质基础之一，也是养殖成功与否的先决条件，只有选择不带致病病毒的健壮虾苗，才能保证养殖工作的顺利进行。虾苗选择应从以下几个方面进行：

1. 无特异病原体

有条件者应该取部分虾苗送有资质的专业部门进行病毒的快速检测，也可购买诊断盒自行检测，选阴性者购买。

2. 规格大而齐

选择个体粗壮、大小整齐、体色透明鲜嫩、无畸形者。

3. 活力强

观察其跳跃、游泳的能力，将虾苗放在盛水的面盆内，搅动盆水造成旋转，健康的虾苗顶流而上，较差的苗则被旋至盆的中央而聚集，久久不能分散。

4. 体表干净

选择全身干净、光滑、有一定的光洁度，体表无附着如纤毛虫、丝状细菌、长杆菌等异物的虾苗。

5. 食欲好

选择胃肠饱满，且肠道粗而直，肝胰腺黄褐色的虾苗。

6. 无病史

了解并根据育苗池中虾苗的整齐程度判断育苗期间有无发病历史，通常发过病的苗池中虾苗规格大小不一，差别较大。

（三）放苗数量

虾苗放养密度的确定，首先应根据养殖池面积、水深、水的交换能力、增氧设施的配置、饵料的质量与数量、技术力量、管理能力及市场信息预测，确定合理的生产计划指标（单位面积产量和商品虾的规格），并根据虾苗的质量和规格，参照历年经验和拟定的当年实际情况来预计养殖成活率。其经验公式为：放苗密度（尾/hm^2）= 计划每公顷商品虾产量（kg）×计划商品虾规格（尾/kg）÷预计养殖成活率（%）。在确定养殖密度时候，一定要克服以密度保产量，不顾生产条件而盲目多放苗的错误做法；而应该因地制宜，合理放养，维持好池内生态平衡，通过提高养殖成活率和产品规格，以获得适宜的养殖产量和最佳经济效益。

根据实际生产经验：单养池一般放 8 000～12 000 尾/亩，混养池要根据混养种类及混养模式具体决定放养量。一般在混养模式下，放苗量大约为 2 000～4 000 尾/亩。

（四）放苗方法

①虾苗运回后，应仔细观察运输途中的成活情况和虾苗的质量、数量，先将虾苗（小苗）放入网目为 1～2 mm 的网箱内，经 4～5 h 适应后再重新计数入池。

②虾苗放养应在风浪小的迎风端的池边或池角处进行，以便观察放苗后的活动及成活情况。

③放苗的同时在池塘中设置一网箱，在其中放养 50～100 尾虾苗，投饵饲养 3～5 d，跟踪观察其成活情况，以进一步评判虾苗质量和推断虾池内虾苗的成活率。

④若盐度或温度差异较大时，虾苗运回后，应进行过渡驯化，在养殖场用帆布桶或不漏水的塑料编织布箱中进行，方法是将帆布桶等放置于养殖池内，加入少部分池塘海水，放入虾苗，然后每小时加入1/10~1/5的池水，待加满后再计数放入池中。

放养时注意事项：①一个虾池放养虾苗应一次放足，切忌多次补苗。②放苗时池塘的水位应高出滩面20 cm左右，切忌环沟的水面与滩面持平，以免风吹浪起将虾苗送到滩上搁浅。

（五）肉食性鱼类放养

适当放养肉食性鱼类可以及时清除早期发病的个体，有效地防止病害的大规模爆发。目前，鲀类是比较合适的放养品种，红鳍东方鲀由于经济价值高，是首选品种；其次为黑鲷、真鲷等较凶猛鱼类。规格在10~15 cm的鲀类每亩放养50~80尾，5~8 cm的鲷类每亩放养30~50尾。鱼苗投放要在虾苗进池后20 d左右下池。鱼苗下池前要进行鱼体消毒，防止鱼种带病入池。一般采取药浴方法，常用药物为有机碘：4~5 g/m^{3}有效碘药浴15 min左右。注意事项：由于10月下旬气温下降时对虾进入蜕皮高峰容易被鱼类捕食，因此要在10月中旬前将鱼类起捕。

四、虾苗暂养

目前，我国虾苗出售的标准是体长1 cm的仔虾，还处于发育尚未完善的幼体阶段。因此，对环境的适应能力较差，成活率不高，如果直接向养成池放养，成活数不易掌握，很难取得较好的养成效益。所以，最好将刚出育苗池的虾苗经过暂养（也叫中间培育或标粗），培育至体长达3 cm左右的大规格虾苗（又称大苗）后再放养，养殖成活率比较稳定，有利于养成期各项管理工作的顺利进行。

（一）暂养方法

虾苗暂养可分为土池暂养、塑料大棚暂养及网箱暂养三种类型。

1. 土池暂养

在养殖场选择条件比较好的养成池或专门修建暂养池，面积占养虾池的10%~20%为宜。池塘条件要池底平整，进排水方便，能够排干池水，以便于收净虾苗，长条形，单池面积1 000~2 000 m^2，最大不超过10 000 m^2。经清池、培养饵料生物后放入虾苗，一般放养密度为每平方米150~300尾。

2. 塑料大棚暂养

多用于人工早繁虾苗，由于大棚水温高，促进了虾苗的早期生长，有利于养殖大规格虾和多茬养殖。大棚单池面积多在300~400 m^2，长条形结构，宽4~6 m，便于操作。为了充分发挥大棚的作用，在大棚内增设充气设备和加温设施，培养密度可高达1 500~2 000尾/m^2。

3. 网箱暂养

在养成池内设置大型网箱，但由于虾苗具有摄食底栖动物的习性，网箱内不能满足其要求，虾苗生长速度及成活率均不及土池，仅适合于短期暂养。也可在养成池内围一小池做暂养池，或在养成池内拦网暂养。这两种方法的缺点是因养成池内有海水，只能打开口让虾苗流入养成池，无法准确计数。

（二）暂养管理

暂养期由于密度大，一般虾苗入池后即开始投饵，以促进虾苗的快速生长。常用的饵料有配合饲料、蛋羹、粉碎的鱼、虾、贝肉、桡足类等，投喂量尽量做到适量，24 h内投喂4~6次为宜，以早晚两次为主，晚上投饵约占日投饵量的60%，全池投放。经20 d左右的培育，虾苗一般可达体长3 cm左右，即可收苗分养。

五、养殖管理

（一）饵料与投喂

饵料是养殖对虾生长发育的物质基础。根据虾类的食性与营养要求，选择适宜的饵料品种，采用正确的加工方法，进行科学合理的投喂，是中国对虾健康养殖的重要内容，也是养殖成败的关键之一。

1. 饵料种类

在当前中国对虾养殖实际生产中一般是各种饵料混合搭配使用。中国对虾的饵料可分为基础饵料、鲜活饵料和配合饲料三大类。基础饵料是池塘中自然繁殖或通过人工施肥繁殖或移植培养起来的一些浮游生物和底栖生物。由于它们的种类繁多，营养全面，在养殖初期乃至整个养殖期内，起着非常重要的作用。鲜活饵料则多为人工采捕的无脊椎动物和低值小型杂鱼虾等。其中最佳者有蓝蛤（俗称“海沙子”）、四角蛤蜊、寻氏肌蛤等；由于其个体小、壳薄，可以活着投入池中；而其本身的营养价值又是任何人工饵料无法比拟的。配合饲料是人们根据养殖对象的营养需要，选用适当的原料按照合理配比，通过专用设备加工而成的饲料。其因营养全面且易投喂而备受广大养殖户的喜爱。

2. 饵料投喂

饵料投喂技术是反映养殖水平的重要内容之一，正常情况下，半精养的池塘养殖，其饵料成本通常占生产成本的50%左右。因此，只有饵料投喂量准确，分配合理，方法正确，才能做到健康养殖，取得最佳效益。

生产上应注重以下几个方面：

（1）饵料量的确定

饵料量的确定主要应依据对虾的日摄食量或日摄食率。从实际生产情况看，投饵量的确定，首先是在依据实验条件下所求得的不同体长（或体重）对虾组的日摄食量为主要参考，再根据大量的生产实际，求出对虾的日投饵量，列出投饵量表作为参考（表3-1）。

表3-1　中国对虾日投饵量参考表（配饵）

对虾体长（cm）	日投饵量（kg/万尾）	对虾体长（cm）	日投饵量（kg/万尾）	对虾体长（cm）	日投饵量（kg/万尾）	对虾体长（cm）	日投饵量（kg/万尾）
1.0	0.17	5.0	1.90	8.5	4.21	12.0	7.07
1.5	0.31	5.5	2.19	9.0	4.59	12.5	7.51
2.0	0.48	6.0	2.50	9.5	4.98	13.0	7.97
2.5	0.67	6.5	2.82	10.0	5.38	13.5	8.43
3.0	0.88	7.0	3.15	10.5	5.78	14.0	8.91
3.5	1.11	7.5	3.49	11.0	6.20	14.5	9.39
4.0	1.36	8.0	3.85	11.5	6.63	15.0	9.88
4.5	1.62						

注：引自《中国对虾养成技术规范》。

（2）饵料量的调整

在实际生产中，仅依靠投饵量表列出的日投饵量是不够的，应根据具体情况加以修正和调整。正确的做法是：首先准确估测出池内存虾数量，并测量对虾的平均体长或体重，再参考对虾日投饵量表计算出所需的饵料量。第二，投饵后0.5~1 h，对对虾的摄食情况进行检查，若有70%以上的对虾达到饱胃和半胃级，则说明投饵较足；如果饱胃和半胃级不到50%，则显示投饵不足，应适当增加投饵量；若在投饵两小时以后乃至下一次投饵前，检查池中仍有较多残饵，说明投饵过量，应减少投喂量。第三，根据对虾生长情况调整投饵量。一般中国对虾养殖前期（8 cm）以前，对虾的每10 d的增长量应达1.0~1.5 cm，养殖中期（8.0~10 cm）应达0.8~1.0 cm，养殖后期（10 cm以后）应达0.5~0.8 cm，如果达不到上述生长速度而水环境和饵料质量没有问题，则表明投饵量不足，可适当增加投饵量。第四，根据对虾的活动情况调整投饵量。对虾沿池边结群巡游，大小差别明显，多数缺饵所致，此时应及时加以检查，以便调整投饵量。

（3）饵料投喂应遵循的原则

第一，少量多次，合理分配。中国对虾具有昼夜摄食的特点，因此白天和夜晚都应进行投喂。通常养殖前期，日投饵次数应不少于4次，中后期达5~6次，其中夜间占60%~70%。

第二，严格处理，预防疾病。投喂鲜活饵料时，小杂鱼应切碎，大型鲜活贝类应压碎，并经冲洗后再入池。豆饼、花生饼等干饵料，投喂前必须进行浸泡2~3 h。值得指出的是近年来对虾病毒病的蔓延比较严重，投喂鲜活饵料时往往出现死虾的相反结果。因此，必须严格弄清鲜活饵料的来源，不要轻易投喂。有条件者，在使用鲜活饵料时最好送样到有关专业部门进行病毒检测，或进行必要的消毒处理，切断病原传播的途径，为实现健康养殖增加保险系数。

第三，划定区域，均匀投喂。应根据对虾个体大小和活动特点，以及季节和水温变动情况选定投饵区。养殖初期，一般沿池塘四周0.5~1.0 m水深处投喂，以适应其沿池边觅食的习性。以后，可随对虾的生长，逐渐向深水处投喂，但应避开环沟。在投喂量比较准确的情况下，投饵区域宜大不宜小，增加虾类觅食的机会。

第四，因地制宜，灵活掌握。养殖早期，池内存有一定数量的基础饵料生物，对虾以此为食，因此，可以少投或不投；养殖中期，由于基础饵料生物基本消耗殆尽，应加强投饵。又正值高温季节，为减轻池塘水环境的压力，饵料投喂应该以配合饵料为主，辅以少量鲜活饵料；养殖后期，为了促使对虾生长和增重，此时最好以鲜活饵料为主。投饵还应该做到："三看"即看天、看水、看虾，天气正常、水质良好、虾活动正常时多喂，反之少喂或不喂；对虾大量蜕皮的当日少喂，蜕皮一天以后多喂。

（二）水质检测与调节

水质是影响养殖虾类生长发育，决定养殖产量及经济效益的重要因素之一，科学地调节和控制水质是养殖生产中贯穿始终的一项十分重要的生产技术措施。

1. 环境监测

经常性测量池塘水的 pH 值、溶解氧、氨氮含量、透明度等。连续阴雨天或连续高温晴天要检测盐度变化。各项指标最好控制在：透明度 40～60 cm，酸碱度（pH）7.8～9.0，溶解氧（DO）4 mg/L 以上，氨氮（NH_3）小于 0.6 mg/L，硫化氢（H_2S）0.01 mg/L 以下，化学耗氧量（COD）低于 6 mg/L。

2. 科学换水

在养殖过程中，添换水是改善虾池水质的最直接和最有效的措施。经常更换新鲜海水，不仅可以增加池水的溶氧量，降低代谢有毒物质的浓度，改善池底的氧化还原状态，还可以调节池水盐度，调整池内生物组成，促进生态平衡，有利于对虾的正常生长。池内添换水要因地制宜，适时适量。应遵循一个原则：水质调控的目的只有一个即保持池水的新鲜与稳定，创造一个适应对虾生长发育的良好环境。为此在换水时要注意技巧，一是换水的时机，当池内有益浮游单细胞藻类呈优势类群，各项理化指标在最佳范围内，即水质最好状态时开始适量换水。以防止水质突变。二是换水幅度，以保持池水的相对稳定为宜。三是换水的方法，根据供水能力，养殖时期和换水时间采用先排后进、边排边进等方法。四是换水量，提倡适量换水，切忌大排大灌的做法。应该强调的是，近几年来由于虾病流行，盲目换水会出现事与愿违的结果。因此，应充分发挥蓄水池的作用，经沉淀和漂白粉消毒等处理后进行池水交换，是健康养殖的必要措施之一。在没有蓄水池的情况下，而虾池又必须换水时，应在进水渠或虾池进水闸口处，施放漂白粉，有效氯浓度为 1 g/m^3 等含氯消毒剂进行预防。

3. 底质调控

在养殖池中，由于生物密度相对较大，再加上人工投喂饵料，其排泄物、残饵及生物尸体等均沉积于池底，这些沉积物的沉积速度，大大超过了池塘自身的净化能力，所以形成一层很厚的有机质层。这些有机物在缺氧的条件下，进行厌氧分解，产生大量硫化氢、氨态氮、甲烷等有毒物质，影响对虾的生存。在池底黑化严重的虾池，对虾往往出现中毒症状，鳃及第一触角鞭变黑，呼吸机能减弱，食欲减退，活动力下降，体色变暗，甲壳变软，生长停滞并引起死亡。在生产实践中，常常遇到养殖后期即使供应充足的优质饵料，对虾生长也很缓慢，这与后期池底条件恶化有直接的关系。污染严重的虾池，对虾很容易患白黑斑病。池底污染情况的判断，最简单的方法是直接观察，有经验者可根据池塘底泥的颜色和气味进行判断，表层黄色，内层灰色，无臭味为良好底质；表层黄色，内层黑色，有臭味为中度污染；表层与内层均墨黑，有恶臭味为重度污染池底。池塘重度污染时，养殖对象难以生存。

预防池底的污染尤为重要，其主要措施有：①放养前清池必须彻底，特别是养殖多年的老池，每年在放养前，必须彻底进行清塘，是预防池底污染的首要环节；②适宜放养密度，密度过大超出池塘的负载能力，是造成池底污染的重要原因，要正确对待；③科学的饵料投喂，投饵量不准确，特别是过量投饵是底质污染的主要因素，所以必须做到准确定量，科学投喂；④合理地混养搭配，适当混养一些杂食性和滤食性的鱼类及贝类，利用生物间的不同生态习性，充分发挥水体和饵料的潜能，取长补短，互惠互利，促进水体中物质和能量的良性循环，可减轻池底污染的程度，构建生态防病、健康养殖的科学机制。

一旦池底出现污染，应进行底质改良。池底污染时可使用底质改良剂促进有机质的分解，如投放过氧化钙、双氧水等可促进池底有机质分解。也可使用沸石、麦饭石、膨润土等吸附硫化氢、氨氮等有毒物质。氧化亚铁可以与硫化氢结合生成无毒的硫化铁，消除硫化氢的毒性。因此，在生产上使用含铁的炉渣或铝铁矿土进行底质改良效果良好，使用量视池底污染程度而定，一般按照每平方米 1~2 kg，高温期施用两次即可。

另外水质的调节还有循环净化、机械增氧、理化改良以及生物调控等方法。

(三) 定期测量对虾体长

对虾的生长情况不仅反映养殖措施是否正确，而且也是确定饵料投喂量和投喂次数的重要依据，至少应该每 10 d 测量一次其生物学体长。对虾的生物学体长系指自眼柄基部至尾节末端的长度，要求每次测量的方法及标准应尽量保持一致，并做好详细记录。每次测量随机抽样 50~100 尾，应在池中分几处用旋网等取样。体重不需逐一测量，可一次称量所取样品，求出平均值。测定工作宜在早晨和上午进行较好，夏季应避开炎热的中午。中国对虾在养殖条件下的生长速度如前述，若低于参考值，应分析原因，改进管理措施。

（四）对虾胃饱满度的测定

取一定量的对虾，从头部背面透过甲壳观察胃饱满度。根据虾胃中食物的多少，可分为饱胃、半胃、残胃和空胃四级。具体分级标准是：饱胃，胃腔内充满食物，胃壁略有膨胀；半胃，胃含物占胃腔的1/2以上，或占据全胃，但胃壁不膨胀；残胃，胃含物不足胃腔的1/4；空胃，胃腔内无食物。一般在投饵1 h以后，饱胃率（包括半胃）应达80%以上，投饵前而饱胃率在20%左右，则投饵量适宜。若投饵1 h以后饱胃率低于60%，则饵料不足；若在投饵之前40%以上为饱胃者，则投饵过量。胃多不饱而剩饵较多，则饵料质量差或已变质，对虾拒食之；胃饱满但对虾生长缓慢，则饵料营养不全或不易消化所致。“黑胃”或“绿胃”多因缺饵而误食污泥或难消化的植物，要结合胃含物的分析，随时调整饵料的投喂。

（五）巡塘检查

养成期间为了了解虾情、水情和险情，巡池检查是必需又最直接和最有效的管理措施之一，必须贯穿养殖的全过程。养殖过程中，每天至少应在黎明、白天、傍晚和午夜各巡塘一次，以便及早发现问题，采取措施。其主要内容有：①观察对虾活动有无异常，是否有浮头迹象和疾病发生；②观察池内水色及水位是否有变，池水有无异味，水中有无水草、丝状藻类和其他敌害生物的繁生，暴雨之后有无池水分层现象；③观察池底的颜色是否正常，有无褐苔浮起和发黑、发臭等现象的出现；④观察对虾摄食是否正常，个体大小有无两极分化，池底残饵是否突然增多，检查对虾脱壳数量；⑤检查闸、网有无破损、跑虾，堤坝有无塌陷、是否存在决口和漫水的危险；⑥注意池内有无敌害生物的存在；⑦观察夜间池水有无发光现象。

（六）清除敌害

一般来说，由于在虾苗放养前经过清池和药物灭害，并过滤进水，养成期间很少出现害鱼，如果由于闸槽漏水或进水网破裂，或其他原因使虾池内出现害鱼，就应该设法予以清除，除钩钓、网捕外，必要时可以带虾清鱼。带虾清鱼可以使用茶籽饼，视池水的温度和盐度确定用量，盐度在25左右，水温18～25℃时，使用量为15～18 g/m^3，水温25～31℃时，用量为12～15 g/m^3。带虾清鱼最好选在晴天进行，以增加药效和预防意外的发生；可先排出部分池水降低水位，以减少用药量。用药2 h后鱼已经死亡，应及时进水恢复正常水位。茶籽饼还有促进对虾蜕皮的作用。

（七）病害防治

病害的防治是对虾养殖生产中不可忽视的环节，从生产的前期准备到整个养殖过程都应以防为主，避免各种病害的侵入。定期在池中泼洒消毒剂（比如含量8%的二氧化氯1 g/m^3）控制有害细菌的繁殖；定期泼洒生物制剂（光合细菌、芽孢杆菌、海洋酵母等），保持良好的水环境。注意：生物制剂的施用要在消毒剂泼洒后两天。不投喂变质、不新鲜饵料。定期投喂药饵，提高对虾自身抗病能力。

对虾养成期间的中后期是疾病发生的高峰，大多数的疾病是全国性、乃至世界性的，仅有少数是区域性的，现就几种危害严重的病害加以介绍。

1. 红肢病（红腿病）

病虾一般在池边缓慢游动，有的则在水中旋转活动或上下垂直游动，停止摄食，不久死亡。其主要症状为外观附肢变红色，游泳足尤为明显；头胸甲的鳃区淡黄色。

该病主要是由副溶血弧菌、鳗弧菌和溶藻弧菌等引起。发病和死亡率可达90%以上，是对虾养成期除杆状病毒以外危害最大的一种病。流行季节7—9月，虾池发病后几天之内几乎全池虾死亡。

该病的发生于底质污染和水质恶化密切相关。

预防方法：①虾池在冬闲季节应彻底清除污泥，在进水以前先进少量水，再用生石灰、漂白粉或其他含氯消毒剂彻底消毒。②高温季节除适当加强换水并提高水位，保持良好的水质和水色、适宜的透明度（30~40 cm）外，还应定期（10 d左右）适量泼洒生石灰，根据底质和水质状况每公顷用量为75~150 kg。③在虾病流行季节可定期进行药物预防，药物以消毒剂、水环境保护剂及活菌制剂为主。④放养密度要适宜，放养的苗种要健康。⑤投喂要适量，营养、质量有保证，鲜活饵料要慎用且处理得当。

2. 白黑斑病

主要症状为发病初期的对虾，腹部每一节甲壳腹面两侧的侧叶中部各有一个白斑。白斑处不透明，其大小约3~5 mm，形状不规则，一般略近于圆形或长圆形，边缘不整齐，但位置很固定，因此病虾从前至后腹部两侧下方各有一行白斑。以后随着病程的进展，白斑逐渐变为黑斑，因此得名。

此病流行很广。凡是养殖中国对虾的地方都可发生，发病季节为7月中旬至8月下旬。死亡率可达95%以上，一般在发病后7~10 d就可使全池虾大部分死亡。在白斑期就可大批死亡，黑斑时期死亡更多。病虾都是较大规格的虾，通常在8 cm以上。此病的危害仅次于红腿病。

防治方法除与红肢病相同外，注意在饲料中添加维生素C。其具体做法是在投喂前喷洒0.1%的维生素C，再用0.5%~1.0%的植物油膜保护，喷后稍微等一会儿再投喂。

注意事项：维生素C也叫抗坏血酸，是易溶于水并且很容易氧化分解的物质，受到光和热以及暴露在空气中时间长了就可氧化分解。该药的保存应在密封的容器中放在阴凉干燥处。在使用时，溶于水后立即喷洒在饵料上。

再喷洒一层植物油是为了防止投喂后维生素 C 很快溶于池水中。喷洒好的饵料不要在阳光下晒，不宜久放，最好在植物油吸入饵料后立即投喂。

3. 烂鳃病

病虾浮于水面，游动缓慢，反应迟钝，厌食，最后死亡；特别是在池水溶解氧含量不足时，病虾首先死亡。主要症状为鳃丝呈灰色、肿胀、变脆。然后从尖端向基部溃烂。溃烂坏死的部分发生皱缩或脱落。有的鳃丝在溃烂组织与尚未溃烂组织的交界处形成一条黑褐色的分界线。镜检溃烂处有大量的细菌活动，严重者血淋巴中也有细菌。

烂鳃病多发生在中国对虾养殖过程中的 8 月高温期，虽然发病率较低，但病虾死亡率高。

其防治方法同红肢病。

4. 烂眼病

病虾行动呆滞，常潜伏不动，眼球首先肿胀，由黑变褐，随后溃烂脱落，仅留眼柄。一般在一周内死亡。镜检复眼的角膜溃烂，小眼的界限不清。溃烂处有细菌活动，重病者血淋巴内也有细菌。

该病是由非 01 群霍乱弧菌引起。发病季节在 7 月中旬至 9 月上旬。一般是在一个池内少数虾发病，陆续死亡，但也有的虾池发病率高达 80% 以上，每天有较多的死虾。不过引起短期内对虾大量死亡的病例较少。

本病的发生和流行主要与水中致病菌数量密切相关，所以，适量换水和对水体进行消毒处理是预防该病发生的有效措施。治疗时可用含氯制剂全池泼洒，方法、用量同红肢病。

5. 丝状细菌病

主要症状为在虾体表处和鳃上附着大量丝状物，一端附着，一端游离。该菌大量繁殖时阻碍对虾的呼吸及蜕皮，可引起对虾的大量死亡。

该病的病原体主要是毛霉亮发菌和发硫菌两种。丝状细菌发生在中国对虾的各个生活时期。

丝状细菌的发生与养殖池塘的水质和底质有密切关系。池水和底泥中含有机质多时最易发生。因此，丝状细菌也可作为水环境污染的指标。

丝状细菌往往与钟虫、聚缩虫等固着类纤毛虫和壳吸管虫、莲蓬虫等吸管虫类同时存在，这就更加重了它的危害性。

预防措施：主要是保持水质和底质清洁，即在放养前彻底清池和消毒。在养殖期间饵料营养丰富，投饵适当，促使对虾正常生长和及时脱皮，脱皮时可以脱掉丝状细菌。另外，放养密度切勿过大，调控好水质。

治疗方法：最好的方法在营养保证的基础上，在全池按常规用量泼洒漂白粉或高锰酸钾消毒池水，杀死水体中的丝状细菌。①全池泼洒茶籽饼，使池水成 12～15 g/m^{3}浓度，促使对虾蜕皮。蜕皮后大换水排去虾壳和丝状细菌。②全池泼洒高锰酸钾，使池水成 12 g/m^{3}的浓度，6 h 后大换水。

6. 固着类纤毛虫病

主要症状为少量附着时，不显症状，被附着的对虾器官和组织无明显病变。但在虫体附着数量多时，虫体布满对虾的鳃、体表、附肢、眼睛等全身体表各处，外观鳃呈黑色，体表呈灰黑色。病虾在早晨浮于水面，离群漫游，反映迟钝，食欲不振或停止摄食，不能蜕皮，停止生长。镜检鳃丝上附着大量虫体。虫体之间并黏附许多污物，但鳃组织并无明显病理变化。鳃外观呈黑色是虫体和污物的颜色。

预防措施：①养虾池在放养前要彻底清除淤泥和用漂白粉、生石灰等消毒。②对虾的放养密度要适当。③投喂饲料时要营养丰富、数量适宜；尽量创造优良的环境条件，并经常换水、改善水质和底质，加速对虾的生长发育，促使其及时蜕皮。

治疗方法：①可用茶籽饼全池泼洒，使池水成 12～15 g/m^{3}浓度。

7. 对虾白斑杆状病毒病

主要症状为病虾首先停止吃食，行动迟缓，弹跳无力，漫游于水面或伏于池边或水底不动，很快死亡。病虾体色往往轻度变红或暗淡退色，但也有的病虾体色并不改变。典型的病虾在甲壳的内面有直径数毫米的白点，白点有时变为淡黄色，在显微镜下呈花朵状，外围较透明，中部不透明，花纹看不清。白点在头胸甲上特别清楚，肉眼可见。该病是由白斑杆状病毒（WSSV）感染引起。从1993年开始在全国对虾养殖区暴发和流行，危害性极大。此病通常在18℃以下隐性感染（或潜伏期），水温20～26℃时为急性暴发期，感染率100%，死亡率90%以上。

所有的对虾病毒病至今尚无明显有效的治疗方法，主要应采取综合性的预防措施：①实行严格的检疫制度，杜绝病原体的带入（亲虾、虾苗、活饵等）。②彻底清淤消毒，方法同前。③使用无污染和不带病原的水源并经过消毒等处理。④放养无病毒感染的健壮虾苗，并控制适宜的密度。⑤投喂优质配合饲料，并在饲料中添加0.2%的稳定维生素C；投喂鲜活饵料必须保证不腐败变质，或经熟化等处理后再喂。⑥保持虾池环境因素稳定，不要人为惊扰。⑦配置增氧机，任何时候保证溶解氧不低于5 mg/L。⑧不采用大排大灌换水法，可多次少量，遇到流行病时暂时封闭，不滥用药物，使用生石灰、过氧化钙等环境保护剂。⑨防止细菌、寄生虫等继发感染，适时适量投喂抗菌药饵或泼洒消毒剂。⑩使用光合细菌和中草药，净化水质和提高对虾细胞免疫能力。

8. 肝胰脏细小病毒状病毒病（HPV）

患病虾无特有症状，只是厌食，行动不活泼，生长缓慢，鳃和体表有附着的共栖生物，偶尔腹部肌肉变白，易继发感染细菌性疾病，严重时肝胰脏微白色、萎缩。

该病是由肝胰脏细小病毒感染所致。很少引起对虾的大批死亡，放养密度大时易感染。

防治方法同对虾白斑杆状病毒病。

六、对虾收获

（一）收获时间

当水温降至12℃以前，此时对虾几乎停止生长，即可开始进行收获。另外，为了弥补禁渔期的市场水产品的空缺而获得较高利润，在养殖过程中根据市场的需求，随时起捕。

（二）收获方法

收获方法主要根据对虾的活动特点等分为以下几种方法：

1. 放水收虾

利用对虾喜欢沿池边群游和顺强流的特点，在排水闸的外闸槽安装收虾袖网（锥形网），急速放水收虾。此法适用于大规模的集中收虾，具有速度快、操作方便、节省劳力、一次收获量大、收获物干净等优点。袖网网长一般为5~8 m，前口矩形，与网框配套相接，后口直径50~60 cm，网目自前至后逐渐由3 cm缩至1 cm。后口通常接网目1 cm、长度1.5~2.0 m、直径50~60 cm的网袋。

2. 陷网收虾

陷网也称“迷魂阵”，是在池内设置网具，不需造成水流即可收虾。好处可捕大留小，对虾的伤害轻，适用于捕获活虾销售。陷网一般高1 m，长0.9 m，宽0.8 m（视具体情况而定），由网体、锥形袖网、定网缆、锚和网墙等组成。锥形袖网一般三个，其网囊内有圆形支架衬托，网目大小随虾大小而定，网袖底部用套口索控制启闭。收虾时先将陷网在池边定位，网墙的一端紧靠池堤，另一端伸至网体内，对虾沿池边游动时会顺墙网而进入网体，最后导入锥形袖网内而无法逃出。根据进网虾量的多少，随时开启套口索进行收取对虾。此法收虾效果晚上优于白天；下网后应及时对其检查，以免对虾过多进入，时间较长而缺氧致死。

3. 拉网收虾

用拉网在较小面积（1/15~1/3 hm^2）、池底比较平坦的虾塘捕虾。一般连续拉三网，起捕率可达70%以上。根据对虾的活动习性，再考虑上市情况，通常在晚上21：00左右捕虾效果较好，可捕所有养殖的种类。但此法收虾存在虾体不干净的缺点。

第四节　中国对虾的综合养殖

目前，综合养殖大多取代了中国对虾单一养殖模式。主要的养殖模式有：虾蟹混养和虾贝混养。其养殖种类组成，有的以养虾为主，也有的以养蟹为主；还有的除了虾蟹外，尚有鱼贝等同池养殖，如近几年来江苏沿海的高涂蓄水综合养殖即属于此类。

一、对虾和三疣梭子蟹混养

虾苗（规格2~3 cm）放养2 000~4 000尾/亩，虾苗下池20 d后，蟹苗下池，每亩放养1 500~2 000只二期幼蟹。幼蟹下池前用37%的福尔马林50 g/m^3 浸泡20 min，防止病原体带入养殖池。

由于虾蟹生物习性与生态学习性近似，所以同池混养存在许多问题，特别是相互残食现象严重，成活率降低，影响养殖的经济效益。解决的办法是将虾、蟹隔离，采用的方法有两种，一是将池塘分区，虾蟹分养在同一个池而不同的区域内，方法简单，用网隔开即可，对池塘要求不严；二是将梭子蟹等吊养在虾池内，其方法是用扇贝笼或用塑料浮子的一半加上网衣做成的专用养殖设施进行养殖，要求池塘水深应达到1.5 m以上，单层吊养或多层吊养应因地制宜，每一个单元放养一个蟹子，每公顷可吊养2 000~3 000只，成活率由池塘养殖的10%~30%，提高到80%以上，效益非常明显，但增加劳动强度，主要是饵料投喂比较烦琐。

养殖蟹类生长速度很快，经过100 d左右的养殖，多数都能够达到商品规格，可根据市场行情随时起捕上市，最好采取捕大留小、捕肥留瘦的措施，以获得最佳经济效益。

近年来研究认为，蟹类是对虾白斑杆状病毒的携带和传播者，因而要慎重。

二、对虾与贝类混养

许多贝类是虾池综合养殖中最理想的搭配种类，虾贝混养是目前我国较成功的综合养殖模式。贝类在虾池内不需要耗费对虾饵料，能够额外增加商品贝类的产量，使池塘养殖经济效益大大提高。虾池内的贝类通过滤食池水中的小生物、细菌、有机碎屑等，净化了水质，减轻了池底和池水的污染，保持了虾池的生态平衡，减少了虾病发生的机会，促进了对虾的生长。池水经过贝类过滤净化后排入海区，对于减轻海域水质污染、减少赤潮暴发，有着较长远的生态效益和社会效益。虾池中混养的贝类品种主要有：缢蛏、文蛤、杂色蛤等。

（一）对虾与缢蛏的混养

缢蛏是一种广温、广盐的经济贝类，其生长快，适应能力强。混养缢蛏应选择泥沙底质、泥质底的虾池为宜。要求池底松散、洁净、平整。淤泥池底必须彻底清淤后方可使用。撒播缢蛏的“蛏田”多选在池塘中央滩面上，面积一般为虾池面积的30%~60%。滩面水深要求1.0~1.5 m，不能低于0.7 m。环沟、投饵点和进水闸附近不宜放养。“蛏田”建造可以在春季放养虾苗前1个月左右，结合清淤整池进行。清淤之后要用生石灰、漂白粉、茶籽饼等清除敌害，并经过翻土（深20 cm左右）、耙土、平整、挖沟分块，建成一畦畦5~8 m宽的条垄状“蛏田”。“蛏田”中央略高，向两侧呈弧状倾斜。畦间距为0.5 m，其长度可依滩面而定。

蛏苗的放养应在虾苗投放之前尽早进行，在东南沿海多在3月中、下旬开始放养，一般不应超过“清明”。投苗前10~15 d，滩面蓄水20~30 cm，每公顷施氮肥75 kg，磷肥0.5 kg，分两次施入。投放密度的确定，应立足于当年养成商品规格，又受制于蛏苗规格。蛏苗规格在4 000~5 000粒/kg时，每公顷放养1 500~2 250 kg；蛏苗规格增至600~2 000粒/kg时，每公顷放养量为450~750 kg。蛏苗播撒要均匀，应避开风雨天，当盐度低于15时不宜播苗。蛏苗播放后的第二天，应进行附苗检查，若成活率达不到预定要求，应抓紧时间进行补苗。养殖初期，应利用潮汐的自然涨落时间或干露滩面，以锻炼蛏苗的掘穴能力，促进蛏苗潜穴深居，提高御敌能力和成活率。缢蛏的产量一般每公顷可达4 500~15 000 kg（实播面积）。

养殖期间，对虾投喂应采取适量、定点投喂，避免造成“蛏田”污染，或因饵料不足而使对虾伤害缢蛏。一般当缢蛏养殖5个月左右，规格达6 cm以上，可利用虾池换水间隔时间，让滩面露出，关闸起捕缢蛏；也可以在收虾后起捕或继续纳水养殖，并相应加大换水量，后根据市场情况随时起捕。

（二）对虾与杂色蛤混养

对虾与杂色蛤混养要求池水交换方便，大、小潮都能纳水为佳。池底应平坦，池底以沙质和沙泥质（含沙量 60%）左右为宜。虾池面积最好在 3~4 hm^2，水深 1.5 m 左右，畦宽 1~4 m，高 15~20 cm，畦田应占池底面积的 25%左右。

东南沿海放养时间一般在每年的 5 月底结束，条件许可的情况下宜早不宜迟。苗种规格以 1.5 cm 以上为好，播苗量为每公顷 90 万~120 万粒；现在许多地方放养规格为 0.5 cm 左右的小苗，俗称“沙苗”，由于该规格苗种为天然苗种并与底质混在一起无法分离故名，每公顷播苗量视含苗量的多寡在 1 000~3 000 kg 不等。养殖七八个月即可收获，当对虾收获后，可继续蓄水养殖，到年底前结束，以免影响虾池清整。

（三）对虾与文蛤混养

文蛤为蛤中上品，有“天下第一鲜”的美誉。混养文蛤的池塘条件要求较高，底质以细砂或粉砂为好，含砂率达 55%以上，并无污染。选择池塘中央的平台上，其混养面积为池塘面积的 1/3 左右。混养前池塘应该按照常规清池除害，播放蛤苗的滩面经过暴晒后，在播苗前 25 d 左右进行翻耕，翻耕深度 15~20 cm，播苗前 2~3 d 耙平。

苗种一般可选择壳长 2~3 cm，重量为 500 粒/kg 左右的 2 龄苗种。播苗量按平台面积计算每公顷 6 000 kg，当年可长到 5 cm 的商品贝。如苗种为 1 cm 左右的小苗，则应按照每公顷 600 kg 放养，需 2 年才能长到商品规格。

文蛤起捕一般在对虾收捕之后，收捕前可在平台上每隔 1.5 m 打入一棵粗 4~5 cm、长 60~70 cm 的木桩，由于文蛤具有向桩迁移的习性，经过一段时间以后可在木桩周围 30 cm 范围内收捕。收捕后的文蛤经 20 h 的吐沙后，即可包装销售。

第五节　中国对虾的养殖实例

以赣榆县东方水产养殖有限公司2012年度生产为例：该公司1号塘17.8亩，2号塘22亩，在当年4月21日同时放养体长1.5 cm中国虾苗3 000尾/亩；5月25日放养二至三期三疣梭子蟹幼蟹苗1 800只/亩。虾苗及蟹苗都为该公司自行繁育，挑选健壮、规格整齐苗种，放苗前都经过严格消毒处理。虾苗放养时水色为茶色，透明度33 cm，桡足类十分丰富。到6月3日虾苗体长平均5.5 cm时开始投喂少量配合饲料，6月10日开始投喂小杂鱼，7月12日开始以兰蛤为主要饵料。每次换水都安排在大汛潮期间进行，选取最高潮位时进水，共排换水7次，每次30%左右。施二氧化氯3次，每次1.2 g/m^3。施"改底"4次，每次用量为500 g/亩，复合型浓缩微生物制剂"EM"液4次，每次用量为100 g/亩。从中秋节开始用挂网起捕公蟹，到国庆节止共收获公蟹1 600 kg，平均体重200 g。11月6日干塘起捕，收获对虾1 780 kg，三疣梭子蟹雌蟹1 900 kg。对虾成活率34%，三疣梭子蟹成活率23%。生产成本共计21万元，销售收入48.7万元，纯利润27.7万元。取得了良好的经济效益。

第四章
南美白对虾养殖

南美白对虾，在分类学上属节肢动物门、甲壳纲、十足目、游泳亚目、对虾科、对虾亚科、对虾属，又称白皮虾、白对虾、白虾，原产于南美洲、太平洋沿岸海域，是当今世界养殖产量最高的三大虾类之一。

南美白对虾肉质鲜美、营养丰富、个体较大，自然海域里可捕到个体重100 g以上的成虾，养殖个体重也可达60~80 g。生长快、抗病能力强、产量高，在合理密度和饲料充足的条件下，水温25~35℃，经60 d左右饲养，即可养成10~12 cm、个体重10~15 g的商品虾，成活率可高达80%以上，亩产量500~1 000 kg以上，养殖效益十分显著。对盐度适应范围甚广，从自然海区到内陆池塘均可生长，可以在海水、半咸水池塘半精养和精养，虾苗经淡水驯化后，也可以在纯淡水池塘中养殖，从而打破了地域限制。养殖模式多元化且技术日趋成熟，单养、套养、混养、多茬养殖、温室养殖等各具特色。营养需求低，食性杂，对饲料蛋白要求低，35%即可达生长所需。因此，自1988年中科院海洋所首次从美国引进南美白对虾种苗，并于1994年成功进行生产性育苗和养成以来，南美白对虾已逐渐成为我国普遍推广养殖的主要虾种。

第一节　南美白对虾的生物学

一、形态特征

南美白对虾外形（图 4-1）酷似中国对虾，甲壳薄，体青灰色（或白色），额角稍向下弯，尖端长度不超出第 1 触角柄的第 2 节，其齿式为 8~9/1~2。头胸甲较短，额角侧沟短，到胃上刺下即消失。头胸甲具肝刺、肝脊明显；第一触角具双鞭，长度大致相等，第 1~3 对步足的上肢十分发达。第 4、第 5 步足无上肢；腹部第 1~6 节具背脊；尾节具中央沟，但无缘侧刺；成虾最大体长可达 23 cm。南美白对虾雌性不具纳精囊，仅在第 4、第 5 对步足之间由腹甲皱褶、凸起及刚毛等甲壳衍生物形成一个用于接纳精荚的区域，属于开放生殖器。雄性第 1 腹肢的内肢特化为交接器，呈卷筒状，其表面布有不同形状和大小的沟缝和突起。南美白对虾雌雄个体不论成熟与否，其大触须近基部处有明显的折曲，因此不能依此作为判定性别的根据。

图 4-1　南美白对虾（引自百度）

二、生态习性

（一）生活习性

南美白对虾自然栖息海区为泥质海底，水深范围为1~72 m。成虾多生活于离岸较远的深水水域，幼虾则喜欢在饵料生物丰富的河口附近海区觅食生长。在自然海区当南美白对虾体长平均达到12 cm时开始向近海洄游，离开浅水区，到离岸较远且水较深的海区生活（一般水深为70 m左右），进行交配、产卵、孵幼。历经无节幼体、溞状幼体、糠虾幼体，到仔虾后期，便开始向河口、港湾等浅水海域游动，并定居于近岸浅水海域，经过几个月的生长发育成为成虾后，再次回到环境稳定的深水海域进行交配、产卵，完成整个生命交替的循环。

养殖条件下，南美白对虾和其他虾类一样，白天静伏池底，晚上则活动频繁；但南美白对虾性情较温和，实验条件下很少见到个体间有相互残食现象发生。

（二）环境要求

①南美白对虾为热带虾种，养殖适温为25~32℃。在逐渐升温的情况下，南美白对虾可忍受43.5℃的高温。但对低温的适应性一般，18℃以下停止摄食，9℃时开始出现死亡。

②南美白对虾对盐度的适应能力很强，其盐度适应范围为5~45，最适盐度范围为10~25。在逐渐淡化的情况下，也可在盐度为0~2的淡水中正常生长。

③对pH值的适应范围为7.3~8.6，最适pH值为8.0±0.3，pH值低于7或高于9.5时，南美白对虾的活力下降。

④南美白对虾抗低氧的能力突出，它可忍耐的最低溶氧值为 1.2 mg/L。但在养殖过程中要求水体溶氧值大于 4.0 mg/L，不得少于 2.0 mg/L。

（三）食性

南美白对虾为杂食偏肉食性。对营养要求并不高，在人工配合饲料中，蛋白质含量能达到 25%～30%就已足够，这比其他对虾优越。研究表明，过高蛋白质的食物对提高南美白对虾的生长速度及养殖产量不但没有帮助，反而有负面效果。因为南美白对虾对蛋白质的消化吸收有一定的限度，超出范围不仅会增加肌体负担，而且没有吸收的部分随粪便排出，更容易污染环境。养殖南美白对虾，可以充分利用植物性原料来代替价格比较昂贵的动物性原料，从而大幅度节省饵料开支。据研究，黄豆粉是饲养南美白对虾的适口性饲料成分，其用量可高达 53%～75%。在用黄豆粉比例为 53%和 68%的饲料饲养南美白对虾时，其体重增加的速率要比含量只有 30%的更好。

（四）生长特性

在适宜条件下，南美白对虾生长特别快：60～70 d 可达商品规格。在淡水或低盐度水中生长略慢于在海水中，且有明显的阶段性：体长 1～6 cm 时生长较快，6～8 cm 时慢，8 cm 以上时又较快。

南美白对虾的生长速度与两大因素有关：一是蜕壳频率，即每次蜕壳的间隔时间；二是增长率，即每次蜕皮后的增长量。南美白对虾的生长与变态发育总伴随着幼体或成体的蜕皮来进行；同时，蜕皮还可以去除体表上的附着物或某些病变。因此，蜕皮不仅是南美白对虾发育变态的一个标志，也是个体成长的一个必要阶段。

南美白对虾蜕皮都在前半夜。蜕皮频率随体长增长而延长：幼苗阶段于水温 28℃时，约 30～40 h 脱壳一次；1～5 g 的仔虾约 4～6 d 脱壳一次；而

15 g 以上之大虾约两星期脱壳一次。低盐度和高水温可增加蜕频率（次数），有利于虾生长。据观测，人工养殖的南美白对虾通常在每月农历大潮之后出现蜕皮高峰，在蜕皮高峰来临前，异常活跃，围池游动。

（五）繁殖习性

南美白对虾的繁殖期较长，在主要分布区周年可见怀卵亲虾，但不同分布区的繁殖期不同。南美白对虾的雌性交接器官属于开放型，不具纳精囊，繁殖顺序是：蜕皮（雌体）—成熟—交配（受精）—产卵—孵化，相较中国对虾、日本对虾等其不经脱壳即可交配。南美白对虾多在产卵前 2~10 h 的日落时分交配。交配时，雄虾靠近并追逐雌虾，在雌虾下方同步游泳，然后转身向上，头尾一致与雌虾腹部相对，抱住雌虾，将精荚粘贴到雌体第 3~5 对步足位置上。若交配不成，雄体立即转身，重复上述动作。雄虾也可能追逐卵巢未成熟的雌虾，但只有成熟者才能接受交配行为。新鲜的精荚在海水中黏性较强，交配中很容易粘贴到雌体身上。养殖条件下自然交配的几率较低，其原因尚待研究。

南美白对虾从虾苗长至性成熟大约需要 11~12 个月。性成熟的雌虾体长为 14~23 cm，体重为 50~100 g，头胸部卵巢外观呈红色。雄虾规格比雌虾小，一般为 12~20 cm，体重 30~40 g。人工养殖的亲虾产卵量一般为 10 万~20 万粒/尾；天然捕捞的亲虾性腺发育较好，产卵量可达50 万粒/尾以上。产空后的亲虾 2~3 d 可再次产卵，可产十几次，连续产卵 3~4 次后雌虾要脱壳一次。

亲虾多在 21：00—3：00 时产卵，1~2 min 即产空。雄虾精荚可反复形成，精荚排出到新精荚成熟一般需要 20 d。摘除雄虾单侧眼柄可加速精荚发育。

第二节 人工育苗

一、主要设施

（一）育苗室

育苗室的建筑必须满足对光线和通风的要求，一般使用透光率为70%的原色玻璃钢波形瓦顶，并开设天窗，使晴天上午10：00室内光强度最低在5 000 lx以上。室内房顶装遮光帘，以调节光照强度。条件适宜的地区也可建透明塑料膜覆顶的育苗室。

（二）育苗池

一般为水泥池，通常每个池20～40 m^3，池形以长方形为好，池深1.2～1.8 m，池底倾斜度2%～3%。在池底最低处设有排水孔，便于排水、洗卵和出苗。另外，育苗池还设有进水、加温、充气管道，必要时还加设淡水管道。

（三）饵料培养室

饵料培养室分植物性饵料培养室和动物性饵料培养室，两室均要靠近育苗室，以方便投喂。植物性饵料培养室主要用于单胞藻培养，要求光照度在晴天时能达到1 000 lx以上。动物性饵料培养室主要用于孵化卤虫卵和培养轮虫等动物性饵料。

（四）供水设施

供水设施包括蓄水池、沉淀池、砂滤池、高水位池、水泵及管道阀门等。

蓄水池有蓄水和使海水初步沉淀两种作用，其容量应不小于育苗场日最大用水量的10~20倍。沉淀池数量一般不少于两个，其容水量一般应为育苗总水体日最大用水量的3~5倍。

高位水池可利用水位差自动供水，使进入育苗池的水流稳定，操作方便，又可使海水进一步起到沉淀作用。其容积应为育苗总水体的1/4左右，可分成多个，每个50 m^3左右，深2~3 m。

（五）增氧设施

罗茨鼓风机风量大、压力稳定，输送出的气体不容易被污染，适合育苗场使用。要注意其供气能力应每分钟达到育苗总水体的1.5%~2.5%。还应注意风压与池水深度的关系，一般水深1.5~1.8 m的水池，风压应为465~665 KPa；水深1.0~1.4 m的池子风压应为399~465 KPa。为灵活调节送气量，可选用不同风量的鼓风机组成鼓风机组，分别或同时送气。同一鼓风机组的各风机，风压必须一致。

（六）增温设施

根据各地区气候条件和能源状况的不同，增温方式应因地制宜。一般有蒸汽锅炉增温、工厂余热增温、地热增温等几种方式。如利用锅炉蒸汽增温，每1 000 m^3水体需用蒸发量为1~2 T/h（60万~120万KCAL）的锅炉，蒸汽经水池中铁加热管（严禁使用镀锌管）使水温上升。

二、亲虾培育

（一）亲虾选择

亲虾来源一般捕自自然海域或人工强化喂养，也有从美国、巴西或我国台湾购买。挑选亲虾时注意事项：体表不带伤，活力强，肌肉饱满，颜色正常，个体较大，检测未携带病毒。通常雌雄比为1∶1.5。

（二）亲虾运输

亲虾运输使用车、船均可。长距离运输以活水或充气为宜，使用车运应避免长时间停车。用活水车运输安全、量大是现在最常用方法。运输时注意要尽量夜间行车，防止阳光照射车体使水温升高。运输时放虾密度，比如在直径1 m左右的帆布桶内，水深0.4 m，一般放亲虾10~15尾，且需带氧气瓶充氧。

（三）亲虾越冬与强化培养

亲虾进入越冬室后要尽量减少活动，在进行投饵、加温、吸污、换水等操作时动作要尽量放轻，以防止亲虾受惊。放养密度15尾/m^2左右。越冬室要求全部用黑色布帘遮盖。

1. 投饵

亲虾的饵料以活体沙蚕、牡蛎、贝类、鱿鱼、乌贼等为主，每天投喂两次：早上1/3，晚上2/3。日投喂量大约为虾体重的5%~8%。注意观察亲虾摄食情况，增减饵料，以每天略有残饵为原则。随着水温升高，亲虾摄食量会逐渐增加，要注意增加饵料。

2. 加温

由于亲虾越冬时间很长，有足够时间升温，所以每次升温幅度可以尽量压低，杜绝突然升温，以免造成亲虾蜕皮。当水温升至25℃时，可以恒定，然后根据具体生产，安排以后升温。

3. 吸污

残饵、粪便等脏物很容易致病，要及时清理。用内径3 cm透明螺纹管，采用虹吸原理将底污吸走。

4. 换水

7~10 d 换水一次。每次换水 50%左右。进水时注意水流不要过快，进水口尽量接近水面，减少对亲虾的惊扰。水要进行预热，亲虾池的温差不超过 0.5℃。

三、虾苗培育

（一）育苗池的处理

育苗池及育苗有关的其他池子必须浸泡消毒和洗刷干净。新建池要酸化脱碱处理。池子消毒一般用 50~100 g/m^3漂白粉或 5%~10%高锰酸钾溶液消毒，冲洗干净后才能进行育苗。

（二）育苗水质标准

育苗用水经砂滤后用 300 目筛绢过滤，如果水中悬浮物还是较多，则再用 700~1 000 目羊绒袋过滤至育苗池，水深 1 m 左右。施 2~10 g/m^3的 EDTA 钠盐络合水中重金属离子。要求溶氧量在 5 mg/L 以上，pH 值为 7.8~8.6，盐度为 25~35。氨氮含量不超过 0.2 mg/L。

（三）亲虾产卵及孵化

亲虾多在夜间产卵，一般黎明前，准备集卵。集卵时，先将亲虾小心捞出然后在池外集苗槽中安放 100 目集卵箱，将卵随水流入集卵箱中。收集的受精卵先用 40 目筛绢网箱滤除杂物，再用 100 目网箱在干净海水中清洗，然后按 40 万粒/m^3的密度放入育苗池中孵化。

孵化期间水温逐渐升至 28℃，保持微波状充气。

（四）幼体培育

1. 无节幼体培育

无节幼体靠自身卵黄提供营养，故无需投饵。无节幼体培养期间水温逐渐升至30℃，密度10万~20万尾/m^3，光照5 00 lx以下，保持微弱充气。当幼体发育至四期时，接种可做饵料的单胞藻类。经过3~4 d后，无节幼体发育为溞状幼体。

2. 溞状幼体的培育

溞状幼体期间水温逐渐升高至30~30.5℃，光照通常控制在200~1 000 lx，溞状Ⅰ期微弱充气，溞状Ⅱ期微波状充气，溞状Ⅲ期逐渐增大到沸腾状态。溞状幼体阶段要保证有充足的藻类供给幼体食用：溞状幼体一期以摄食植物性饵料为主，作为饵料的单胞藻类的密度应维持在1万~2万个/mL；到溞状幼体第二期时投喂轮虫，投喂量投喂量5~10个/mL，并以保持在3~4 h内捕食干净为原则；到溞状幼体第三期时，开始投喂卤虫无节幼体，投喂原则同轮虫投喂。当上述饵料不能满足时，亦可搭配投喂人工配合饲料如蛋黄、虾片、螺旋藻粉等。本着量少、次多的原则，结合实际观察幼体拖便及肠胃饱满度情况来确定具体投饵量，一般每次投1~2 g/m^3。在整个溞状幼体培养期间，一般不需要换水，每天添加5%~10%新鲜海水即可，同时施用EM等有益菌来改良水质。大约4 d后，溞状幼体发育成糠虾幼体。

3. 糠虾幼体的培育

水温升至30.5~31℃，光照强控制在500~2 000 lx，充气量由沸腾状态逐渐增大到强沸腾状态。糠虾幼体的食性转为动物性饵料为主，但是单胞藻还应保持一定数量。卤虫无节幼体和轮虫投喂量适当加大，一次投喂满足4~5 h。饵料不足也可以用虾片、蛋黄等饵料代替。在糠虾幼体期间开始换水，日换水量15%~20%。4~5 d后发育成仔虾。

4. 仔虾培育

仔虾期间全部为动物性饵料。仔虾前期（P1~P4）以投喂卤虫无节幼体及其成虫为主，辅以桡足类；P4以后可以投喂鲜活的枝角类、桡足类以及蛋羹（以蛤肉、虾肉和沙蚕等绞碎并通过60目筛网后与鸡蛋混合蒸煮而成）等。日投喂量可按仔虾体重的200%左右计算。

在仔虾期间，投饵量剧增，水质变化很快，因此对换水的需求大增，日换水最少80%；到了P10以后，换水量要达到100%~150%。培养期间水温升至31~32℃，光照强控制在2 000 lx以上，充气量应保持在强沸腾状态。出苗前2 d开始降温，使水温逐渐接近自然温度。

（五）虾苗出池

当培养池中仔虾体长全部达到1 cm以上时，即可出池。应掌握出池的方法和虾苗计数方法

1. 出池方法

用滤网先将育苗池水排至1/3~2/3，然后在出苗池内装好出苗箱（通常用40~60目制成的网箱），控制好网箱内一定的水位。而后向集苗箱内用虹吸法出苗。当池水接近池底时方可开池底排水孔出苗。出苗时注意控制水流速，以免挤伤虾苗。

2. 虾苗的计数

虾苗计数常采用带水容量法和带水重量法两种方法。前者适用于体长1 cm左右的小规格苗种，对虾苗损伤也较小，其方法是将虾苗集中在已知容量的器具中，将虾苗搅均匀后迅速用已知容量的烧杯自水中层取满一杯（应在不同位置取2~3次）计数，根据容器与取样水量之比求出虾苗总数。此法

应注意器具内虾苗不应过密，时间不宜过长，最好维持连续充气。也有不少场家采用干容量法：即用特制的漏勺（杯）装满虾苗后尽快沥去海水，并逐尾计数，得知该漏勺（杯）的虾苗数，就按漏勺（杯）数量计数虾苗，此法简便迅速但误差较大。后者适应于各种规格的虾苗，定量前先取 10 g 左右的虾苗，计算出每克虾苗的尾数。计算时可用容量 10 kg 左右的塑料桶带水称取 5~8 kg，再捞虾苗，沥去海水，倒入桶内，称取重量，减去桶和水的重量即为虾苗重量，根据取样标准，计算出虾苗总数。

3. 虾苗的运输

应根据路途的远近及交通条件，采取陆运、水运或空运等。装虾容器多采用帆布桶或尼龙袋等。其装运密度应视虾苗的规格、运输时间、水温等因素而定。在一般情况下，当水温 20℃左右时，直径 1 m、高 1 m 的敞口帆布桶，装水 1/3，装全长 1 cm 的虾苗 25 万~35 万尾，可安全运输 8 h。若途中充气增氧，运输密度可增加 1 倍。若用尼龙袋充氧运输，容量 10 L 的聚乙烯透明薄膜袋，内装 1/3 的海水，充 2/3 的氧气，装全长 1 cm 虾苗 1 万~2 万尾，在气温 20℃左右，可连续运输 10 h 以上。当气温太高时，可以用小尼龙袋装上冰块，直接放在帆布桶内，或放于装虾苗袋的塑料泡沫箱或硬纸板箱内降温，以提高成活率。

（六）病害防治

参照中国对虾养殖。

第四节　南美白对虾的池塘养殖

一、虾池的选址与条件

虾池建设必须兼顾经济、实用、安全和操作方便等因素。南美白对虾半精养池面积一般40~50亩，长方形，长宽之比为3∶1，长边应与当地长年风向相平行；深度1.5 m，砂质泥底，池堤宽度不小于2 m，沿池堤内侧设投饵台，池底平坦，但向排水口倾斜，便于排污，进排水口要严格分开，间隔距离越大越好。但精养池面积不宜太大，一般在10亩左右，池深1.5~2.5 m，选择水源方便，水质条件好，交通便利，用电方便的地点。

南美白对虾池塘的坡度以缓为宜，以提供对虾更多的栖息面积，同时可以防止因局部底质恶化而诱发疾病。进水设施应有完善的过滤系统，以防敌害生物进入；排水设施应尽量做到底层和表层水都可以排掉，既能降低底污染，又可以防止有害藻类过度繁殖和表层污物较多。

二、水质条件

无污染的江河水、湖水、水库水、井水都可以进行纯淡水池塘养殖南美白对虾。饲养南美白对虾的优质水，要求水质清新、无污染、溶氧量为5 mg/L以上，pH值为7.0~9.0，透明度为30~50 cm，NH_4-N小于0.2 mg/L。

三、培养基础饵料生物

培养基础饵料生物过程包括：清塘→进水→施肥→引种。清塘必须彻底，可因地制宜地采取不同的方法。经冬季暴晒的虾池先清除10~20 cm的淤泥后，在放虾苗前1个月左右用生石灰150~200 kg/亩，或漂白粉25 kg/亩化浆全池均匀泼洒进行消毒，后用60~80目筛网过滤注水20 cm浸泡3 d，排干池水后再暴晒3 d，再进水60~80 cm经充分曝气1周后进行二次消毒（4 g/m^3溴氯海因或0.4 g/m^3季铵胺盐络合碘消毒），3 d后用高效营养液肥水（每亩用100 mL兑水100倍喷于池底水面）培养基础饵料生物，使水呈淡黄绿色或茶色，池水透明度30~40 cm，pH值为8.0左右。施肥量要根据虾塘底质的肥瘦来灵活掌握。若为新开池或水不易肥的池塘，应适量施有机肥，也可每亩施用生物肥水素1.0~1.5 kg：方法是用水稀释100倍，晴天全池均匀泼洒。也可在傍晚使用高浓度的海洋光合细菌（50亿个/mL）1.5~2.5 kg。

四、虾苗放养

（一）虾苗选择

南美白对虾苗要选择健壮活泼、体节细长、大小均匀、肌肉充实、肠道饱满、对外界刺激反应灵敏、游泳时有明显的方向性（不打圈游动）；躯体透明度大（肌肉不混浊）、肝胰脏颜色淡黄；体表干净、全身无病灶（附肢完整、大触鞭不发红、鳃不发黑）等。最有效的办法是抗离水试验：从育苗池随机取出若干尾虾苗，用拧干的湿毛巾将它们包埋起来，10 min后取出放回原池，如虾苗存活，则是优质虾苗，否则是劣质苗。

放养优质的虾苗是提高养虾成活率及高产的重要保证。放养规格最好是2~3 cm，一般为1~1.2 cm，此时的虾苗对外界环境的适应能力较强，运输、养成的成活率高。太小养成的成活率较低，较大的不耐运输。

虾苗运输一般采用聚乙烯薄膜袋法，或水箱车加网片。

（二）放苗时间

南美白对虾最适生长水温为22~35℃，在此水温范围内放虾苗养殖，生长速度快，摄食量大，体质健壮，抗病力强。南美白对虾生活在偏低水温的环境中则摄食量小，体质弱，生长慢，从而养成成活率低。因此南美白对虾在我国南方的放养时间是每年的4—5月较合适。北方时间稍晚，在5—6月，要求最低水温不低于18℃。

（三）放养密度

$$每亩放苗量（尾/亩）=\frac{计划产虾量（kg/亩×要求出池时每千克尾数）}{预计成活率}$$

一般情况下，未经中间培养的虾苗一般成活率为30%~50%，经过中间培养的虾苗一般成活率为70%~80%。半精养条件下，由于人工控制条件差，设施简单，因此放养虾苗密度一般每亩放6 000~10 000尾。精养池塘放苗密度为4万~6万尾/亩。

（四）虾苗投放

放苗前要关注最近一周的天气变化，提前做好准备。虾苗进塘前，一定要先试水，可取一小部分选好的虾苗放到调试好塘口水质的池塘临时暂养网箱里，24 h后成活率在90%以上，即可放苗。放苗前一天，建议在水体中补充葡萄糖或多维，以缓冲虾苗应激，保证虾苗下塘后有充足的食物来源。塘口水盐度要求与苗场差距不超过±0.3，温差不能超过5℃。放苗时应选择晴天上午或傍晚放苗，大风、暴雨天气不宜放苗。放苗位置选择在虾池较深的上风处进行。

五、虾苗的暂养

将刚出育苗池的虾苗（一般体长1 cm左右）经过暂养（也叫中间培育或标粗），培育至体长达3 cm左右的大规格虾苗（又称大苗）后再放养，养殖成活率比较稳定，有利于养成期各项管理工作的顺利进行。南美白对虾虾苗暂养可采取土池暂养、塑料大棚暂养及网箱暂养等不同类型。具体方法可参照中国对虾苗种暂养。

六、饲养管理

饲养管理的好坏，直接关系到南美白对虾养成成活率、产量和经济效益。所以，在南美白对虾的整个养殖过程，对池塘水质、饲料、日常工作要进行科学的管理。

（一）水质调控

1. 池塘水色的调控

理想的水色是由绿藻或硅藻所形成的黄绿色或黄褐色，这些绿藻或硅藻是池塘微生态环境中一种良性生物群落，对水质起到净化作用。因此，在养殖过程中要有意识地调控这一理想水色。目前，常规的方法是在池中按比例施放氮肥和磷肥，如瘦水池塘早期施放经发酵过的有机肥200~400 kg/亩，培肥方法可用蛇皮袋堆放池塘四周定时翻动，达到肥水后取出肥渣袋，或采用小船浸泡出肥水，每天上下午各1次，数量每亩50~100 kg，全池均匀泼洒，连续2~3 d达到池水肥度为止。池塘底质肥可用无机肥，每亩使用尿素5 kg、过磷酸钙0.5 kg，化水后全池泼洒，根据水质肥瘦可每星期追肥一次。肥水期间，每天中午前后开动增氧机，以利于池水的混合对流和藻相的稳定平衡。到养殖中后期由于残饵及虾的排泄物增多，一般水色变深，此时应采取适量换水或施用一定的沸石粉或生石灰来控制水色。

在养虾池中定期施放有益微生物，如光合细菌、EM生物活性细菌等，能及时降解进入水体中的有机物，稳定pH值；同时能均衡地给单细胞藻类进行光合作用提供营养，平衡藻相和菌相，稳定池塘水色。

2. 池水pH值、溶氧量、透明度的调控

南美白对虾适宜的pH值为7.8~8.5。养殖过程中pH值过高，会增加氨氮的毒性，抑制虾的生长。当pH值达9.0以上时应及时进行调控，调节的措施主要有换水、曝气增氧和使用降碱剂（如醋酸、冰醋酸等）等。

在南美白对虾的养殖过程中，随着虾体的增长，对水中溶氧量的需求量也越来越大，因此在养殖前期视水质状况采取间歇性开启增氧机（增氧机配备按1 000 W/亩），以后随着虾的生长逐渐延长开启增氧机的时间。精养池和高密度高产养殖池，到养殖的中后期必要时需24 h开机，以保证池水溶氧量在5 mg/L以上，池塘底层溶氧量在3 mL/L以上，最低不能低于1.2 mg/L。在养殖前期，池水的透明度保持在30~40 cm；养殖中后期，池水的透明度应保持在35~50 cm，若透明度小于20 cm时应换水、加水或施放沸石粉或生石灰；若透明度过大，可追施氮肥和磷肥防止青苔、蓝网藻、湖靛等危害物出现。在纯淡水池塘养殖南美白对虾适当可搭养鲢、鳙，用以调控池塘水质。

（二）科学投饵

相对中国对虾与斑节对虾，南美白对虾对饵料蛋白质要求不高。既要保证对虾吃饱、吃好，又要兼顾养殖环境和降低饲料成本。养殖南美白对虾的饲料系数为1.45，比养殖斑节对虾的饲料系数1.6~1.8低，养殖前期选用粒径0.05~0.5 mm的颗粒饲料，中期选用0.5~1.5 mm的饲料，后期选用1.5~2.0 mm的饲料，最好采用膨化的沉性颗粒虾料。

投饵量应根据虾的大小、成活率、水质、天气、饲料质量等综合因素而定，但实践生产经验也非常重要。养殖中期（虾体长3~10 cm），日投饵量为虾湿重6%~8%，养殖后期（虾体长10 cm以上），日投饵量为虾湿重的4%~5%。养殖前期每天分两次投喂，每万尾虾苗日投饵量为0.05 kg，以后每天递增10%，投喂时期分别为6：00和18：00；养殖中期投饵3次，投喂时间为 6：00、18：00、23：00；养殖后期分 4 次投喂，投喂时间 6：00、11：00、18：00、23：00，晚间投喂量占日投饵总量的 40%。投喂方法为沿池边均匀投喂。投喂中设饵料台，一般以 1.5~2 h 内吃完为宜，通过及时查看料台来确定准确的投饵。

(三) 巡塘

每天早、晚、午夜巡塘，观察水色变化及对虾是否浮头，采用借助灯光观察和捞网检查两种方法观察虾的活动情况、生长状况和饱食率，以调节投饵量和是否开启增氧机。同时检查虾体色、触鞭的颜色、鳃丝和肝胰脏颜色，体表是否粘着污物等，并做好养殖生产管理记录。

(四) 收获

常用虾笼收虾，也有排水用拉网式收虾，有些地方有用脉冲电推网或电拉网收虾。收虾前应注意：当寒潮侵袭，气温突然降低（超过 8℃时）不能收虾，当气温回升后再收虾；水质突然变坏，要尽快提早收虾；虾生长停滞，开始出现虾病时要突击收虾。高产精养的虾塘要采取轮捕的方法，当部分虾长到商品规格时就及时起捕，捕大留小，分批收获。

(五) 虾病防控

贯彻“无病先防，有病早治，防重于治”方针，定期在饲料中添加各类营养添加剂，及时增强虾自身免疫力，实时监控水质，保持虾生长环境相对平衡。此内容参照中国对虾养殖。

第五节 南美白对虾与鱼类混养

近年来，由于养殖环境的恶化导致病害高发，加上养殖投入逐年增高，单一养殖风险极大，为规避风险，不少养殖区域采取混养、套养等不同的养殖模式，以达到在不同养殖环境条件下既不浪费水体资源又能取得更高产量和效益。南美白对虾可与其他虾类（如刀额新对虾、罗氏沼虾等）、蟹（如河蟹）、鱼（如草鱼、鲤鱼、梭鱼、花白鲢、鲫鱼等）等混（套）养。

在大部分地区以鱼虾混（套）养较为普遍。在决定采取鱼虾混（套）养的方式养殖时，选择主养鱼类是鱼虾混养成功的关键一环，一般除肉食凶猛性鱼类外，其余养殖鱼类都可以与南美白对虾混（套）养。

鱼虾混（套）养的优点：对池塘条件要求不高，只要底质淤泥不是很深的鱼塘都可进行南美白对虾的套养，不需对原有池塘进行特殊改造；另外，可充分发挥水体生产力。

一、以鱼为主的混养模式

在淡水池塘中套养南美白对虾，鱼类维持原有的放养密度，南美白对虾放养密度一般 8 000～10 000 尾/亩，不需单独投放南美白对虾饲料，日常管理也与鱼类养殖相似，不需进行特殊操作。

南美白对虾属底栖甲壳动物，在养殖鱼类时，不会与其他鱼类争夺活动空间。另外，在混养情况下南美白对虾只需摄食鱼类的饵料残渣和底栖动植物即可正常生长，不需增加饵料投入。在南美白对虾清理的池塘环境下，养殖鱼类和虾类均不易发病；高密度养殖的情况下，鱼类最易得的寄生虫病更是很少发生。

二、以虾为主的混养模式

就是在土池养虾中放入少量底栖鱼类，一般虾苗为 40 000～50 000 尾/亩，放苗 20 d 后放养鲤鱼或草鱼 80～100 尾/亩，日常管理同土池养虾。

该模式主要利用杂食性鱼类喜食病弱虾的特点，降低虾的发病率，从而相应提高效益。

三、高效益鱼虾混养的技术要点

（一）池塘的选择

混养池塘应选择渗漏较小、底质淤泥少、排注水方便的养鱼池塘。

（二）池塘清理

使用前要彻底清塘，以杀灭有害生物，如野杂鱼类、有害昆虫等；有条件的还应进行晒池，其具体操作方法按淡水鱼养殖模式操作即可。

为了提高虾苗的成活率，应在养殖池的向阳岸隔出一个占养殖池总面积1/10的暂养池，用土坝或塑料布隔出，水深保持在1.2 m左右。同时，将其盐度调至适宜放苗盐度，并培肥水质。虾苗运到后先放入暂养池中暂养，以利于其对新环境适应和集中投喂。

（三）放苗

先对入池鱼苗进行检测，进行虫害病害防治，做好鱼类定点投喂和水质调控。半个月后，鱼苗正常摄食，水质活爽，指标正常，即可挖开土坝，让暂养池的虾苗自由游入大池。

（四）投饵

鱼虾混养塘主要工作量在投喂饲料，为合理降低饵料成本，减少残饵污染池底，选择混养虾料和鱼料搭配投喂。每天鱼料投喂三餐，一般用自动投饲机节约人力，投饲机开动半小时后，避开鱼类摄食区域，沿池边投喂混养虾料。日常管理参照鱼塘管理和南美白对虾的日常管理，因密度相应增加，维持塘内溶氧为管理之重。

（五）病害防治

鱼虾混养池因用药局限性，需要定期解毒，改底，维持水环境相对平衡，平时内服多糖，益生菌增强体质，预防病害发生。

（六）起捕

8 月即可陆续起捕对虾，用地笼捕大留小，捕虾结束前可以加入低剂量的水产用菊酯，以捕尽成虾。一般收虾结束后开始放水卖鱼，养殖中期，也可以利用扳网捕鱼。

该模式下同时规避鱼虾发病几率，相应增加密度，降低成本。虾亩产量甚至可以达到 250～500 kg，鱼亩产可达 750～1 500 kg，真正意义上实现双丰收。

第五节　南美白对虾塑料大棚养殖

由于南美白对虾为热带型虾，最适生长水温为 22～35℃，偏喜高温，低温适应能力较差。为此，在自然状态下进行养殖基本上一年只能养一茬，而受气候等的限制，南美白对虾商品虾的销售尤其在北方地区又过于集中，这必然严重影响其价格，导致养殖效益低下。另一方面，在养殖过程中，由于夏季雨水较多，各种污染物极易被带入养殖池塘造成池水污染；再加上水鸟等中间寄主的掠食易引起疾病交叉感染。针对室外养殖南美白对虾的诸多弊端，近年来经过不断摸索，塑料大棚养殖技术日臻成熟，其生产模式正被各地（尤其南通地区）大力推广应用。与室外露天养殖相比，其具有生长周期短，水质易调控，发病率低，产量高，且一年可养 2～3 茬的优势，效益极为可观。

一、大棚建造及配套设施

在大棚建造过程中既要考虑尽量节约成本，又要考虑牢固、经久耐用。以 400 m^2水体大棚为例：大棚山墙用 240 mm 厚砖砌筑，东、西两山墙都开门。大棚拱顶高 2.8 m，大棚棚顶采用镀锌钢管弓型梁构造，跨度 11 m；弓形梁间距为 6 m。上用整张塑料布罩住，塑料布上铺草帘子，并牢牢固定，以防大风毁坏。

大棚内水池池深 1.2 m，水泥池壁，泥质或三合土质池底。池底铺设 4 路直径 15~20 cm PVC 质汽管，进气口由中部接入。池两头进水，中间设溢水管排水，预先铺设的排水管道孔径根据总进水量考虑。池沿高于地坪 20~30 cm。

二、苗种放养

①早茬苗放养。3 月下旬即可放苗，约 10 万尾/亩。7 月底以前可根据市场行情随时起捕上市。

②晚茬苗放养。8 月上旬前放苗，每亩放养 5 万~6 万尾。在棚内水温降至 16~17℃可及时起捕，如能利用地热或电场余热等资源则可尽量延迟上市。

三、养殖技术要点

（一）肥水放苗

放苗前 1 个月左右大棚内进行清理消毒，每张大棚可用生石灰 150 kg 左右匀成灰浆全池泼洒。15 d 后即可网滤进水 40~50 cm，稳定 3~4 d 后用有机发酵肥约 600 kg/大棚进行积肥肥水，另应配合使用约 1 kg 的芽孢杆菌微生物制剂（活菌：10^9个/g）可在改善底质、抑制有害菌的生长、培育水色等方面取得良好效果。以后可根据水色情况追施一定量的无机肥，以培养单胞藻、糠虾、枝角类、桡足类等天然生物饵料。

（二）选用优质苗种

苗种质量的优劣是决定养殖成败的首要关键，故在购苗时一定要严把苗种关。首先可用样瓶或小抄网随机捞取数十尾肉眼观察：苗体规格应大小整齐，体长以 1 cm 左右为宜；且健壮活泼，颜色青亮一致。然后再取若干苗镜检：应体表干净、肢体齐全、无病无伤，且肠胃饱满或有食物。随后可检验是否有弱苗，简单方法为：随机选择若干数量的虾苗（50 尾以上），放到白瓷盆中，用手朝同一方向沿盆搅动水体，使虾苗旋转成团，聚于容器中央；停止搅动后，虾苗很快散开而滞留在中间的部分即为弱苗，可根据弱苗的多寡来判断质量的优劣。最后一定要试水：可取大棚内养殖池水 2 kg 左右放入某一容器，再放入几十尾虾苗，24 h 后可观察是否有死苗及苗的活力，一般没有死苗且活力仍较好的即可购苗放养。

（三）投饵

由于前期肥水较好并具有丰富的天然饵料，故虾苗一般长至 4～5 cm 前不需投饵。当观察到养殖池内枝角类、桡足类等生物饵料急剧减少时即可开始投喂南美白对虾专用配合饲料。一般日投饵两次：早晨投 1/3；晚上投 2/3。具体投饵量要根据日常观察来决定；可在每一大棚内设几个固定投饵台，投饵后 2 h 进行检查以无残饵为宜；到生长后期可增加夜投饵一次。此养殖模式下南美白对虾整个生长期的饵料系数比可达到 1∶1～1.2，故可根据总投饵量来估算其产量。

（四）增氧

养殖前期，一般放苗 1 个月内可间断充气增氧：每间隔 4～5 h 充氧 0.5 h

左右；从中期开始则尽量不要中断充气。

（五）大棚调节

一般情况下，大棚应该密封，特别是连续阴天或气温偏低，棚内温度随之下降，但只要大棚密封好，仍可保证水温不低于20℃；而当外界最高气温连续几日接近甚至超过30℃时，棚内水温便会明显升高许多，这时为保持棚内温度相对稳定，中午前后应掀起大棚，让棚内通气，降低温度，保持水温在25℃以下。密封的大棚，空气流通差，湿度高，所以正常时候每天中午应掀动一次大棚，让空气得到交换，改善棚内空气质量。在初春或初冬季节，当外界气温较低时，大棚内会产生很大的雾气，从理论上讲，通过放风可以将雾气散出。但正因为是外界温度低，所以放风是绝对不允许的。目前认为比较好办法是：将温室前部放风口以下部分开始使用普通棚膜，在温室的前底脚靠北些的地方东西贯通吊起隔地膜，上部与棚膜保持有30 cm左右的距离，下边埋入土壤中，使之形成1个相对独立的空间。有了这样1个装置，使得从上部流下的雾气停留在其中，不能向温室的后部移动，从而有机会使雾滴附着在前部的棚膜和地膜裙边上，形成大的水滴顺势流下，因而可以大大减轻雾气的发生。待严寒过后，再撤除地膜裙，使用无滴膜的温室。

（六）水质调节

据养殖季节的不同，适时加注新水和进行水质调节，经常使用底质改良剂和微生物制剂来改良池塘水体的生态环境，使池水长期保持肥、活、嫩、爽。一般养殖前期每天加水5~10 cm，透明度保持在30~40 cm，达到2 m水位后，才开始逐步换水，每天换水量10 cm左右。以后逐步增大到15~20 cm。养殖后期水色过浓的池口换水量增大到30 cm左右，尽量使池水保持清爽，透明度保持在30~50 cm。另外，在整个养殖过程中无须用抗生素等药物。可在每张大棚内放养2~3尾鮰鱼，以随时吃掉弱虾、病虾从而预防疾病的发生或蔓延。

四、收获

在此养殖模式下，一般放养50 d后即可达到上市规格。此时可根据市场行情随时用地笼或拖网起捕上市。一般可产虾1.5~2 kg/m^2。

第六节 南美白对虾的工厂化养殖

南美白对虾的工厂化养殖是一种高密度、养殖条件可系统控制的养殖模式，因此产量高，且加强了养殖病害的人工防治效果，降低投资风险，提高经济效益。南美白对虾非常适合工厂化养殖。

一、基本设施

（一）水源和水处理设施

有地下水资源的地区应尽量采用地下水，其最大的优点是病原体少，具有明显防病作用，而且设施简单、成本较低，只需打井和建一个贮水池（其容量可为养殖总水体的1~2倍，其作用是经过曝气氧化水中还原物质并起升温作用）。地下水的化学成分组成可能与自然水不同，需要对地下水的化学组成进行分析，根据分析结果，进行化学离子的调整。使用自然水养殖南美白对虾时，必须经过严格的过滤和消毒后方可使用。为此要建设砂滤井，消毒池等。

（二）养虾池和暖棚

虾池的形状为圆形或近圆形和环道式养虾池。其共同特点是池水可做环形流动，不仅可使池内水质条件均一，而且可将虾的粪便等废物及时排至池外，保持池内清洁。养虾池面积一般 100~1 000 m^2，池深 1.2~1.5 m。池壁一般为砖石结构，水泥砂浆抹面，池角弧形，避免磨伤虾的额角。池底水泥砂浆抹面，需平整光滑，以 5%坡度顺向排水口。圆形池中央排水口周围约 2 m 半径范围内建成锅底形，以利于聚集污物。为了提高水温，延长养殖期，要建设塑料大棚或具有透明屋顶的温室。温室面积一般为 500~5 000 m^2，平面形状以长方形为宜。室顶结构形式有拱形、向阳形、三角形等，常采用钢屋架、木屋架、钢木混合架。屋面覆盖透光率高的玻璃钢波形瓦或塑料薄膜。低拱屋顶结构抗风力强，在风力较强的海边地区，优先设计采用。

（三）增氧设施

养殖池水增氧是高密度养殖南美白对虾的必需条件，它不仅可使水质条件均匀，还可把虾的排泄物集中于排污口，排至池外，保持池内水质清洁。较大的池子以使用水车式增氧机为佳，每亩水面早期使用 1 台 1 kW 水车式增氧机，中后期增至 2 台。小型虾池可利用罗茨鼓风机或空气压缩机，每分钟的供气量应达到养殖总水体的 0.5%~1%。水源充足者可利用喷水推动池水流动，流水养虾法的日供水量应达养殖总水量的 4~5 倍。

（四）浸池与消毒

新建水泥池必须经过 10 d 以上浸泡时间，溶出碱性物质及其他有害物质。使用过的旧虾池，也应浸泡数日，经刷洗后用 30~50 g/m^3 的漂白粉消毒，并开动增氧机将药物搅匀，做到彻底严格消毒。

（五）繁殖饵料生物

繁殖基础饵料生物是促进南美白对虾虾苗快速生长、降低饲料用量的有效手段。放苗前 1 个月施肥繁殖浮游植物，每立方米施尿素 5 g、过磷酸钙 2 g，以后每天施前量的 1/2，使透明度达 30 cm 左右。

二、放苗

（一）虾苗选择

虾苗选择的关键是无病和不带白斑病毒，肉眼观测大小整齐，体长 0.7 cm 以上，虾苗活泼健壮，无病弱苗和死苗，溯水能力强，体色透明，不发红，肝心区黑褐色。取虾苗试养 1~2 d，死亡率不大于 5%。有条件者可取 50 尾虾苗，送有关部门进行病毒检测。

（二）放养时间、密度

池水水温 23℃以上时放苗。放养密度为 250~500 尾/m^2，暂养后的大虾苗放养密度可减少 20%~30%。实行三级养殖时，第一级可放养虾苗 1 000~1 200 尾/m^2，二级放养 500~800 尾/m^2，三级 250~300 尾/m^2。

（三）虾苗淡化

在低盐度或淡水中养殖南美白对虾时，必须对虾苗进行淡水驯化，在育苗室淡化速度每日盐度降低不超过 5，降至 5 时便可直接向微盐池塘中放苗。

三、日常管理

（一）投喂

在虾苗投放池塘半个月以内，应该主要以天然基础饵料生物为食，不投或尽量少投放饵料。15 d 之后，当对虾体长达 3 cm 以上时再开始系统的投喂人工配合饵料，日投喂 4~6 次，其中白天投喂量占 30%，夜间投喂量占 70%。投喂量可根据对虾平均体长，参考表 4-1 中数字投喂。

表 4-1　每万尾对虾日投饵量参考

对虾体长（cm）	1	2	3	4	5	6	7	8	9	10	11	12
日投饵量（kg）	0.1	0.3	0.5	1.0	1.5	2.1	2.7	3.3	4.0	4.7	5.4	6.2

投饵应全池均匀投撒。此外，在白天投喂时应该离池边远些，而在夜间投喂则应该适当离池边近些。为了掌握投饵量，每池应设数只饵料盘，投饵时与池内一样投饵。投喂后 1.5 h，检查饵料盘上饵料的剩余情况，以略有剩余为宜，此时对虾饱胃率和多胃率应达 70% 以上，不能有空胃。如在投饵 2 h 后投饵盘上仍有剩饵，就应减少投饵量或停投 1 次。也可用小操网，操起底泥检查饵料的剩余情况。工厂化养虾的摄食量基本不受外界天气变化影响，蜕皮阶段投喂量适当减少。

（二）水质调控

1. 换水

在养殖前期应该以添加水为主；养殖中期则采取隔天加水，并适量排水的方式；养殖后期就需要每天加水，此外每隔 2~3 d 就应该换水一次，同时换水量应该低于池中总水量的 30%。整个养殖过程中各项水质指标分别为：溶解氧不低于 4 mg/L，NH_3-N 不高于 0.3 mg/L，pH 值保持 7.8~8.6，盐度日变化不超过 1%。

2. 增氧

用溶氧仪每天测溶解氧 2 次，只要低于 4 mg/L 就开增氧机。南美白对虾体长 4 cm 前，每天黎明增氧机开 1~2 h。南美白对虾 7 cm 前，每天早晚各开

4 h。对虾 7 cm 后，增氧机全天开，投饵时停 1 h。同时使用鼓风机或空气压缩机辅助增氧。

3. 调温

当水温低于 25℃时，关闭大棚门窗保温，换水安排在下午进行。当水温 25~30℃时，晚上关门窗，白天开门窗；30℃以上时，白天晚上都开门窗，有利于增加溶解氧。

四、病害防治

（一）常见疾病

常见疾病有对虾白斑病毒病、肝胰脏细小病毒病、红体病、烂眼病、烂鳃病、烂尾病等。

（二）防治方法

防病的基本原理是：优化生态环境，保证营养需求，增强对虾体质，杜绝或减少虾体和水环境中病原体的数量；控制细菌或支原体等的并发感染。因此要严格池塘消毒，并且使用无特异病原（SPF）虾苗。养殖期间经常使用光合细菌或活菌微生物等，以更好地抑制有害病菌的繁殖；在进行对虾饵料配制时，可以定期在配合饲料中掺入3%~5%的维生素 C、2%左右的大蒜素、3%~5%的鱼肝油等添加营养物质，制成抗病药饵以更好的预防病害的发生，抗病药饵投喂频率以每隔 15 d 一次为宜，每个疗程约为 5~7 d。在水质管理和控制上，可定期施用消毒剂，每 10~15 d 施一次，二溴海因（0.2 g/m^3）、三氯异氰尿酸钠（0.3 g/m^3）、溴氯海因（0.3 g/m^3）、安碘（0.3 g/m^3）四种消毒剂交替使用。南美白对虾出池前 20 d 停用抗菌素药物。

五、收捕

工厂化养殖收虾比较容易，根据需求量的多少，可以采用旋网、抬网、拉网等方法收捕，大量收虾时亦可从排水口放水收虾。由于虾的密度较大，在南美白对虾基本达到商品规格后就应进行逐步间收，以降低池内压力。一般应在水温 10℃前收虾完毕。

第七节　南美白对虾的养殖实例

连云港本地主要是土塘精养和鱼虾混养两种模式为主。以下为鱼虾混养实例：赣榆区宋庄镇郑庄村养殖户郑某家两个塘口，共为 15 亩，平均水深 1.8 m，盐度 2 左右。

4 月 20 日同时放养鲤鱼苗规格 30 尾/kg，计 13 000 尾；梭鱼苗 40 尾/kg，计 12 000 尾。鱼苗进塘后充分消毒，后改底调节水质，同时定点投喂全价配合颗粒饲料。

5 月 10 日投放 3 万尾/kg 的南美虾苗共 70 万尾。虾苗入塘后用 EM 原液配合生物肥调水。2 d 后，每次投喂鱼料半小时后，沿塘边投喂虾料。定期改底，消毒；及时补充有益菌及生物肥；定期内服多维，多糖；每半个月进行一次保肝处理。

8 月 10 日开始第一次捕虾，至 11 月 1 日止，共收获南美虾 4 000 kg，平均规格为 70 尾/kg；11 月中旬起捕梭鱼 8 000 kg、鲤鱼 19 000 kg、花鲢 1 000 kg。

核算生产成本共 22 万元左右：电费 2.5 万元，药费 1.5 万元，苗种 1.5 万元，饲料 15 万元，其他开支 1.5 万元。销售所得 37 万元，纯利 15 万元，经济效益极为可观，同时规避了精养虾池的暴发性发病。

第五章
日本对虾养殖

日本对虾，俗称：花虾、竹节虾、花尾虾、斑节虾、车虾等，是一种生活周期短、生长迅速的海洋甲壳类动物。寿命一般为1年，少数达2年。一生要经过几个不同的阶段，在不同的生长发育阶段，对外界环境条件的要求也不同，并表现出不同的生活习性。其地理分布较广，为印度—西太平洋热带区广布种。非洲东海岸、红海、印度、马来西亚、菲律宾、日本、朝鲜及我国的东海和南海都有分布。中国沿海1—3月及9—10月均可捕到亲虾。

日本对虾肉质鲜美，生长速度快、对环境适应能力好，抗病能力也较中国对虾、斑节对虾等养殖虾类强；此外日本对虾甲壳坚硬，耐干、耐低温、耐低氧能力好，适宜活虾运销，经济价值较高。因此，从20世纪90年代起，尤其在我国1993年中国对虾暴发流行性虾病以后，日本对虾人工养殖面积迅速增加，养殖范围也由南向北逐渐扩大，近年来已发展成为全国沿海各地普遍养殖的虾种。特别是在海南省，当地充分利用优质资源环境进行高密度精养亩产已可达到200 kg以上；江苏、山东沿海等地多年探索的轮养、混养及冬季暂养技术也日趋成熟，养殖效益稳步增长。相信随着海水养殖的多元化发展，日本对虾的养殖规模会越来越大，前景十分广阔。

第一节　日本对虾生物学常识

一、形态特征

日本对虾个体较大，成熟雌虾一般体长为13~16 cm；雄虾个体比雌虾小，一般体长为11~14 cm（图5-1）。体表具鲜艳的横斑纹，头胸甲和腹部体节上有棕色和蓝色相间横斑；尾节的末端有较狭的蓝、黄色横斑和红色的边缘毛。身体长而侧扁。额角微呈正弯弓形，上缘8~12齿、下缘1~2齿。具额胃脊，额角侧沟长，伸至头胸甲后缘附近，额角后脊的中央沟长于头胸甲长的1/2。第1触角鞭甚短，短于头胸甲的1/2。第1对步足无座刺，尾节具3对活动刺。雄虾交接器中叶顶端有粗大的突起，雌交接器呈长圆柱形。成熟虾雌大于雄，雌虾甲壳为青蓝色，雄虾棕黄色。

图5-1　日本对虾（引自百度）

二、生态习性

（一）栖息与活动

日本对虾栖息于水深10~40 m的海域，喜欢栖息于沙泥底，具有较强的潜沙特性。白天潜伏在深度 3 cm 左右的沙底内少活动，夜间频繁活动并进行索饵。觅食时常缓游于水的下层，有时也游向中上层。在虾塘的高密度养殖中，饥饿时呈巡游状态。但一般情况下很少发现其游动，尤其是养殖前期较难观察到。

（二）对环境的适应性

1. 对盐度的适应

日本对虾为广盐性虾类。对盐度的适宜范围是 15～30，但高密度养殖时适应低盐度能力较差，一般不能低于 7。

2. 对温度的适应

日本对虾属亚热带种类，最适温范围为 25～30℃，在 8～10℃停止摄食，5℃以下死亡，高于 32℃生活不正常。

3. 对水中溶解氧（DO）的要求

日本对虾在池养中忍受溶氧的临界点是 2 mg/L（27℃时），低于这一临界点即开始死亡。耐干能力强，是较易长途运输的种类。

4. 对海水 pH 值的适应

海水 pH 值较稳定，一般在 8.2 左右，但虾塘 pH 值多数变化较大。日本对虾对 pH 值适应值为 7.8~9。

三、食性

日本对虾以摄食底栖生物为主，兼食底层浮游生物及游泳动物。刘瑞玉等（1974）根据当年 5—9 月样品分析，日本对虾的胃含物组成中有 16 个动物类群。可以看出，日本对虾主要摄食小型底栖无脊椎动物，但不能直接吃大型双壳类，偶尔吃死尸和碎屑。对食物含蛋白质要求高达 60%。但肠道排

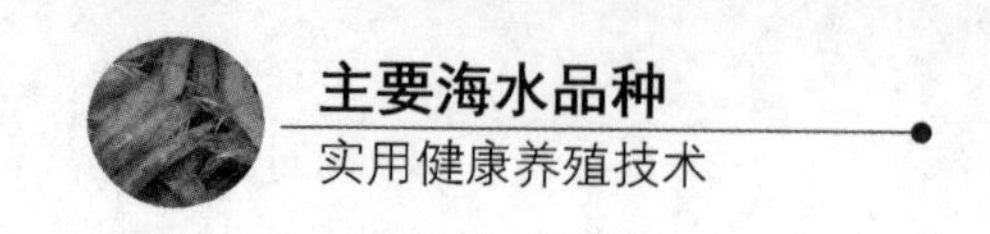

泄食物很快，特别在密集群体中。由于它具有吃粪的习性，因而产生某些食物再循环现象。

人工养殖时，日本对虾的饲料最好是小型低值双壳类，如蓝蛤、寻氏肌蛤等。但要注意清除残壳，以免妨碍对虾潜沙。其次是人工配合饲料。在冬天低水温时，可适当投小杂鱼，但注意高温时最好不要投喂含有血红素的鱼类，因为虾吃了这种饲料对虾本身不利。

四、生长特性

日本对虾的变态、生长，总是伴随着蜕壳而进行的。每蜕壳一次，体长、体重均有一次飞跃增加。据调查材料分析，每蜕壳一次约按指数生长增加。从无节幼体到仔虾蜕壳12次，从仔虾到幼虾约需蜕壳14~22次，幼体到成虾约需18次，即一生中要经过数十次蜕壳。

蜕壳多数出现在夜晚，整个蜕壳过程仅几分钟就可完成。开始是体液浓度增加，紧接着是新、旧甲壳分离。蜕壳前常侧卧水底，腹肢间歇性缓缓划动，随着虾体急剧屈伸，将头胸甲与第一腹节背面接连处的关节膜裂开，再经几度突然性连续跳动，新体就从裂缝中跃出旧壳。蜕壳后新壳较软，体色变红（大龄虾），幼龄虾几小时后新壳变硬，较大龄的虾则需1~2 d。刚蜕壳的虾，身体柔弱无力，极易受同类或敌害侵害；对环境变化的适应能力差，在养殖过程中容易感染疾病，因而蜕壳是经受一次生存大关。

日本对虾通过蜕壳过程表现出连续的生长过程。

①日本对虾在蜕壳过程完成之前一般不摄食；在蜕完后的一小段时间内，摄食量很少，只做缓慢运动。

②蜕壳过程中吸收大量水分，体重明显增加。

③新壳变硬后，摄食与活动恢复正常，食量大增，营养物质逐渐积累；新组织形成代替原来吸收的成分，无机盐沉淀使甲壳变硬，这才是真正的

生长。

④营养物质的积累达顶峰状态，为下一次蜕壳奠定基础。

日本对虾的蜕壳受蜕壳周期制约，但环境的变化（如pH值改变、药物刺激）能刺激虾的蜕壳，从而加速生长。蜕壳还与潮汐周期有关，大潮时的蜕壳机会较大。这一特点在人工养殖上已得到充分利用，可利用潮汐变化掌握虾的蜕壳时机，用适量的药物予以刺激能促进蜕壳，使对虾蜕壳整齐，生长快。日本对虾的蜕壳周期一般随体长和体重的增加而加长，而与年龄关系不大。蜕壳周期与体重的关系式如下：

$$\lg D = 0.2114\lg W + 0.8405$$

式中，D为蜕壳周期，单位为d；W为活重，单位为g。

如果饲料不足，温度和盐度过高或过低都会延长蜕壳周期，特别是在对虾健康状况不良情况下，蜕壳后体长和体重都不会增加。

当体长90 mm时，雌性和雄性体重均为7.8 g；当体长150 mm时，雌性体重38.5 g，雄性体重37 g。因此，在个体较小时，相同体长，雌雄个体重量差异小；而成虾时，雌性稍大于雄性。

五、繁殖习性

日本对虾繁殖期较长，每年2月中旬至10月中旬均可产卵，产卵盛期为5—8月，产卵适温为20~28℃。性成熟个体的体长范围为118~180 mm，以130~160 mm为主。日本对虾行软壳交配，雄虾成熟后即可在雌虾蜕壳后不久与之交尾，而雌虾外壳变硬后便不能再交尾，未交配的雌虾要到下次蜕壳后才有交尾的可能。

日本对虾有多次发育、多次产卵现象。雌虾性腺发育成熟或接近成熟时便可产卵。产卵行为多发生在夜间，前期集中在20：00—24：00；后期则集中在0：00—4：00，其产卵量因个体大小及产卵时卵巢的成熟度不同而异，一般在20万~60万粒，个别可达100万粒。产卵时，雄虾在水中层游动，成熟卵子从雌性生殖孔排山体外的同时，贮存在纳精囊里的精子也排出体外，精子与卵子在水中受精。产卵的同时雌虾划动游泳足，使卵子均匀分布于水中，并有助于受精。产卵过程一般几分钟内完成，成熟度差的分几次完成，甚至延长至第二个夜间完成。

六、洄游

生活在亚热带的日本对虾，并没有明显的产卵洄游，但产卵时也出现区域性群集现象。冬季，当水温下降时，个体大的对虾游到30 m或30 m以上较深的海域越冬。待水温回升时，移向浅水处产卵。长大的幼体逐渐从浅水索饵洄游到深海区。体长10 cm的日本对虾进入成虾期，栖息于水深5~6 m海区。体长至20 cm时，转至8~9 m深的海域。

第二节　日本对虾的苗种生产

一、育苗设施

（一）育苗室及育苗池

日本对虾人工育苗可采用中国对虾育苗室设施。日本对虾幼体较中国对虾幼体消化能力差，在培育过程中育苗池内保持有一定的浮游植物尤其是浮游硅藻饵料是十分必要的。为了繁殖浮游植物饵料，室内透光率应不低于70%。育苗池要求面积适中。在人工养成条件下相同规格的亲虾，日本对虾较中国对虾产卵量小。为了一次性采够足量同步发育的卵，育苗池面积不宜过大，以每个20~40 m^2 为好，池深1.6 m为宜。

（二）越冬室、越冬池、亲虾交配池及性腺催熟池

越冬室要求具有良好的保温性能和易于调节光照强度，可采用黑色塑料薄膜调节光照强度。越冬池以每只面积 20～30 m^2，池深 1 m 为宜；面积较小，便于吸污、换砂、挑选亲虾、性腺催熟等生产操作。可以使用越冬池作为亲虾交配池、性腺催熟池。

（三）其他设施

饵料培养、供水、充气、供热等设施均可采用中国对虾育苗设施。

二、亲虾的越冬与交配

（一）亲虾选择

用作越冬的亲虾可以从日本对虾人工养成池塘中选择，也可以从捕捞自然海区日本对虾中选择。一般自然海区捕捞的日本对虾个体较大，产卵量大；池塘人工养成的日本对虾个体较小，产卵量小。北方地区由于受自然条件的限制，一般选择人工养成的日本对虾作为越冬亲虾。选择用作越冬的亲虾，应是个体较大、健壮、无外伤、无病。一般雌虾个体在 12 cm 以上，雄虾个体在 10 cm 以上。雌虾要求已交配或交接器开放（性成熟），雄虾第 5 步足基部的精荚囊呈乳白色。

（二）亲虾运输

使用车、船、飞机均可，10 h 以上长途运输可使用干法包装运输。方法为选择经冷冻消毒处理装有木屑的泡沫箱（规格 58 cm×41 cm×35 cm），装入经降温麻醉处于休眠状态的亲虾 80～100 尾/箱。在亲虾到达前，将亲虾池所

在的育苗室完全遮光。亲虾到达时，因长途运输，箱内温度会升至15℃左右，此时用低温消毒海水（海水比重1.018以上，pH值为8.2左右）将亲虾身上的木屑冲洗干净，后按5尾/m²左右迅速放入60 cm左右的亲虾池中，注意将发育期接近的放在同一池中。10 h以内运输，可使用活虾水柜充氧运输。4 h以内短途运输可使用筐装，汽车干运等。

（三）亲虾越冬

越冬池亲虾放养密度为14~17尾/m²，雌雄比为1∶1~1∶1.1。亲虾越冬适宜水温一般在10~14℃。越冬水温前期一般控制在10~12℃，后期为13~14℃；光照强度控制在100 lx左右；每6 h充气1 h。池底铺砂4 cm左右，池底留出1/4不铺砂，作投饵台。越冬过程，pH值控制在7.9~8.4，盐度控制在27~31，溶解氧6 mg/L以上，氨氮小于0.4 mg/L。

亲虾的饵料种类以鲜活的沙蚕、四角蛤肉等为主，投饵量为亲虾体重的1%~10%，每日饵料在傍晚一次投喂。每天换水1次，换水量为池水的1/3。隔日清污1次，一个半月至两个月倒池换砂1次。

（四）越冬虾的疾病防治

越冬亲虾常见疾病主要有黑鳃病，改善环境加以预防。

三、亲虾的交配与性腺催熟

（一）亲虾交配

亲虾交配可在原亲虾越冬池中进行，雌、雄性比为1∶1较好。光照强度保持在100~500 lx，水温17~23 ℃，pH值、盐度和日常管理均与越冬期间相同。已交配的亲虾，可明显看到雌虾的纳精囊里有一个精荚。亲虾交配发生在夜间（尤其是上半夜）雌虾蜕皮后2～10 min内，交配初期，雌虾甲壳很柔软，纳精囊外侧倒挂着两个柔软的呈乳白色的瓣状体。随着已交配雌虾的甲壳变硬，精荚露在雌虾纳精囊外侧的瓣状体也逐渐变硬，亲虾交配6 h后瓣状体已坚硬并呈扭转状竖直，少数呈平板状，呈彩虹色。亲虾交配15 d以后，多数个体的瓣状体自然脱落，雌虾纳精囊鼓起，纳精囊口精荚柄明显可见。

（二）亲虾的性腺催熟

交配的雌虾经升温、控光性腺能发育成熟并产卵，性腺成熟时间需要45～90 d，而且有85%的亲虾在催熟过程中蜕皮，失去精荚。因此，亲虾性腺催熟多结合采用镊烫切除眼柄法，即用止血钳镊烫切交配亲虾一侧眼柄，然后放入亲虾催熟池，池水施二氧化氯0.2 g/m^3，用黑色塑料薄膜遮光，光照度控制在100 lx左右。亲虾性腺催熟适宜水温为15～35℃，最适水温为17～23℃。升温方法为：水温由17℃逐渐升到23℃，每日升温不超过0.5℃，待水温升到23℃时，将温度稳定下来。雌虾的性腺由Ⅰ期发育成Ⅲ期，在15℃时，最早产卵需要76 d；在17～23℃时，最早出现产卵需要7～10 d。在适宜的水温条件下，亲虾的性腺发育很快，平时需要多观察亲虾的性腺睛况。催熟池的投饵、换水、除污等日常管理与越冬期间相同。

四、产卵与孵化

（一）育苗池处理

育苗池使用前必须进行浸泡、刷洗和消毒，最好每年刷漆1次。如果是新建的池子，需提前20～40 d浸泡，或提前1周煮池。池子的消毒常采用漂白粉，漂白粉消毒浓度要求有效氯达到20 g/m^3，药物浸泡3～5 h后，即可用清新的海水冲洗干净。在亲虾移入产卵池前，进入新鲜的海水，进水量占全池的2/3为宜，进水时采用150～200目的筛绢网过滤，并将水温升到23～25℃。产卵多在夜间进行，不宜进行光照，调节充气量，使水面呈微波状为宜。

（二）产卵方式

产卵方式有直接产卵、产卵箱产卵和产卵池产卵三种。可参照中国对虾产卵方式。

（三）产卵亲虾的选择

在水温23℃条件下，亲虾从性腺Ⅲ期末到性腺Ⅳ期发育速度很快，一般在1 d左右。所以，性腺发育Ⅲ期末至Ⅳ期的亲虾都可选择作产卵亲虾。亲虾Ⅲ期卵巢为橘黄色，Ⅲ期末卵巢为黄绿色，Ⅳ期卵巢为墨绿色。

（四）移放产卵亲虾

亲虾多在夜间产卵，所以不宜过早将亲虾移入产卵池，以免败坏水质，应在17：00—18：00移入。移入数量应根据亲虾性腺发育情况及水体需苗量而定，一般放虾15尾/m^3左右。若采用网箱，每只网箱入虾不超过10尾。

（五）产后处理

在亲虾产卵的第2 d凌晨，应及时检查产卵情况。若产卵量已达到要求时，应立即将亲虾全部移走；若数量不足，应及时将产空虾移走。若需要继续待产的，可以添换水20%左右，或升水温1℃；若不需再产，可将水池加满，补足解毒安A。

（六）孵化

在孵化期间可不升温。如升温，每 24 h 内不超过 1℃，每次不超过 0.1℃，并使得温差不超过±0.5℃。充气量大小继续保持使水面呈微波状。整个孵化时间为 18 h 左右，孵出无节幼体后，应取样计数，并及时调整无节幼体密度。适宜密度 10 万～15 万尾/m^3。

五、幼体培育

（一）无节幼体

该阶段不需投饵。水温应控制在 25～26℃，每次升温应不超过 0.2℃，充气量要求呈微沸状，pH 值为 8.0～8.8；盐度 27～30。当无节幼体发育到Ⅰ～Ⅱ时可施肥水精 2～10 g/m^3，并接入可做饵料的单细胞藻类，接种浓度为 3 万～4 万个细胞/mL，接种时间应在 8：00—10：00。在上述情况下，经 2 d 左右发育至溞状幼体。

（二）溞状幼体

当幼体发育到溞状幼体时，可进行人工投饵，投饵主要以蛋黄、配合饵料为主，投饵量应根据水体中其他饵料生物的多少，剩饵多少以及幼体摄食情况而定。采取综合培育法，一般在水体中单细胞藻类达到 10 万细胞以上时（细胞直径 15 μm 以上），每 10 万尾溞状幼体每天投蛋黄 4～8 g，或投微囊饵料 0.1～0.3 g；1～2 d 施肥 1 次，每次施肥量 1～2 g/m^3。若采取清水培育法，溞状Ⅰ期幼体投喂螺旋藻粉、虾片、微囊饵料，投喂量为每 10 万尾溞状幼体每天投 0.1～0.2 g；溞状Ⅱ～Ⅲ期幼体投喂活体轮虫、卤虫幼体为主，虾片、微囊饵料为辅，投喂量为每 10 万尾溞状幼体每天投 0.3～1.0 g。该阶段如测定水质较好时，可以不换水；若换水则换水量一般不超过15%，该期水温在26~27℃、pH值8.0~8.8时，经4~5 d可发育到糠虾幼体期。

（三）糠虾幼体

糠虾幼体阶段的食性逐渐转为以动物性饵料为主，但仍摄食一部分的单细胞藻类，且由于单细胞藻类对水质有净化作用。采取综合培育法，一般水体中继续维持5万细胞以上的单细胞藻类，投喂量每10万尾幼体每天投蛋黄8~12 g或微囊饵料0.3~0.5 g，在糠虾幼体期辅以卤虫无节幼体，日投量在10个/尾，投饵时做到多次少量。若采取清水培育法，以投喂卤虫无节幼体、活体轮虫为主，虾片、微囊饵料为辅，投喂量为每10万尾糠虾幼体每天投0.5~1.5 g。换水量保持在30%~50%，充气量占总水体量20%左右，水温27℃时，3~4 d发育成仔虾。

（四）仔虾培育

仔虾期饵料应以动物性饵料为主，前期投喂卤虫幼体，辅以蛋黄或微囊饵料，后期可投喂冰冻桡足类、冰冻卤虫成体、绞碎蛤肉等。投饵量及投饵方法：投喂微囊饵料每天0.5~3.6 g/万尾。仔虾Ⅳ期以后开始投喂碎蛤肉或冰冻桡足类、冰冻卤虫成体，投喂碎蛤肉每天12~24 g/万尾。仔虾8期以前每天可投喂4次，卤虫无节幼体，每天的投喂量为16个/尾。仔虾期的换水量应不少于50%，充气量可不断加大呈沸腾状态，出苗前水温逐渐下降至自然水温（18℃左右）。

（五）虾苗出池与计数

仔虾全长全部达1.0 cm以上可出池。出池时可先排出部分水，然后用虹吸管或用排水孔排水，虾苗随水流入集苗网箱。分次取出苗箱中的虾苗，采用称重法或容量法计数。方法同中国对虾。

六、虾苗运输

短途运输虾苗以车运较为方便，有敞口帆布桶运输和尼龙袋充氧运输等方式。帆布桶运输水体可装虾苗20万～30万尾/m^3。敞口运输装水量不应超过容器的2/5，以免帆布桶晃动溅出虾苗，容量为30 L的尼龙袋内装新鲜海水1/3，充氧2/3，可装虾苗2万～3万尾，在气温低于20℃时可连续运输10 h以上。长途运输虾苗以空运较好，尼龙袋装苗量同上。

七、病害防治

在日本对虾育苗过程的主要疾病与中国对虾类似，病害防治参照中国对虾部分。

第三节　日本对虾的养成

一、虾池条件

目前一般养虾池塘均可养殖日本对虾。新建池应选择离海较近、淡水资源丰富、水质清新无污染、进排水方便、电力有保障、交通便捷、饲料提供方便的区域。面积以0.67～2.00 hm^2的长方形为宜，平均水深2 m。考虑到日本对虾有潜沙的习性，养殖池应选择沙质或沙泥质土壤为好。有条件的可用水泥板或地膜铺设池壁，为方便池中污物的排出，将池底建成坡度为3°的锅底状，同时配备水车式增氧机或底部增氧设备。

二、放苗准备

（一）虾池消毒

在虾池进水前1个月，用生石灰对虾池彻底消毒，杀灭池中全部野杂鱼类和有害病菌、病毒，生石灰用量为100~200 kg/亩。也可用50~80 g/m³漂白粉进行清塘消毒。

（二）虾池进水

放苗前15 d左右，经过滤网向虾池内注水。滤网用60目网片制成，水位应视天气状况而定，如果天气稳定，宜进水50~60 cm，便于水温上升，促进虾的生长；如天气不稳定，则应深一些，减少水温波动。

（三）虾池施肥

一般应在放苗前7~10 d选择晴天进行施肥，虾池进水50~80 cm，每亩施氮1 g/m³、磷0.1 g/m³。如果是新塘可适当混用一些鸡粪等有机肥，以加速浮游藻类的繁殖，鸡粪用量为3~5 kg/亩，以后每周视池水肥度情况进行追肥。天然基础饵料繁殖较好的虾池，对虾在养殖前期体长3 cm以内时基本可以不投饲料。

三、虾苗放养

（一）选苗

虾苗以就近购买为宜，如果是必须空运的虾苗，应在运苗前做好充分准备，要求快装、快运、快放，尽量控制运输时间在10 h以内。就近购买的虾苗要求体长在 1 cm 以上，空运的虾苗体长在 0.8 cm 左右为好。虾苗体质应健壮活泼、规格整齐、体表清洁无寄生物；同时应对培育池水质、使用的饵料、亲虾来源及状况进行认真的了解和观察。

（二）放苗条件

1. 深度

池水深度 60~70 cm 左右，不宜太浅，水色呈黄绿，肥而清爽。

2. 水温

放苗时虾池水温最好在 18℃以上，温度低时生长缓慢，养殖池与育苗池水温温差不超过 2℃。

3. pH 值

虾池 pH 值应在 7.7~8.8，最低不应低于 7.5。

4. 盐度

虾池盐度应在 10~30，与育苗池盐度相差不能超过 5。

（三）虾苗投放

放苗密度应根据虾池条件、自然条件、经济条件、技术条件等现实情况进行综合考虑，因地制宜，因时制宜地确定放苗数量。一般条件较好的池塘每亩放苗在 1.5 万尾左右，也可进行双茬或多茬养殖，第一次放苗 6 000~8 000 尾/亩，7 月中旬捕获后再进行第二次放苗，以充分利用池塘水体，提高经济效益。

放苗时尽量选晴天无风的日子。风不大时也可放苗，但必须在上风处放苗。育苗池水盐度和虾池水的盐度差不大于 3，水温差不大于 2℃，如大于上述数值，应经过缓苗处理后再将虾苗放池中。另外，尽量避免放苗时将池水搅浑。

四、养成管理

（一）水质管理

1. 水温

日本对虾在水温18~28℃时生长较快，超过28℃对虾易患病死亡，而低于18℃时则生长缓慢，13℃以下摄食量减少。为使日本对虾养殖过程能保持合适的水温，首先必须合理安排好养殖生产时间，尤其是北方双茬养殖更应注意生产季节。其次，要做好水温的调控，注意天气预报和天气变化。做到：当池水出现高温或低温时，要及时提高虾池水位至1.5 m以上，有条件的可达到2 m以上。

2. 溶解氧

池水中溶解氧含量的多少是反映虾池水质情况的一个重要指标。日本对虾正常生长的池水溶氧量一般在4 mg/L左右。为了保证在养殖过程中有足够的溶氧量，应采取以下措施：①合理安排放苗密度；②合理投喂；③注意换水量调节；④机械增氧；⑤使用增氧剂救急。

3. 盐度

日本对虾适宜盐度为15~35，低于7将会逐渐死亡。在养殖过程中应根据实际情况采取适当的措施对盐度进行调控。

4. pH值

养殖期间，池水pH值应控制在7.8~9.0，对pH值偏低的虾池可放生石灰进行调节，一般每次用量为20~25 g/m^3混水后施用。

5. 水色和透明度

养殖池水的透明度，前期应控制在30~40 cm，中后期可控制在40~

50 cm。较好的水色有黄绿色、茶绿色、茶褐色等。不良的水色有黑褐色和酱油色、乳白色、清色等。改善水色和透明度的措施有：换水、施肥、施用药物等。出现有害水色可以使用0.5~0.7 g/m^3的硫酸铜进行杀灭，曾发生过对虾死亡的虾池，应施用5~6 g/m^3漂白粉进行消毒。

6. 添换水

养殖初期以肥水为主，视水质肥度情况和水色的变化，逐日向池内添水，每日添加3~5 cm或3~4 d加水10~15 cm，保持池内生态平衡。到虾体长达到5 cm以上时，将池水添到1.2 m以上。养殖中、后期视水质污染情况，可适当换水。在换水中，应强调自然海水经沉淀后入池，一般应在蓄水池中沉淀72 h以上，然后根据各虾池的需要进水。在换水中要搞好水质监测。日换水量不要过大，一般日换水量不超过10%。为了提高换水效率，可采取如下措施：①先排水，后进水；②白天排水，夜间进水，但高温季节的中午不要把水排得太浅；③晴天少换，阴天多换；④池内有机物含量小时少换，含量大时，特别是浮游动物和有害的浮游植物多时多换。

（二）投饵

虾苗前期生长主要靠池内的天然饵料来维持，中、后期投料以人工颗料饵料或鲜活饵料（如蓝蛤、四角蛤蜊、寻氏肌蛤等）为主，无论是自制还是外购的饵料，其蛋白质含量均应高于中国对虾用配合饵料，最好在50%以上，以确保日本对虾正常生长。投饵时间应在晚上，以每晚20：00和凌晨1：00为最佳。一般情况下可在晚上20：00投日投饵量的70%，凌晨投30%。

日投饵量的确定：养殖前期可用小吊网，中、后期可用旋网定量法测定池中虾的总重量，然后确定日投饵量。一般情况下，虾体重1~5 g时投饵量为体重的7%~10%；5~10 g时为4%~7%；10~20 g时为3%~4%（均指人工配合饲料干重）。

投喂量应严格控制，并根据天气、水质和对虾摄食情况等因素灵活调整：小潮、台风前夕、闷热无风、大风暴雨、高温、寒流时少投；大潮、天气暖和、水温适宜时多投；大量蜕壳时少投，蜕壳后适当多投；虾池内竞争动物多时适当多投；对虾浮头、水质恶化时不投；水质条件好时适量多投；天气突变、水温超过30℃时应少投；设置饵料台，适时检查，无残饵时多投，残饵多时少投。

（三）日常观测

日常观测是日本对虾养成过程中的基本工作，应重点做好以下几个方面工作：

1. 对虾摄食情况

摄食情况反映饵料是否适当，底质和水质是否正常，将直接影响对虾的生长与健康。

2. 对虾生长情况

生长情况的观测主要有成活率和平均体重的估测、体重测定和蜕壳情况等。

3. 对虾活动情况

根据日本对虾生活习性观察其活动情况，发现异常，如对虾不潜沙，活动力下降，反应迟钝，浮头或在水面打转等，应及时采取措施进行处理。

4. 虾池底质和水质情况

包括池底颜色和气味，水质指标和日常检测等。

五、病害防治

日本对虾养成中后期，为疾病多发时期，这个时候每10 d左右用生石灰化水全池泼洒 1 次，用量为 10 g/m^3左右以 pH 值不超过 8.6 为宜。能有效改善池水的理化因子。增强碳循环预防病害发生。在饵料中添加乳酸菌、EM 混合菌等生物制剂增强对虾体质，提高抵抗力。投喂优质饵料，在饵料中添加维生素 C、维生素 E、人参皂苷等免疫增强物质，提高对虾的免疫能力。从目前的养殖模式看，摒弃了抗生素类的使用虽然在遇到细菌性疾病时可能会遭受一定损失，但是通过采取前期的细致观察管理一样可以做到有效预防，降低损失。参照中国对虾养殖。

六、收获

（一）收获

日本对虾耐低温能力较强，在南海沿海冬季可安全过冬，因此收获时间不严格，主要依据市场价格、蜕壳情况、底质与水质、生产安排等因素来决定。通常是春节前后上市价格最高，最为理想。

收获方法与中国对虾类似，大收时夜间用锥形网放水收虾，平时收活虾用虾陷网（虾笼）。日本常用泵网或电网收日本对虾。

（二）活运

日本对虾在日本均以活虾上市，售价高。方法是收获后的活虾装在网笼或网箱中，放入低温池，8 h 内降温至 12~14℃，这样虾活动能力减弱，根据大小分类包装，方法是：将晾干的木屑装入聚乙烯或麻袋中放在-10℃冷库中贮存备用。根据市场需求，活虾装入不同规格的纸箱内。首先在纸箱底撒上一层木屑，以一层虾一层木屑交替摆放，最上层为木屑，然后封箱。规格为 31 cm×27 cm×15 cm 的纸箱，夏季可装虾 2.5 kg，冬季可装 3 kg。将封好的纸箱再装入更大的保温箱内。夏季为保持低温，箱内应装冰袋降温。内外箱子都要标明内装物品名称、重量、个数和出品地址。冷藏车运输，尽量缩短途中时间，货到站即入冷库保持，这样处理可成活 2~3 d。

我国日本对虾保活运输方法略有不同，据浙江省海洋水产研究所（1990）试验认为，装箱前虾保存在水温 9~11℃为宜，木屑用粗粒的并经蒸馏水处理后干燥的，温度保持在 8~10℃。也可用稻壳和膨胀珍珠岩等材料代替木屑。包装室温最好 8~12℃，包装箱采用五层瓦楞纸箱，规格 22 cm×30 cm×20 cm，每箱装虾 2 kg，温度保持在 6~12℃，运输时间不宜超过 48 h。

我国南方还多用虾桶活运日本对虾，虾桶规格 95 cm×65 cm×130 cm，内装 8~12 个虾笼，装入海水充气运输，适于 1 000 km 以内的运输。

七、日本对虾二茬放养及混养模式

①冬季彻底清塘消毒后，放养虾苗前 10~15 d 播放青蛤、缢蛏或其他适宜贝类苗种，播苗量 1 000 粒/m^{2}左右，然后进水、“养水”。

②4 月 20 日左右，水温达到 15℃时放养第一茬日本对虾苗。第一茬放养量不宜过大，一般为 5 000~8 000 尾/亩，尽量不要超过 10 000 尾/亩。因为前期水温比较低放养密度太大会影响成虾商品规格，降低养殖效益。

③5 月 10 日左右，这时虾苗体长达到 3~4 cm 活动能力大为提高，可以投放三疣梭子蟹蟹苗。投放量为 2 000 只/亩二期稚蟹。

④7 月底起捕。这时对虾规格基本达到 100~120 尾/kg，起捕用“迷魂阵”等网具，一亩水面一只网具，7~10 d 即可起捕完毕，起捕率超过 90%。

⑤二茬苗放养。7 月底至 8 月初头茬虾起捕干净后即可放苗。放苗量为 20 000~30 000 尾/亩。

⑥11 月初干塘起捕。

日常管理可参照日本对虾的养殖管理。

总结：采用这种模式养殖可以有效规避单一养殖风险，最大化利用池塘生产能力。一般头茬虾收获后基本即能回收全部养殖成本。

八、越冬暂养技术

由于近年来对日本对虾的需求量越来越大，特别是冬季价格是平常的几倍，因此，暂养对虾进行反季节销售能获得更高的效益。长江以北地区进入10—11月以后气温大幅度下降，当水温低于15℃时，日本对虾即可移入室内进行暂养。

（一）暂养条件

自建温室大棚或利用冬季闲置的虾蟹类育苗室等。暂养池宜水泥池，大小20~50 m^2，池高1 m左右，进、排水系统完善，具备增氧、供热能力，保温效果好。最好有海水深井且水量充足，水质良好。

（二）准备工作

池底铺设粗黄沙15~20 cm，铺设前必须对黄沙进行彻底清洗，剔除其他杂物，在对虾入池前用10%聚维酮碘（慧碘）浸泡2 h以上，以便彻底消毒杀菌，再用新鲜海水清洗1~2遍，然后注入微流水至30~40 cm水位，待对虾入池。棚顶遮光处理，光照控制在200~300 lx。散气石2~3 m^2一个。

（三）海水处理

日本对虾的越冬对盐度（22~30）要求比较高。如取自池塘水，应对海水要提前消毒，一般用漂白粉60 g/m^3，10~15 d后测试余氯安全方可以使用。

（四）对虾选择、入室

挑选基本使用鲜活饵料或冰冻饲料鱼喂养长大的对虾。经验证明长期用人工合成饵料养大的日本对虾因暂养成活率太低而不宜选用，这点务必注意。挑选对虾时注意挑选规格整齐，体质健壮，活力好的对虾；刚蜕皮、体质差的弱、病虾不能暂养。

放养量一般按150~200只/m^2。对虾入池水温应该不高于15℃，盐度最好调整到30左右，pH值在7.8~8.6。对虾入池后，可连续3~5 d泼洒“激活”（100 g/池）+“活力钙”（50 g/池），以减轻对虾运输过程中的应激反应，及早适应暂养池内环境，同时促进脱壳的对虾硬壳，提高暂养虾的成活率。

（五）日常管理

①每天注意观察对虾活动情况，特别是潜沙比例及晚上出来摄食比例。

②要及时捞出病、死虾、蜕下的皮及残饵等以防败坏水质。同时每周用“优肽”（噬菌蛭弧菌100 mL/池）对暂养池消毒，其对水体当中常见的致病菌裂解作用较强，且使用安全无副作用，避免因使用抗生素、氯制剂等对车虾产生刺激。

③投饵。每天早上观察残饵情况，然后决定下次投喂量；饵料要用鲜活饵料，最好是活沙蚕；投喂应在傍晚一次进行，投喂前要用清水冲洗干净，一般投喂后3 h内略有剩余为好。

④水温。车虾在水温10℃以上进食，低于6℃停止摄食，故整个暂养过程中水温控制在10~13℃范围较适宜，最好不要低于10℃，长期低于10℃最后会造成对虾减重。

⑤换水。正常情况下3~4 d换水一次，每次换水30%~50%。采用微流水，以减轻对车虾的刺激。

⑥溶解氧。室内暂养为高密度养殖，溶解氧含量是关系到养殖成活率的一个重要因素，因此池内要连续机械增氧，使池内溶氧量在5 mg/L以上。

另外，平常在车间操作时动作一定要轻，尽量不惊扰对虾；同时加强病害防治，坚持“预防为主，防重于治”的方针，细心观察，勤于管理，以尽量提高暂养成活率。

（六）收获

一般情况下最后出池虾的重量和入池暂养时基本差不多，越冬增重和死亡减量持平。平时可及时了解市场行情，虾价高时可随时起捕销售。亦可做越冬亲虾对外出售。

第四节　日本对虾的养殖实例

连云港成明水产股份公司一区有海水养殖池 5 口，共计 260 亩，全部采用轮养、混养模式。

当年 1 月清塘后暴晒 20 余天，然后消毒，消毒用生石灰，按 100 kg 每亩化浆泼洒滩面，200 kg 每亩泼洒环沟，然后翻耕滩面，将石灰翻入泥底继续暴晒。到 4 月 7 日在滩面撒播青蛤苗及缢蛏苗，放苗量大约 1 000 粒/m^2。盖好防掘网后进水，进水用 40 目过滤网，不严密过滤杂鱼、虾卵。进水盐度 1.017，pH 值 8.1，滩面水深 30~40 cm。进水后马上泼洒发酵好的鸡粪适量，EM 液 5 kg/亩。4 月 26 日放入体长 1.2 cm 日本对虾苗每亩约 5 000 尾，放苗时水温 19℃，水色呈淡茶褐色，水边能看到桡足类。5 月 16 日放入三疣梭子蟹 2 期稚蟹每亩 600 只。在整个养殖期间基本以小杂鱼及蓝蛤为主，夜间辅以合成饵料。前期添水，后期每半个月换水一次，每次换水约 20%，每次添、换水都轮换泼洒 EM 液、乳酸菌，定期使用改底、芽孢类生物制剂改善水环境。到 7 月 25 日检查生长情况，大部分塘口的对虾规格已达到 55~60 尾/500 g，到 8 月 3 日共收获对虾 7 500 kg，产值 78 万元。8 月 5 日再次放养日本对虾苗，亩放苗 20 000 尾。日常管理基本和前期相同。11 月 18 日开始起捕，到 12 月 5 日起捕结束。共收获日本对虾 19 000 kg，平均亩产约 75 kg，产值 357 万元。三疣梭子蟹 3 950 kg，产值 27. 6 万元。青蛤和缢蛏共 43 t，产值 86 万元。总支出 192 万元，全年盈利 356 万元。

第六章
脊尾白虾养殖

脊尾白虾俗称白虾、小白虾、五须虾，隶属于甲壳纲、十足目、长臂虾科、长臂虾属，是我国特有的经济虾类之一。广泛分布于我国沿海，尤以黄渤海产量最大。其肉质细嫩，味道鲜美，营养丰富，除供鲜食外，可加工干制成海米，其卵也可制成虾籽，是深受群众喜爱的海味佳肴。

脊尾白虾具有生长发育快、繁殖能力强（1 年内可多次产卵），性成熟周期短、繁殖时间长（繁殖期 8 个月），生长速度快、养殖周期短（1 年内可多茬养殖），生长季节长（生长期 11 个月），环境适应能力强（耐低温、适盐广、抗病力强等），食性杂，养殖成本低，易于养殖管理，产品销路好、投资回收快、效益高的特点。近年来，随着中国对虾、日本囊对虾等传统虾类养殖难度的增加以及对虾养殖向低盐度区域的逐步拓展，脊尾白虾的养殖面积迅速扩大，成为池塘单养、混养和虾池秋冬季养殖的重要品种。脊尾白虾目前已成为江苏海水养殖中年产量最高，效益较好的虾类品种，年产量近万吨且有每年递增的趋势。尤其在盐城、南通沿海一带利用河蟹土池育苗结束后的池塘进行脊尾白虾单养或混养，亩产量已可达 200 kg/亩，亩纯利润万元左右，效益十分可观。

第一节　脊尾白虾的生物学

一、形态特点

脊尾白虾为一种中型虾类，体长一般 5~9 cm。额角侧扁细长，基部 1/3 具鸡冠状隆起，上下缘均具锯齿，上缘具 6~9 齿，下缘 3~6 齿。腹部第 3 节至第 6 节背面中央有明显的纵脊，尾节末端尖细，呈刺状。体色透明，微带蓝色或红色小斑点，腹部各节后缘颜色较深。煮熟后除头尾稍呈红色外，其余部分都是白色的，故称“白虾”（图 6-1）。

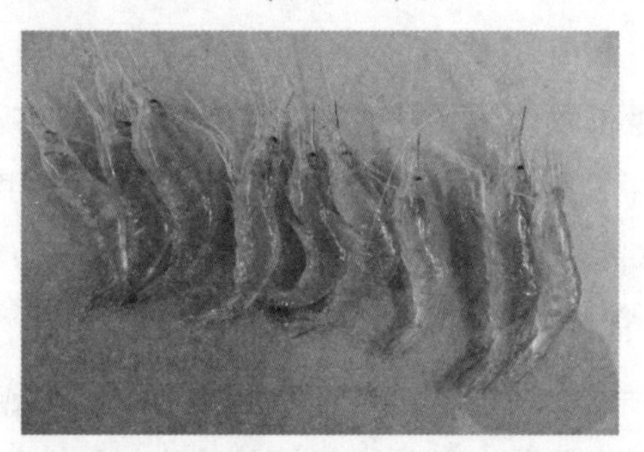

图 6-1　脊尾白虾图片（阎斌伦 摄）

二、生活习性

脊尾白虾为近岸广盐广温品种，一般生活在近岸的浅海中，盐度不超过 29 的海域或近岸河口及半咸淡水域中，经过驯化也能生活在淡水中。脊尾白虾对环境的适应性强，水温在 2~35℃范围内均能成活，水温 0~3℃时也能生存；盐度 4~30 范围均能适应，在咸淡水中生长最快。对低氧的忍耐能力差，低于 1 mg/L 时，会因缺氧而死亡。在冬天低温时，有钻洞冬眠的习性。

三、食性

脊尾白虾的食性杂而广，蛋白质含量要求不高，不论死、活、鲜、腐的动植物饲料，或有机碎屑均能摄取，因此小鱼、小虾、豆饼、菜籽饼米糠等及低档颗粒饲料都可以投喂，饲料来源广。

四、繁殖与生长

脊尾白虾雌雄异体，雄性第 2 腹肢内缘有一细长带刺的棒状突起，称雄性附肢，以助交尾；雌性无此突起亦无纳精囊。繁殖期捕捞的白虾中抱卵虾比例较高，亲虾中绝大部分为雌虾，大小不均一，通常由幼虾、未成熟虾及成熟亲虾组成的生物种群。繁殖期为 3 月、4 月至 10 月。3 月、4 月间当水温达 12~13℃时，成熟亲虾即蜕壳、交配、产卵，受精卵黏附于前 4 对游泳足上，在水温 25℃左右受精卵经 10~15 d 孵化成溞状幼体，再经数次蜕皮成为仔虾。通常幼体经 2~3 个月即可长成 5 cm 以上的成虾。这时雌虾就能产卵。在适宜的环境下产卵能连续进行，抱的卵孵化以后，很快就再次抱卵，因此从 3 月、4 月至 10 月都能看到抱卵的亲虾。5 cm 以下的亲虾抱卵量通常 600 粒左右，7 cm 以上的可达 2 000~4 000 粒。脊尾白虾卵较小，椭圆形，刚粘在腹肚上的卵为橘黄色，后逐渐变为橘红色至红棕色，最后变成灰黑色，幼体即将破膜而出。

第二节　脊尾白虾的苗种生产

一、自然采苗

脊尾白虾在沿海苗发时间各地不一，自然海区中的抱卵虾大多在大潮汛期间从受精卵孵化成溞状幼体，幼体在水中飘浮自行发育，见苗时仔虾长到0.7~0.9 cm，8万~12万尾/kg，可以起捕，此时一般为小水潮（农历初五至十一或农历廿二至廿七）。一般白虾明显的苗发季节有3个，即春季的4月，夏季的7月和秋季的9月，其中持续时间最长的是春汛，前后可持续80 d左右。

（一）采捕方法

1. 海区捕苗

捕苗方法，有张网、串网、小推网等，最常见的方法是小推网捕苗。此法操作简单易行，效果好，成本低。网袋有疏密两种，疏网孔经0.5 cm，适合推深水大苗（规格为2 000~4 000尾/kg）；密网为30目适于浅水推小苗（规格为6万~12万尾/kg），捕苗应选风和日暖大潮汛期间，此时苗量最多，好时日潮可捕苗10~15 kg。

2. 养殖塘收苗

在养殖塘收捕季节，在收捕鱼虾网袋的下方的排水沟中，拦以较密的网和装上捞网，这样塘内个体小的白虾苗从捕捞网袋中漏出被拦入下部的密眼网中，收集的白虾苗应及时放养在暂养箱中，捕捞虾苗经净苗、暂养和运输到养殖塘。

3. 自然海区纳苗养殖

目前各地池塘内混养的白虾，大都是在塘内进水中自然纳进。方法是在进水闸中安放筛绢网，随潮纳入虾卵和仔虾，在塘内繁殖生长，对于以养白虾为主的养殖池，可再捕白虾苗增加放苗量。

（二）苗种除杂、净苗

捕获的白虾苗、往往混杂敌害生物和杂质，进塘放养前必须进行净苗。

净苗的方法有：

1. 手捕净苗

敌害生物与杂质不多，可直接用手工将敌害种类、杂质逐个除净。

2. 筛滤法

根据虾苗规格选用适当筛网，筛箩，侵入水中，让虾苗穿过网、箩分离。

（三）虾苗运输

虾苗捕获后距离较近的，立即放养到养殖塘内，如不能马上运走要进行暂养。运苗时间以傍晚夜间或清晨为好。长途运输一般采用塑料薄膜袋密封充氧。短途运输可用湿运法、水运法等运苗方法。

二、人工育苗

（一）育苗设施

利用对虾或河蟹育苗设施即可，不必另行建造专门育苗车间。

（二）育苗池及育苗用水处理

育苗池彻底用漂白粉消毒清刷，冲洗干净。水源经蓄水池沉淀后再砂滤进高水位池，再用300目筛绢过滤进育苗池。然后用1~3 g/m^3的EDTA钠盐络合重金属离子。

（三）亲虾来源和运输

亲虾分天然捕捞和养殖越冬两种。主要来源于虾塘和近海捕捞。考虑到成本高低，一般采用近海捕捞方式获取亲虾。

亲虾运输采用敞口帆布桶和双层塑料袋方式。帆布桶运输每 0.1 m^3 可装亲虾 3 kg 左右。装水为桶高 1/2 左右，运输时需在桶顶加盖竹帘等物品，既防止水体晃动溅出亲虾又可防止日光直射使水温升高。停车时打开氧气瓶充气。路途较远时采用双层塑料袋运输，30 L 的袋子内装一半海水，可装亲虾 0.5~1.0 kg。气温较高季节在夜间运输。两地海水盐度误差不超过 0.5%，否则要进行盐度过渡处理。

（四）亲虾培养

亲虾进池前用 15 g/m^3 的高锰酸钾浸泡消毒 2 min。

亲虾暂养期间每天按虾体重 5%~8% 足量投喂鲜活沙蚕，早晚两次。一般早上喂 1/3，晚上 2/3。及时清理死亡亲虾，尽可能保持亲虾池水质清新。亲虾入池 1 d 后开始升温，每天升 1℃，当水温升到 24℃时恒温直至孵化。

（五）集幼

当亲虾池出现大量幼体后通过集苗槽收集幼体移入育苗池，育苗池中幼体密度保持在 30 万~40 万尾/m^3，经后期加水后密度达到 10 万~20 万尾/m^3 为好。一般 1~2 d 收集一次，收集时间不要间隔太长，防止后期幼体个体差异太大造成残杀现象。

（六）幼体培育

1. 饵料投喂

刚孵化出来的幼体饵料比较单一，只投喂单胞藻即可满足营养需求，但由于育苗池中幼体密度比较大，单胞藻数量的一般不能满足幼体需求，所以需要投喂其他代替饵料。代替饵料有：虾片、蛋黄、螺旋藻粉等。投喂代替饵料要用 300 目筛绢揉搓过滤后投喂，每次投饵量大约能维持 2~3 h 为好，一次投饵务必不能过多，防止幼体“粘脏”。30 万尾/m^3的密度一次投喂 1 g/m^3 的量基本差不多。随着幼体每次蜕皮投饵量要酌情增加，还是以每次投饵满足幼体 2~3 h 摄食为原则。当幼体发育到溞状幼体Ⅱ期以后，饵料以轮虫和卤虫无节幼体为主，适量搭配虾片、蛋黄等。当幼体发育到仔虾阶段，饵料以卤虫幼体和桡足类为主。

2. 水质调控

幼体培养前期主要是加水，一般情况下每天加水一次，每次加水 5~10 cm。到第Ⅲ期溞状幼体后期时池水加满。

以后每天换水，换水量 10%左右，无特殊情况不要多换水，防止水质变化太大幼体不适应。当幼体发育到仔虾期，换水量增大，改为每天换水两次，每次换水 20%左右，随着幼体发育换水逐渐增加，当幼体体长达到 0.5 cm 以上时，日换水量至少要超过 80%。每天做好理化指标测试记录，保持 pH 值稳定，对溶解氧、氨氮、亚硝酸盐的变化做到随时掌控。

3. 水温控制

幼体进池时水温在 22℃左右，以后每次蜕皮前提温 0.5℃，但是尽量不要超过 24℃，过高温度培养出来的虾苗容易早熟，不利于养殖。在幼体培育期间，水温不能变化过大，误差不要超过 1℃。

（七）病害防治

脊尾白虾育苗期间容易发生细菌感染、纤毛虫附着、红体病等。细菌感染一般由弧菌造成，危害比较大，处置不及时甚至可以造成全军覆没。纤毛虫附着大多由聚缩虫、单缩虫、钟形虫等造成，一般多发生在育苗中、后期；水温高且水过清容易形成此病害。具体防治方法：①原有温度迅速升温 2℃，然后换水 50%；②泼洒氟乐磷 0.01 g/m^3。红体病一般发生在仔虾后期，这时个体已经较大，主要是因为水中亚硝酸盐含量过高造成。防治方法：移池，在以后的管理中加大换水量，每日换水不低于100%。在育苗生产中还是要尽量做好日常管理，对疾病做好预防工作。

第三节　脊尾白虾的养成

一、池塘的清整

主要包括整修和药物清塘。

（一）池塘整修

池塘整修最好在每年收捕结束后进行，排干池水，清淤后暴晒半个月以上，同时维修塘堤、闸门、进排水沟渠等配套设施。在排水处增设一弧形拦网，有利于水体交换和阻止白虾幼体的逃逸。

（二）池塘消毒

放苗前15~25 d用生石灰80~100 kg/亩或漂白粉8~12 kg/亩清塘，杀灭害鱼、杂虾及微生物，并改良底质。清塘药物最好选择生石灰，因为它能够使池塘淤泥结构疏松，改善池底的通气条件，加速细菌对有机质的分解，而且氧化钙与水中的二氧化碳、碳酸等形成缓冲作用，可保持水体pH值的稳定，有利于白虾的生长。另外，生石灰能够增加水体中钙的含量，有利于饵料生物的繁殖和白虾的正常蜕壳。当养殖池进水后，滩面水位达5 cm以上时即可进行药物消毒，时间选择在晴天上午9：00—10：00，将生石灰兑水化浆，全池泼洒，淤泥厚处、边角处要多泼洒。

二、繁殖饵料生物

消毒后 10~15 d，开始加注新鲜海水，为防止敌害生物入池，须用 60 目筛绢滤水。首期纳水 30~40 cm，以便于自然升温。施肥培殖饵料生物，每亩施氮肥 1.0~2.5 kg，磷肥 0.1~0.5 kg，分 2~3 次投放，使水色保持黄绿色或黄褐色，透明度在 25~30 cm。一般施肥时间应选择在晴天中午，阴雨天和早晚不宜施肥。鸡粪、牛粪等有机肥必须发酵后再施用，具体方法是在池的向阳面或边角处挖坑，大小不限，间隔分布，将鸡粪、牛粪与水按 1∶2~2∶5 的比例放在塑料薄膜筒内置入坑中，在太阳下发酵 7~10 d 后，将发酵粪肥中的稀浆泼入池塘，坑内再加水发酵，反复 2~3 次后粪肥已全部泼入池中，此时可将坑填平。养殖期间将池塘水逐渐加到水深 1.5~1.8 m。放苗前 4~5 d，用茶籽饼（用量为 10 g/m^3）彻底清除野杂鱼及鱼卵等，同时起到肥水作用。

三、苗种放养

可根据具体情况采取以下不同方法。

（一）池塘自繁

根据近年来的实践经验，以 6 月、7 月每亩投放 500 ~1 000 g 抱卵虾最为合适。这样脊尾白虾出苗整齐，商品虾的规格较大，高温期病害较少。

（二）进水纳苗

密切注意海区白虾苗旺发的时间，当最后一次虾苗出现时，采取疏网进水、密网排水的办法纳入白虾苗。

（三）肥水繁殖白虾苗

当塘内最后一批白虾抱卵时已是农历八月上旬，此时应停止进排水并通过施肥培饵提高塘内藻类密度，使白虾孵化后有充足的饵料，可大大提高虾苗的成活率。如塘内抱卵虾不足，可从海区采捕，一般投放量在150~200尾/亩。

(四) 工厂化人工繁育

利用中国对虾育苗设施进行脊尾白虾人工育苗。当幼体体长在0.7 cm以上即可放苗，较小个体虾苗成活率较低，一般只有20%左右，放养2 cm的大规格苗种，成活率可提高到60%~70%，在养殖生产中以放大苗为好。放养密度根据单养与混养，水体体积，放养时间，放养次数及苗种规格等实际情况区别对待。在平均水深0.5 m的养殖池放养小苗在6万~8万尾，2 cm以上大苗4万~6万尾为宜。

四、养成管理

(一) 饲料的投喂

投饵是整个养殖生产的关键，其合理与否，直接关系到白虾的产量与经济效益。白虾的饲料来源很广。由于白虾的食性较杂，对蛋白质含量，鲜度要求不高，为降低饲料成本：可以采用米糠、麦麸、番茄干、菜籽饼、花生饼、豆渣等植物性饲料，也可以用浮性干粉，掺入30%左右的淡虾皮末或杂鱼粉、蛳螺、小鱼、小虾等。每天的投饵量应根据残饵多少，天气状况，水温高低，饱食程度等因素来确定。投饵方法在虾苗培育期和养成前期以肥水培育为主，逐渐适量投喂豆浆，或者少量磨细的淡虾皮末、麦麸或四号粉等；以后则用浮性干粉掺30%左右的淡虾皮末，采用满塘泼洒投饵；在养成中期(虾体3~4 cm时)，采用食台定点投饵，将饵料（干饵要浸胀）分投到食台上；养成后期（虾体4 cm以上）虾的生长主要是体重的增加，应适当增加饵料用量。白虾具有昼伏夜出的生活习性，喜欢在池边活动觅食，投喂方法是沿虾池四周投在浅水处。投饵一般分早、晚两次投喂，投喂量早上占 30%~40%，傍晚占 60%~70%。投饵总的应掌握“四多四少”的原则：即天气好多投，阴雨天少投或不投；水质好多投，水质不好少投；水温适宜时多投，高温时少投；晚上多投，白天少投。

（二）日常管理

饲养管理除饲料投喂外，主要为巡塘和水质控制。每天早晚各巡塘检查一次。巡塘主要观察白虾摄食、生长、水色、堤坝，进排水闸门，闸网等情况。遇到闸网有破损等情况，及时采取措施进行修补；碰到环境、气候突变，更加要勤观察，及时解决碰到的问题。水质控制是养殖生产中的一项重要管理措施，低坝高网发生缺氧情况是比较少的，但也要注意水质变化，特别是小潮汛，进水困难时，要尽量保持池内一定的水体。平时根据潮水情况，尽可能多换水。放养初期水深约 80 cm，以后每 10 d 或大潮时加大换水量，特别在高温时要加高水位并增大排水量，以保持水质清新，给白虾一个良好的生长环境，促进蜕壳，加快生长。养殖阶段池内可装增氧机，控制好水中溶氧量，防止泛塘现象。另外，还要经常检测水质，保证 pH 值在 7~9 范围内，溶氧量不低于 4 mg/L，水色呈黄绿色或茶褐色，透明度在 35~45 cm。

（三）病害防治

随着养殖规模的扩大，脊尾白虾的病害如红体病、白节病、黑鳃病、烂鳃病和褐斑病等也越来越多，给养殖户造成重大损失。针对日趋严重和变化多端的疾病，建议采取“以防为主、防治结合、防重于治”的原则，每隔一个月用相关药物消毒池水，定期在饲料中拌入药物加以预防。具体防治方法可参照中国对虾养成期间病害防治。

五、收获

当白虾体长达到5.0 cm以上时就可以起捕上市。白虾生长快，养殖周期短，且繁殖力高，养殖池可常年多茬养殖，轮捕轮放，捕大留小，保证池内有足够的产卵亲虾，以确保养殖产量与经济效益。收获方法可用地笼、拖网等，并可参照中国对虾的收获方法。

第四节　脊尾白虾的其他养殖模式

一、秋冬季养殖

脊尾白虾为虾池秋冬季养殖的重要品种，现将其养殖技术要点总结如下：

（一）池塘条件

生产上常选用对虾养殖池。10月中、下旬在大部分对虾、梭子蟹起捕后，在池底留一部分原塘较肥的水，然后再往池内注入肥水。

（二）虾苗放养

长江以北地区不宜放养白虾小苗，要放养大规格苗种，一般放养体长2~3 cm（甚至更大）的虾种。当虾池中白虾较多时，可将对虾放出而白虾留在池内继续饲养，放养密度掌握在4万尾/亩左右，若具备充气、增氧等设施条件则放养密度还可以加大。

（三）水质管理

水深不低于50 cm，在气温低于0℃结冰时，水深要达到1 m以上。换水量根据水质状况而定，水质宜肥不宜瘦，池水透明度掌握在30~40 cm。一般在大潮时换水20%~30%。

（四）饲料投喂

水温在2℃以上时坚持投喂，由于10月后水温较低，每天投喂1次即可。

由于冬季池水相对较浅，要防止海鸥掠食；结冰时要及时破冰，防止缺氧；养殖前期使用15 mg/L的茶籽饼清塘除害，入秋后进行养殖一般不用清塘。

根据市场具体情况适时收捕，一般在元旦和春节前后起捕。

二、混养、轮养

我国广泛采用的单养、过量投饲和大换水的养殖模式很容易引起暴发性流行病。近年来，以生态学、生物学和环境科学等为理论基础逐步发展起来的混合养殖模式，增加了养殖池中物种的多样性，改善了池塘中的群落组成，降低了病害的发生。经研究发现，在池塘中投入三疣梭子蟹、对虾、缢蛏或青蛤等种苗，接着投放已抱卵的脊尾白虾亲虾，白虾就能在养成池中自繁自育。充分利用各种养殖对象的共生互利关系进行混养，可弥补单品种养殖的不足，取得较好的经济效益。

（一）与三疣梭子蟹的混合养殖

进行脊尾白虾与三疣梭子蟹的混合养殖是增加收入的一种良好的生产模式。但是，在三疣梭子蟹养殖前期不宜混养脊尾白虾，原因有三：一是近几年虾类的病害较多，脊尾白虾放养过早，不仅易发生疾病，而且往往会感染三疣梭子蟹，造成6—8月虾病、蟹病同时暴发；二是先放养的脊尾白虾在幼蟹蜕壳时会残杀幼蟹；三是脊尾白虾生长周期短，高温季节生长发育迅速，往往在春节销售高峰来临之前就自然消亡，而且商品虾个体小，起捕后存活时间短。因此，建议等到7月以后再保留池塘里自然繁殖的脊尾白虾苗，一方面三疣梭子蟹大了可摄食脊尾白虾；另一方面这批脊尾白虾养到元旦、春节上市，售价高，效益好。

（二）与中国对虾的二季轮养

有两种轮养方式，一种是第一季养殖的中国对虾在7月底至8月初起捕，然后就进行脊尾白虾养殖。因脊尾白虾的放养时间比较早，养殖时间延长，因此虾苗的放养密度可大幅度提高，每亩可放养0.5~0.7 cm的虾苗6万~10万尾或2 cm的苗种4万~6万尾。养殖期间可采取多次轮捕的捕捞方法；要切实加强养殖管理，尤其是放养后不久，正值高温季节，一定要加强巡塘。另一种轮养方式是第一季养的中国明对虾于10月起捕，然后再放养白虾苗，养殖方法与前面的相同。

（三）与长毛对虾、中国对虾的三季轮养

第一季中国对虾的养殖方法与常规的对虾养殖方法基本相同，收获时间根据其生长规律、生态和经济效益以及三季轮养时间的衔接等综合因素安排在7月中下旬至8月上旬。第二季长毛对虾养殖，所放虾苗一般需经过中间暂养。长毛对虾收获后，必须抓紧时间清塘并放养白虾，清塘后进水的深度一般为1.0~1.2 m。放养密度为：0.5~0.7 cm的虾苗1万~2万尾/亩或2 cm以上的苗种0.6万~1.2万尾/亩。放苗密度不宜过大，而且最好是放养经过暂养的大规格苗种，否则会影响白虾的商品率。

（四）与三疣梭子蟹、缢蛏的混合养殖

一般3月中、上旬投放蛏苗，放养密度300~350粒/m^2，放养面积控制在池塘面积的1/3；5月初放养脊尾白虾抱卵亲虾0.5~1.0 kg/亩；5月底至6

月初放养规格为1 000~1 500只/kg的三疣梭子蟹1 000~1 400只/亩。

（五）与三疣梭子蟹、青蛤的混合养殖

选择贝壳体色鲜亮、活力强、贝壳破碎率小于2%、规格整齐的优质青蛤苗。青蛤于3月中旬、三疣梭子蟹于5月上旬、脊尾白虾抱卵虾于7月上旬放养。每亩放养青蛤50~60 kg，脊尾白虾抱卵虾1 kg，三疣梭子蟹200只。另外，也可进行脊尾白虾、中国对虾和毛蚶的三季轮养；脊尾白虾、梭鱼和缢蛏的混合养殖。

三、低盐度养殖

近年来，由于沿海的养殖环境日趋恶化，虾病频繁发生。许多学者认为低盐度养殖对虾既是控制暴发性流行病的一种有效方法，又可有效利用盐碱化的土地，因而对虾低盐度海水池塘养殖在许多地方开始流行。而且，内陆水域养殖的品种绝大多数是鱼类，而虾类的品种少（主要是日本沼虾、罗氏沼虾、澳洲淡水龙虾和克氏原螯虾等）、产量低；为改变内陆养殖的品种结构和养殖格局，也有必要进行海虾的低盐度养殖。脊尾白虾经逐级淡化，能在低盐度甚至接近纯淡水的水体中养殖。此法要注意淡化的幅度以及要尽量放养低盐度培育出来的苗种。其养殖方法可参照前述。

第五节　脊尾白虾的养殖实例

一、如东东方苗种场

该场利用河蟹土池育苗池进行养殖。以2011年为例：该场共利用其中7个塘口共计90亩进行脊尾白虾和三疣梭子蟹混养。当年5月26日河蟹苗起捕后马上排水一半，然后用漂白粉 50 g/m^3 消毒，5 d 后进淡水将盐度调至 1.012 并接种小球藻。6 月 8 日放养抱卵虾每亩 750 g，亲虾入池时水色呈淡绿色，pH 值为 8.4，桡足类比较丰富。6 月 25 日晚间巡查发现有大量溞状幼体。7 月 20 日放养三疣梭子蟹大眼幼体每亩 50 g。

从 7 月 11 日开始少量投喂面粉饼一直到 7 月底改为合成饵料，从 7 月下旬开始以小杂鱼为主，夜间补充合成饵料，每日投饵 3~4 次。虾苗体长至 3 cm 时按每 2 000 m^2 装风车式增氧机 1 台。每 15 d 按每亩 500 g 泼洒"底改"一次。期间没有进行大量换水，主要以添加消耗的水分为主。

11 月 18 日开始用地笼、拖网起捕一直到翌年 2 月底干塘捕净，共收获脊尾白虾 17 770 kg，三疣梭子蟹 1 050 kg。其中 3 号池 8.2 亩，共收虾 2 390 kg，亩产接近 300 kg。总投入 32 万元，总收入 107 万元，纯利润 75 万元。养殖效益十分可观。

二、南通绿源养殖有限公司

该公司利用河蟹土池育苗池进行红鳍东方鲀和脊尾白虾混养，混养塘口 2 个，其中 2 号塘 5.5 亩，6 号塘 13 亩。6 月 2 日河蟹苗出池后将盐度调至 1.015 即行消毒，用漂白粉约 60 g/m^3，茶籽饼浸泡 10 h 后按干粉 20 g/m^3 量全池泼洒。7 d 后检测余氯消失，按每亩 100 g 泼洒浓缩生物制剂 EM 液，6 月 11 日放养抱卵虾 500 g/亩，7 月 15 日放养体长 5~8 cm 东方红鳍鲀 150 尾/亩。

红鳍东方鲀放养前饵料以面粉饼和合成饵料为主，东方鲀鱼种下池后基本以小杂鱼为主。2 号塘设风车式增氧机两台，6 号塘风车式增氧机 4 台，在虾苗体长达到 4 cm 后和高温季节全天打开 。每月大换水一次，换水量 40% 左右，在大汛潮期间换水。

11 月 10 日干塘起捕，共收获东方鲀成鱼 680 kg，脊尾白虾 3 150 kg。总产值 41 万余元，获纯利近 30 万元。

第七章
梭子蟹养殖

我国梭子蟹分布很广，北起辽宁，南至广西均有分布，并且种类繁多，数量庞大，已经发现的有17种。常见的经济价值最高的有3种，分别是三疣梭子蟹、红星梭子蟹和远海梭子蟹，其中三疣梭子蟹在海洋蟹类中群体数量最大，分布最广。

三疣梭子蟹属甲壳纲、十足目、梭子蟹科，俗称梭子蟹、白蟹、膏蟹，地方名蓝蟹（北方）、蛾（南方），是我沿海的重要经济蟹类。梭子蟹肉质鲜美、营养丰富，特别是蟹膏似凝脂，味道鲜美，在国内外享有盛名。由于三疣梭子蟹具有生长快、环境适应能力强、市场价格高、国内外价格稳定等特点，使得各地三疣梭子蟹养殖不断升温，现已成为继对虾、青蟹后又一重要养殖品种，1981年被列为我国海洋水产养殖的重点对象，取得了良好的社会和经济效益。

三疣梭子蟹作为江苏省沿海主要的养殖对象之一，其主要特点是：①个体较大，一般甲壳宽16～23 cm，体重240～560 g，最大体长26 cm，体重680 g。②生长速度快。在池塘养殖条件下，110 d甲壳宽就可达到16 cm以上，体重240 g以上。③适应能力强。对水温、盐度适应范围广和底质要求不严。④苗种有保障。养殖生产用苗种可以全人工解决，并能够进行多茬生产。⑤食用价值高。谚云“蟹过无味”，形容其味道极美，由于其可食比高，肉质细嫩，味道鲜美，位居虾蟹类之首。⑥易收获。可用简单的丝挂网捕获或放水法收获。但美中不足的是：①对饲料营养要求高。对植物性饵料的利用率偏低，嗜食动物性饲料。②耐受力差。不耐捉拿和干运，影响活体上市销售。③雌雄个体差异较大。④抗逆能力弱。对低溶解氧等抵抗能力差。

第一节　梭子蟹的生物学

一、形态特征

三疣梭子蟹（图 7-1）：头胸甲呈梭形。宽约为长的 2 倍，具 3 个疣状突起，其中胃区 1 个，心区 2 个；前侧缘具 9 齿，末齿特别长大，向左右突出，除内眼窝齿外额具 2 齿；螯足长大，长节的前缘有 4 齿，头胸甲呈茶绿色，第 4 胸足的背面带紫色和白斑云纹。雌性深紫色，雄性蓝绿色，是梭子蟹亚科中最大的一种，成体甲长 7.2~9.6 cm，甲宽 14~19 cm。栖息于 10~30 m 深的泥、沙质海底，每年 4—7 月为繁殖季节。多产于黄海、渤海和东海，年产量很高。近几年由于大量活体出口，身价倍增，已发展池塘养殖，并开展了人工繁殖。

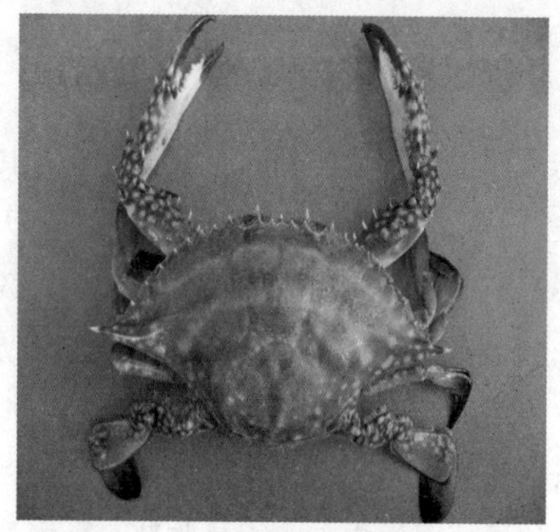

图 7-1　三疣梭子蟹（阎斌伦 摄）

红星梭子蟹：头胸甲表面前部具有微细颗粒及白色云纹，后半部的心区与鳃区上具有3个紫红色并列的圆斑；螯足可动指基半部也具血红的斑点。个体较三疣梭子蟹略小，繁殖期较三疣梭子蟹早，每年2—3月为繁殖高峰期；我国主要分布在东海、南海，资源量较其他梭子蟹多，但利用较少，是可积极开发利用的种类之一。

远海梭子蟹：头胸甲表面有较粗的颗粒和十分明显的花白云纹，颗粒间还具有软毛，胃区、心区、鳃区具颗粒隆脊；螯足长大，两螯不等长。个体略比红星梭子蟹大，产量与红星梭子蟹相近，我国分布在东海、南海。

二、生活习性

（一）生活环境

自然海区梭子蟹以泥质和沙泥质的底质为主，幼蟹多栖息在潮间带的沙滩中。暂养池内，梭子蟹具有显著的潜沙习性，当池底是软泥底质，会导致充塞鳃部而引起窒息，因此养殖池塘最好能提供沙质底或沙泥底的环境。

梭子蟹对温度、盐度的适应范围比较广，一般生活在水温12~28℃、盐度16~34的海域。不同生活阶段的个体，对温度、盐度的要求是不同的。生殖群体、刚孵化出的幼体及幼蟹可生活于较低的盐度，随着个体的长大，对盐度的要求越来越高。

梭子蟹耐干露的能力较强，它对干露的耐受力与气温、空气潮湿程度有关。气温越低，空气越潮湿，耐干露时间越长。在2~4℃温度下，干露26 h后，入水成活率可达90%，这为活蟹运输创造了条件。

（二）摄食习性

梭子蟹主要摄食海洋底栖动物，也摄食鱼类、动物的尸体、虾类、乌贼和水藻的嫩叶等，是一种杂食性蟹类。梭子蟹有昼伏夜出的习惯，多在夜间觅食，其摄食强度夜间高于白天。梭子蟹除在低温下进入蛰居状态外，周年摄食。特别是孵化后的育肥时期摄食强度很高。并且其摄食强度与水温关系非常密切，在15~26℃的范围内，摄食强度大；当日平均水温低于14℃时，摄食量开始下降，水温低于8℃，则不再摄食。

（三）运动

梭子蟹行动敏捷，善于游泳，在游泳时，常将身体斜向倒垂于水中，依靠末对浆状步足在水面上作定向划动。向左、右或前方游动，但大都是顺着海流游动。遇到障碍物或受惊时，即向后倒退或迅速潜入下层水中。它在海底则用3对爪状步足指尖着地，缓慢爬行，末对步足举于头胸甲上，不停地划动，协助运动。在静止时，一般也常用末对步足掘拨泥沙，将自己埋伏起来，眼和触角露于沙外，或者隐藏在岩礁缝中躲避敌害。在繁殖洄游或索饵洄游季节，常集群活动。

（四）蜕壳与生长

梭子蟹的生长是伴随着蜕壳而进行的，梭子蟹在不同阶段的蜕壳，可分成发育蜕皮、生长蜕壳和生殖蜕壳。在蜕壳时，常躲藏在岩石之下或海藻之间直到蜕壳完成，新壳变硬之后，才出来活动。一般年幼的梭子蟹蜕壳率比较高，即一次蜕壳与下一次蜕壳之间的间隔较短，随着个体的长大，两次蜕壳之间的间隔逐渐拉长。蜕壳与环境条件是否优良、食物丰度、个体密度和本身的生理状态等有着密切的关系。在养殖过程中，环境条件、饵料的优劣丰歉，对蜕壳生长影响很大。

蜕壳时间，一般在6—10月，其中以7—8月期间蜕壳最为频繁。幼蟹每蜕壳一次，甲长和甲宽增加30%左右，体重可增加1倍左右。春季产卵发育生长的当年幼蟹，当年蜕壳 8~10 次，即达性成熟，可进行交尾活动。翌年雌蟹产卵后，可继续蜕壳生长，第三年还可产卵繁殖。雄蟹在第二年入冬前即大批死亡。

梭子蟹具有自切和再生的能力，自切有固定的位置，在步足的基节与座节之间的关节处。其再生总是与自切相联系，再生能力以幼蟹时较强，有再生能力的部位为眼及附肢。到了性成熟阶段后，随着蜕壳的终止，再生也就停止了。

三、繁殖习性

（一）成熟与交配

1. 交配

梭子蟹的交配是在雌蟹蜕壳时进行的，三疣梭子蟹在雌蟹第 12 次蜕壳，雄蟹第 13 次蜕壳便是“成熟蜕壳”。交配时在浅海海底或水上层。交配季节随地区以及个体的年龄而有所不同。在黄海、渤海，凡是成熟的两性均可交配。9 月中旬至 10 月下旬为交配盛期，当年生幼蟹，甲宽长至 13 cm 左右，已开始交配活动。雄蟹在雌蟹未蜕壳前，追逐一般持续 2~5 d，有时长达 10 d，一旦雌蟹蜕壳即行交配。交配一般只一次，所需时间 2~12 h。秋季交配后纳精囊内的精子，一直可贮存到翌年春季。

2. 性腺发育

雄蟹性腺发育比雌蟹早，大部分在 9—10 月性成熟，进行交配。雌蟹在交配时，性腺尚未成熟，交配后，性腺迅速发育。梭子蟹的卵巢发育大致可分为 6 期：

Ⅰ：尚未交配、卵巢未发育，呈乳白色，肉跟难分雌雄。

Ⅱ：已交配，卵巢开始发育，呈粉红色或乳白色，较膨大，卵粒不易辨别，已能分别雌雄性腺。

Ⅲ：卵巢橘黄色，体积增大，肉眼可见细小颗粒，但不能分离。

Ⅳ：卵巢橘红色，体积进一步增大，卵粒明显可见。

Ⅴ：卵巢膨大柔软，卵粒极为明显，大小均匀，游离松散。

Ⅵ：已排过卵，卵巢开始萎缩退化。

3. 产卵

产卵时间因各地水温高低不一而有差异。一般梭子蟹越冬之后，于3月上旬开始向近岸移动，于月底左右形成产卵群，向沿海各地浅海处的产卵场进行生殖洄游。产卵场的水深一般不超过30 m，底质以沙质和泥沙质为主，水色浑浊，透明度低，约为0.5 m。近底层水温为13~21℃。

梭子蟹的抱卵量较多，其抱卵量与甲宽、体重的关系密切，一般随甲宽、体重的增长而增加。一般为80万~450万粒，同一个体第一次抱卵的数量要比第二次的多。受精卵大小为0.33~0.38 mm，孵化前的卵径为0.40 mm。第一次卵孵化后，经12~20 d暂养又可第二次产卵，小型雌蟹一般产卵2次；大型雌蟹可连续产卵3~4次。其间雌蟹不蜕皮也不重新交配，每次产卵数量有逐渐减少的趋势，而且第二、三次产的卵，卵径较小，色泽浅淡。也有个别个体虽未经交配，但产卵的外界环境条件具备，也能排卵，但这种卵因未受精不能发育。

当卵子通过输卵管排出时，与纳精囊内的精子相遇而受精，而后排出体外，黏附于腹肢内肢的刚毛上直至孵化。梭子蟹抱卵期间，卵的颜色开始为浅黄色，逐渐变为橘黄色，随着卵内胚胎的发育，出现色素和眼点，卵逐渐变为褐色，最后变为黑色。此时已形成原溞状幼体，开始进入散仔的孵化期。三疣梭子蟹的抱卵期约为20 d，在水温等条件非常适宜时，可缩短到15~20 d。

4. 孵化

三疣梭子蟹卵孵化的速度与水温密切相关。在水温19~24℃，盐度28~31℃时，自受精卵开始，经过15~20 d的胚胎发育，卵块变成灰黑色，镜检卵膜内的原溞状幼体间或蠕动，心跳每分钟达130次以上后，表示很快就要孵化了。三疣梭子蟹的孵化都在夜间进行，在晚上22：00至第二天凌晨3：00之间出膜，尤其多在后半夜。孵化所需时间为1.5~2 h，当水温低于10℃时，孵化时间延长，孵化率降低且幼体多畸形。远海梭子蟹的孵化多在0：00—10：00进行。多数在早晨6：00—8：00时。

5. 幼体发育

三疣梭子蟹的幼体发育经过两个阶段：溞状幼体和大眼幼体。大眼幼只有1期，蜕皮1次，经5~6 d，变态为第Ⅰ期幼蟹。

溞状幼体一般分为4期，但由于低温或饵料营养不适等环境条件影响也可能延长为5、6期。在水温22~26℃，饵料充足的条件下，每3 d左右蜕皮1次，经4次蜕皮，历时11~13 d，变态为大眼幼体。溞状幼体营浮游生活，苗种生产中多投喂单胞藻、轮虫、卤虫无节幼体以及鱼、贝碎肉屑等。

Ⅰ期溞状幼体：身体分为近圆形的头胸部和细长的腹部，头胸甲具额棘、背棘各1个，背棘长于额棘，且大大超过头胸部的长度，这也是三疣梭子蟹与其他梭子蟹的最明显区别。复眼无柄，不能活动。尾节叉状，每个尾叉外缘具1刺，内缘具3根刚毛。

Ⅱ期溞状幼体：背棘与额棘几乎等长。头胸甲后下角约具10个小齿，并出现6根刚毛。复眼具柄，能活动。腹部第一节背面中央具1根羽状刚毛，尾凹中部出观1对刚毛。

Ⅲ期溞状幼体：头胸甲后下角具16个小齿，17根刚毛。腹部7节，第一节背面中央具2~3根羽状刚毛。

Ⅳ期骚状幼体：头胸甲后下角约具31~39个小齿，21根刚毛。腹部第一节背面中央具3~4根羽状刚毛，尾凹中部具3根刚毛。

第二节　梭子蟹的苗种生产

一、育苗设施

育苗场设施主要应包括亲蟹暂养池、幼体培育池、饵料培养池、幼蟹中间暂养池及供电、供水、供气、供热等系统，这些基本上与原来中国对虾、河蟹育苗设施一样，但幼体培育池以20~30 m^3为佳。

亲蟹培养池以长方形为宜，内设沙床、循环水管、水泵，使水不断循环，沙厚10 cm以上。饵料台设置在靠近排水管处，池上方黑布遮光，光照度500 lx以下。

大眼幼体培育中所用的附着器以绿色塑料线编制成的羽毛状人工海草为好，也可用贝壳附着器。近几年育苗实践证明，无附着基育苗也可。

育苗前要进行各项设施的检验工作，尤其是新建的育苗场应在育苗前1个月进行试用，发现问题及时维修。

二、亲蟹的选择和培育

（一）亲蟹的选择

亲蟹一般都从笼、张网、流刺网、拖网渔获物中选取，采捕季节为3—6月，盛期为4—5月。多数选用天然抱卵亲蟹，有时也选用一部分尚未抱卵的亲蟹。江苏地区的早期育苗的亲蟹多来自东海区的海捕抱卵蟹，中后期育苗选用黄海抱卵蟹。

亲蟹最好选择采自定置网具捕获的无伤、附肢齐全、活泼健壮、体重300 g以上的亲蟹。要求抱卵亲蟹腹部坚实紧收，卵块的轮廓、形状完整无缺损，卵色鲜艳而呈橙黄色。因为抱卵蟹外卵的颜色按黄色→橙色→茶色→茶褐色→黑色的顺序而变化，外观茶褐色或黑色的卵已充分发育，易随环境的突然变化而放散或脱落，即发生“流产”现象。而发育初期的卵多为淡黄或橙黄色，环境的变化对其影响不大。因此，需长途运输的抱卵蟹，选择卵色淡黄或橙黄色。

选好的亲蟹用胶皮圈或绳将足绑到胸甲上，防止争斗，造成损伤，如亲蟹或卵团受损，会导致在运输途中或饲养中亲蟹死亡或流产。

（二）亲蟹的运输

抱卵亲蟹运输要格外小心，否则易造成卵粒脱落和拥挤受伤而大量死亡。一般采用箩筐、塑料鱼箱等运输工具，底部衬以用海水浸湿的毛巾，将梭子蟹扎牢后放入其中，再用湿毛巾按只遮盖，整齐排列；最后用盖压紧。运输途中。注意防止风吹、日晒、雨淋，并定时向蟹喷洒海水。也可采用无水运输，在冰筒或波纹纸箱中，放入锯木屑，将亲蟹埋放其中。此法比较方便，但不适合长途运输。长途运输多采用带水充氧运输。此外，使用渔船活水舱运输，海水交换好、水质较好，可降低亲蟹死亡率。

（三）亲蟹的培育

抱卵亲蟹运到后及时松绑，筛选健壮、没有受伤的个体放入暂养池。

水泥池培养。池内设有沙床，沙层厚度为5~10 cm，设置隐蔽物，并使室内光照在500 lx以下。水温控制在20~24℃，pH值为8.0~8.4，保持水中溶氧大于6 mg/L，密度上限为3~5只/m^2。每天下午17：00—18：00进行投饵，饵料以鲜活的贝类、小型虾蟹类、糠虾类、小杂鱼等为主，最好以蛤类为主。投饵量视残饵量而定，如投蛤肉大约为亲蟹重量的5%~8%，投完整蚬子等大约为亲蟹重量的20%。

至少每两天换水1次，换水量50%~100%，换水时间一般为早晨和傍晚。在早晨换水时，应清除残饵，在傍晚换水后进行投饵。由于底部沙层常因排泄物的堆积而变黑，引起底层水缺氧，故应每1~2周洗沙一次。在亲蟹培育期间应每日检查亲蟹产卵情况和胚胎发育状况。

亲蟹所需的数量，按计划育苗量和规格大小而定。一般采用不足100 t水的水泥池育苗，选用1只亲蟹孵化苗已足够育苗量的要求。为防止亲蟹的“流产”，在捞取时，尽可能不使其离水，以免在空气中干露时间过长。此外，在亲蟹培育过程中，还应避免盐度及水温的急剧变化。

三、孵化与选优

（一）孵化

抱卵亲蟹经培育促熟，抱卵第8 d前后胚胎发眼，发眼后第7 d傍晚，额角基部出现紫色斑点时可将亲蟹收容于孵化池中，当夜或经1~2 d可排出幼体。排幼结束，捞出亲蟹放回暂养池，经强化培育，可继续抱卵使用。孵化期与水温密切相关，若水温变化过大，易出现较高的流产率。一般从发眼至排幼，水温在20.0~23.8℃时需7 d，水温23.2~25.7℃时需6 d，因此水温控制在22~25℃为宜。

孵化时间应选择在5—6月，孵化方法有两种：一种用约0.5 m^3的小水槽作为孵化池，可放亲蟹1尾，然后再把幼体移入幼体培育池；另一种直接在幼体培育池中孵化，将亲蟹系上显著标志后，直接放入培育池，每个培育池放1尾亲蟹，注入50~60 cm的过滤海水，适量充气。排幼结束，将亲蟹捞走，然后进行幼体培育。

(二) 选优

孵化出的幼体，根据活力、集群能力、形态等可分为几个等级。

梭子蟹孵出的幼体有明显的强弱之分，弱的幼体难以培育，必须经过选优。健壮的幼体多集中于水的中、上层，因此可将浮于水上、中层健壮的幼体选入不同的培育池，此过程称为选优，或称选育。选优的方法有以下几种：

1. 虹吸法

在幼体较集中时，可采用此法。将孵化水槽停止充气：旋转水槽内的水，使近池壁幼体分散，免得因水位下降贴壁干死。吸管应轻轻移动并对着幼体集中区，管口放在水面下 10 cm 左右。将上层幼体吸入育苗池中培养。育苗池应低于孵化池，事先应加 5～10 cm 海水，避免幼体入池时冲击而致伤。

2. 网箱浓缩法

如幼体分散，或利用虹吸后池中剩余幼体，可用此法。网箱可以做成圆筒形，使用时，网箱放入桶等容器中，网箱上沿高于桶的上沿，以免幼体随水流溢出，浓缩过程中要不断抖动网箱，以免幼体大量贴网损伤。幼体集中到一定数量后，及时将幼体舀出投入培育池。

3. 撇取法

用小塑料桶或水勺直接撇取集群的幼体。此法操作简便，可较快地将大部分幼体选出并集中，也易于定量。

四、幼体培育

(一) 育苗用水

用水的处理可参照对虾育苗，在幼体入池前 2 d，注入有效水体 40%～

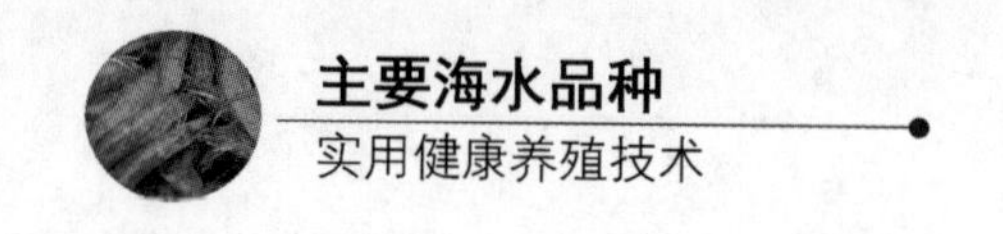

60%的水量，加入 EDTA 钠盐使浓度至 3~5 mg/L。并加入小球藻 40 万个/mL，或扁藻、小硅藻各 2 万~5 万个/mL 及部分角毛藻等。轮虫 3~5 个/mL。

（二）幼体密度

幼体的密度决定着育苗设施的使用效率，若密度过低，就不能充分发挥育苗设施的潜力；而密度过高，则会超过育苗水体生态系统的载荷能力。幼体的密度应决定于育苗的条件和技术水平，特别是与饵料和水质条件有关。一般溞状幼体的密度为 10 万~15 万个/m^3，大眼幼体的密度为 3 万~5 万尾/m^3。在同一池内应选入同期孵化的幼体。

（三）饵料

三疣梭子蟹幼体培育过程中，可用轮虫、卤虫、牡蛎、藤壶幼体和桡足类等作为主要饵料，同时添加豆浆、蛋黄、酱油糟等人工饵料，以及文蛤、菲律宾蛤仔、贻贝、糠虾、磷虾等贝虾类的肉糜。肉糜必须在粉碎去壳后用 40~60 目网目的筛子过滤。

在溞状幼体期，水体中轮虫应保持 20 个/mL，到Ⅲ期溞状幼体开始投喂卤虫无节幼体，投喂量为每只幼体 5 个卤虫无节幼体，Ⅳ期溞状幼体，每只幼体 10~15 只卤虫无节幼体。投饵时，轮虫等生物饵料，可以结合贝虾类肉糜等人工饵料同时投喂，其效果要优于仅投单一饵料。

轮虫投喂前应浓缩收集到高浓度小球藻或扁藻藻液水中强化培育。刚孵化的卤虫无节幼体也可放入加有乳化乌贼肝油的水槽中，卤虫幼体经 6 h 以上的营养强化后再投喂，以提高其本身的营养价值。活饵料投喂时，采用少量多次，在Ⅰ、Ⅱ期Ⅲ溞状幼体，每天投 2 次；从Ⅲ期搔状幼体至大眼幼体期，每天投 4~6 次。代用饵料的投喂，基本上 2 h 一次。

（四）水质控制

保持和改善育苗池水质的方法是换水、排污和充气。育苗池水要求氨氮含量控制在0.6 mg/L以下；溶解氧为6 mg/L，至少不低于4 mg/L；pH值控制在7.8 ~8.6，可用换水或添加藻液及贝肉汁等方法调节。

在幼体培育初期时，一般采用初期添加水；培育中后期，幼体活力增强投饵量加大后，开始换水。因此，在Ⅰ、Ⅱ期溞状幼体时，每天加入新鲜海水10 cm左右，直至Ⅱ期或Ⅲ期溞状幼体加满水。第二天开始换水，并逐渐增大换水量。

幼体培育经过一段时间后，常会在池底出现一层沉淀物，主要是残饵、幼体排泄物以及死亡的幼体，必须采取吸污清除。吸污一般选择阴天或阳光不太强烈的早晨或傍晚进行，中午由于幼体的避强光行为，沉入池底较多，吸污易造成苗种损失。在密度低时，后期可不用吸污。大眼幼体期投入吊网以后，吸污极不方便。为保持水质良好，在必要时还需倒池，即把幼体转入另池培养。

（五）水温与盐度

三疣梭子蟹从Ⅰ期溞状幼体发育成幼蟹的时间与水温有关，水温不仅直接影响着幼体新陈代谢的速度，决定着幼体发育的快慢，而且也决定着幼体成活率的高低。在水温22~27℃范围内，从溞Ⅰ发育至幼蟹约需16~21 d。在水温25℃左右育苗，取得稳定生产的实例较多。总的来说，幼体培育期间水温控制在22~25℃之间较为适宜。

育苗用水一般为半咸水，溞状幼体期盐度为25~31，大眼幼体盐度为20~25，幼蟹期为15~20，每日换水前后盐度变化不应超过2。

（六）光照、充气

育苗过程中光照直接关系到水中浮游植物的繁殖和幼体捕食量的大小。直射光对幼体发育不利，但光照度太低，又会影响到幼体的摄食活动，发育慢。

在整个育苗期间需不断地充气，使池中溶解氧不低于6 mg/L。充气除了补给氧气外，还可使幼体和饵料分布均匀。在幼体发育初期，充气量要小，溞Ⅰ、溞Ⅱ时水面呈微波状态即可；随着幼体的发育，充气量可相应地增大，后期溞状幼体时水面呈翻腾状，大眼幼体期水面呈沸腾状。

（七）设置掩蔽物

三疣梭子蟹幼体发育到大眼幼体后，互相残杀现象极其严重，设置掩蔽物可减少幼体相残。掩蔽物的种类有多种，如网片、稻草把以及各种悬浮物等。用网片作为附着器时，网孔以大眼幼体不能通过并尽量大为好；这样有利于水的流动。网面最好有羽状突起，以防因充气或水流冲击而致幼体脱落。网的颜色以白色为好。当培育密度较低时，发育到后期不进行吸污，池底会形成绿苔、刚毛藻等藻体丛生，也可成为幼体的掩蔽物。

五、稚蟹的培育与出池

（一）稚蟹的培育

大眼幼体变态成为稚蟹，就逐步转入底栖生活，因此要移到底面积大的水池中。池底铺放沙子。稚蟹培育过程中，水温控制在23～27℃，盐度15～29，pH值7.8～8.6，光照500～2 000 lx，水中溶解氧6 mg/L以上，氨氮含量不超过0.6 mg/L。培育过程中，密度应低些，一般为1万～2万/m^3；充气量要大、水面呈沸腾状态；每天用20目筛绢大换水，换水量达80%~100%；每天投饵4~6次，饵料主要为卤虫成体以及捣碎后似黄豆粒大小的蛤肉等。此外，为防止互残，需在水中设置掩蔽物让其附着，方法与大眼幼体期相似。

（二）蟹苗的出池、计数与运输

1. 出池

稚蟹经过一段时间的培育，当甲宽达0.7~1.0 cm以上时，就可出池放养。但也有少数幼体在大眼幼体阶段就出苗。出池的方法是先将掩蔽物上的蟹苗扫落在池内，同时放水，待水位降到20~30 cm后，在排水口安装采集网，拿掉池中排水口的滤水网，蟹苗随水流排出进入采集网，用小捞网捞取聚集于采集网里的蟹苗，并将其转放到盛有海水的大水槽或其他容器中，充气或用搅拌棒搅拌，同时分离杂质。夜间则可用灯光诱集幼蟹。

2. 计数

因稚蟹多分布于水下层，通常多以重量法计数。计数时可先称取1 g蟹苗，数出蟹苗的数量，再乘以总重量即为总出苗量。

3. 运输

根据路程远近及交通条件，采取陆运、水运或者空运。水运可用大塑料桶或木桶加水充气运输，桶内装附着基或铺人工海藻。容积为1 m^3的水桶，可放蟹苗10万~15万尾连续运输20 h以上。若运输壳宽2 cm左右的幼蟹可用石莼等海藻分2~3层，放在厚纸箱或保温箱内干运。还可用双层聚乙烯袋做容器，装入2~3 L海水，每袋装蟹苗2 000~3 000只。为避免蟹苗抱团与损伤；袋中装进用海水浸泡过的稻壳，挤出袋中空气，充氧，扎口密封。一般选择在清晨或傍晚装运。途中注意防雨、防晒，为预防袋中水温上升，袋与袋之间可放入碎冰。

六、梭子蟹苗种中间培育

通过蟹苗的中间培育，可大大提高蟹苗的成活率，并使蟹苗提早出池，有利于进行多茬育苗；同时由于减少了在养成池的养殖时间，因此减轻了对养成池的污染，有利于幼蟹的成长，并能增强稚蟹对环境的适应能力，提高放流效果。蟹苗的中间培育有室内中间培育和室外中间培育两种。

（一）室内中间培育

蟹苗不立即出池，在原池中继续培育一段时间。培育方法与稚蟹培育的方法相似，投饵量随个体的增大而增大，培育过程中，适当分池，稀释苗种密度。当苗种甲宽达 1~2 cm 后，出池进行放流或养殖。

（二）室外土池中间培育

利用废盐田、对虾中间培育设施或海上培育设施，进行中间培育。废盐田或对虾中间培育设施在中间培育蟹苗前要进行消毒、清塘，海上中间培育也可以利用笼具进行中间育成。

第三节　梭子蟹的养成

梭子蟹的养成是指把蟹苗或蟹种养殖到商品蟹的过程。养成方式有池塘养殖、工厂化养殖等。目前我国沿海主要是池塘养殖，即利用对虾塘进行梭子蟹人工养殖。

一、池塘养殖

（一）养殖场地的选择

应选择风浪小、潮流畅通、海水交换好、容易排灌的中潮区，并且不受暴雨、台风及化工厂排污的影响。水质澄清，盐度在11~26，底质为细沙或沙泥质。冬季水温不会长时间低于7℃，并且饵料资源较为丰富。

（二）养殖场设施

梭子蟹养殖以土池为主，面积根据生产规模而定，以中小型池为好，水深1.7 m左右，池塘结构与精养的对虾塘相似。由于种蟹有栖息池边的习性，故应增加塘边沿坡面积，以避免其过分密集。池底铺沙5~10 cm，也可在池底设置沙堆、瓦筒等隐蔽场所，以减少互残。池塘要设排灌水闸，保证池水能充分交换，并能排干池水，利于收蟹。

梭子蟹无钻洞和越堤外逃的能力，只需在池塘的进排水闸门内外用围网拦住，无需特殊的防逃设施。

（三）蟹种选择与放养密度

1. 蟹种选择

蟹种要选择个体健壮，无伤无病，躯体完整无损，最后一对步足完整，其余步足不少于3对以上的个体：避免收购躯体受伤，活力不强的蟹种，否则将影响成活率。

2. 放养密度

放养密度应根据放养的形式而定。虾蟹混养，一般在6—7月放养规格为

25 g 左右的蟹种，密度为 4 000~6 000 只/亩；如果放养规格为 50 g 左右的中苗，密度为 2 000~3 000 只/亩。单养虾塘放养蟹苗应根据气候、水深及技术条件而定，如水深 1.7 m 的池塘，25 g 左右的蟹苗每亩最多可放 6 000 只。

（四）饲养管理

1. 投饵

饵料以鲜活的低值贝类为主，其次为低值的鲜杂鱼虾。在幼蟹阶段以及春秋季水温低的季节，最好掺进杂虾、杂鱼等，若仅用贝类饲养，梭子蟹的甲壳会变白。

投饵量随水温和年龄的变化而不同，小苗阶段按体重的 8%~10% 投喂，中苗到成蟹阶段按体重的 10%~15% 投喂。梭子蟹在水温 20~27℃时，摄食旺盛；水温在 8.0~15.0℃时，摄食减少，投饵量为 3%；当池塘水温低于 8℃时，停止投饵。

每天投饵 2 次，因梭子蟹喜在傍晚和夜间摄食，因此早晨投饵占总量的 30%，傍晚投饵占总量的 70%。厚壳的贝类投饵前应捣碎，大的鱼、虾应切碎，薄壳贝类可直接投喂活的。投饵应沿池边或障碍物投喂，活的薄壳贝类撒到池的四周即可。

2. 水质管理

养成期最适水温为 20~27℃，盐度控制在 10.5~34.0，pH 值 7.8~8.5，水色以茶褐色、黄绿色为好，透明度维持在 30 cm 左右。

养成期间要控制池水水位，调节盐度，经常换水，保持水中溶氧在 3 mg/L 以上。冬天和夏天池水要加深。换水应在早晨或傍晚进行，排水时池水不能排干，留 30~50 cm，同时避免水流冲击泛起池底淤泥，影响蟹的呼吸。养殖前期，由于投饵量较大，且水温较高，换水量应稍大，日平均换水约 40%；后期水温下降，滩面水位保持在1 m以上，换水量减少到10%~30%，每2~3 d换水1次；当水温下降到8℃以下时，以蓄水保温为主，每隔7 d，将水放至露出滩面，拣去死蟹，然后把水加到最高水位。在蜕皮阶段，要求水质特别新鲜。

3. 巡塘

每天黎明和傍晚及投饵后，必须进行巡塘，巡塘主要包括以下内容：

①经常观察蟹的摄食情况和水质病害等情况，从而调整投饵量和换水量。

②经常检查池堤及防逃设施，及时修理，防止逃跑。

③经常测定盐度、水温、pH值、溶氧以及池水透明度，发现异常及时查明原因，采取有效措施。

④观察蜕壳情况，当梭子蟹处于“软壳蟹”阶段时，互残尤为严重，在池中投入隐蔽物提高成活率。

（五）收获

雄蟹养到肌肉肥满达到商品规格，随时可以上市；雌蟹养到卵巢饱满，成熟后上市，价格更高。一般要赶在12月下旬前把梭子蟹捕捞起来，这时价格较高。捕捞时要选择晴朗无大风的天气，可以避免活蟹冻伤和冻死。梭子蟹出池后用橡皮圈或稻草绑住螯足，放在10℃左右的海水中，待其行动迟钝后，再装入厚纸箱中，填充锯木屑和冰袋运往市场。捕捞的方法主要有以下两种：

①少量捕捞时，可于夜间在闸门处用抄网捞出，或用铁耙子翻掘，或丝挂网捕获。

②大量出池时，要将池水排干，水排干前在闸门边水较深处，梭子蟹会集群潜居，可用捞网捕获。

二、工厂化养殖

工厂化养殖是在人造水泥池中，高密度养殖梭子蟹的一种方法。在饲养过程中，利用机械、电器、自动控制、计算机技术等现代化设施，对主要环境因子如水温、水质、水流量、溶氧等进行控制，使梭子蟹在较好的环境条件下生长，并投以营养丰富的饲料，从而获得比池塘养殖高数倍的梭子蟹产量。工厂化养殖主要有普通流水养殖和循环过滤水养殖两种类型。

流水养蟹，要求流速相对稳定，不能太快，池水深度在 1.0~1.2 m。养殖过程中的管理和前述两种养殖方式相似，只是更需加强病害的防治。要定时消毒，防治疾病，一旦发现病蟹，就应分开饲养。

第四节　梭子蟹的综合养殖

一、三疣梭子蟹和对虾混养

虾苗先期放养 10 000~15 000 尾/亩，虾苗下池约 30 d 后，蟹苗下池，每亩放养 2 000~3 000 只Ⅱ期幼蟹。幼蟹下池前用 0.1%新吉尔灭溶液浸泡 15~20 min，防止病原体带入养殖池。具体养殖方法同中国对虾养殖中的虾蟹混养。

二、虾、蟹、贝混养

许多贝类是虾蟹池综合养殖中最理想的搭配种类，蟹虾贝混养是目前我国较成功的综合养殖模式。贝类在池内不需要耗费对蟹虾饵料，能够额外增加商品贝类的产量，使池塘养殖经济效益大大提高。池塘内的贝类通过滤食池水中的浮游生物、细菌、有机碎屑等，净化了水质，减轻了池底和池水的污染，保持了蟹虾池的生态平衡，减少了疾病发生的机会，促进了蟹虾的生长。池水经过贝类过滤净化后排入海区，对于减轻海域水质污染、减少赤潮暴发，有着较长远的生态效益和社会效益。在江苏省虾（蟹）池中混养的贝类主要品种有：蝇蛏、文蛤、杂色蛤等。主要有梭子蟹、对虾、缢蛏的混养，梭子蟹、对虾、杂色蛤混养梭子蟹、日本对虾、文蛤混养，具体养殖方法同中国对虾养殖中的综合养殖。

第五节　梭子蟹的养殖实例

以赣榆县沙口村水产养殖有限公司生产为例：该公司1号塘48亩，2号塘41亩，在当年4月5日同时放养体长1.1 cm虾苗12 000尾/亩；5月15日放养Ⅱ~Ⅲ期三疣梭子蟹幼蟹苗2 200只/亩。虾苗及蟹苗都为该养殖公司附近同一家育苗场繁育的苗种，挑选健壮、规格整齐苗种，放苗前都经过严格消毒处理。虾苗放养时水色为淡茶色，透明度35 cm，桡足类十分丰富。6月2日开始投喂小杂鱼，7月12日开始以蓝蛤为主要饵料。每次换水都安排在大汛潮期间进行，选取最高潮位时进水，共排换水9次，每次30%左右。施二氧化氯4次，每次用量1.2 g/m^3。施“改底”4次，每次用量为500 g/亩，复合型浓缩微生物制剂EM液4次，每次用量为100 g/亩。从中秋节前开始用挂网起捕雄蟹，到国庆节共收获公蟹3 800 kg，平均体重200 g 。11月20日干塘起捕，收获对虾4 080 kg，三疣梭子蟹雌蟹4 500 kg，平均重240 g。对虾、三疣梭子蟹成活率20%。生产成本共计41.5万元，销售收入98.7万元，纯利润57.2万元。取得了良好的经济效益。

第八章
青蟹养殖

青蟹（图 8-1）是拟穴青蟹的简称，俗称红蟳（福建）、蝤蛑（浙江）、泥蟹（菲律宾）等。系梭子蟹科、青蟹属中的一种，在我国的养殖历史约一个世纪。青蟹个体大（每只重 200~500 g）、可食比例高（可达70%）、肉味鲜，营养丰富，国内外市场需求量日趋增大，加之有食性杂、育肥快、养殖周期短、经济效益高等优点，发展青蟹养殖的前景十分广阔。随着工厂化人工育苗的成功，目前养殖业进一步发展，已由我国南方养殖发展到北方养殖。

图 8-1　拟穴青蟹

第一节　青蟹生物学

一、形态与分布

（一）形态特征

头胸甲略呈椭圆形，长为宽的2/3，表面光滑，中央稍隆起，呈青绿色。额缘具4齿，前侧缘有9枚等大的三角形齿突，形状像锯齿，依此而得名。头胸甲背面胃区与心区之间有明显的“H”形凹陷，；胃区及鳃区皆有一条微细的横行颗粒线。螯足强壮，左右不对称，指节内缘有强大的钝齿；末对步足指节扁平，呈桨状，适于游泳。雄蟹脐部呈宽三角形，雌蟹则呈宽圆形。

青蟹的内脏中央有一个似三角形的心脏，左右两侧为鳃片共8对，心脏前面是胃，胃又分贲门胃和幽门胃，内有一咀嚼器，也称胃磨，胃的两侧为黄色肝胰腺。精巢为半透明状，回转弯曲；雌性卵巢延伸到头胸甲内侧前沿左右两侧，成熟时充满头胸甲，呈橘黄色。

（二）分布

青蟹的分布较广，温带、亚热带及热带海区均有分布，尤其在潮流缓慢、饵料生物丰富的浅海内湾和江河入海口的咸淡水汇合处分布最多。我国广东、广西壮族自治区、福建、台湾、浙江、上海及江苏沿海皆有产出，尤以广东、福建盛产。越南、日本及琉球群岛、泰国、菲律宾、印度尼西亚、澳大利亚、新西兰、印度洋、红海等也有分布。

二、生态习性

（一）栖息与运动

青蟹栖息在泥沙底质的潮间带，穴居是蟹类的一种本能，青蟹也是如此，白天多居于穴中，夜间出来觅食。夏季活动较大，冬季活动较少，洞穴也因此而异，冬季的洞穴比秋季深得多，夏天则成群地在干潮的滩涂上竖起步足，支撑起身体乘凉。青蟹爬行时靠三对步足，游泳时全靠游泳足运动。受惊时步足和游泳足并用，打斗时则发挥双螯的作用，但无论游泳还是爬行都改变不了特有的习性——横行。

（二）对环境的适应

1. 广盐性

青蟹对盐度的适应范围较广，渐变盐度其适应范围 5~55，适宜盐度为 5~33.2，最适盐度为 13.7~16.9。但不同地区、不同海域生长的青蟹多年来形成了具有一定局限性的盐度范围。盐度低于 5 或高于 33 青蟹生长不良。雨季盐度降至 5 以下时，沿岸的蟹常打洞居住，以度过不良环境。洞的大小和深浅依据蟹的大小、强弱而不同。深者达 1 m 以上，每个洞可藏 2~3 只蟹，其中雌蟹占多数，若较长时间生活在低盐环境中，血液的渗透压便会失去平衡，造成腹部膨胀，2~3 d 后会死亡。因此，青蟹在每年的 6—7 月间死亡率很高。但在盐度渐变的不良环境里，青蟹则可潜逃。不论青蟹生长在哪里，只有在纯海水里才能正常繁殖。

2. 广温性

青蟹是广温性底栖动物，其适温范围在 7~35℃，最适宜的生长水温在

18~32℃，水温低于18℃，青蟹活动时间明显缩短，摄食量减少；水温降至12℃时，只在晚上做短暂活动，并开始挖洞穴居；水温10℃时，行动迟钝，水温继续下降至7~8℃后完全停止活动和摄食，整个身体藏在泥沙中，仅露出一对眼睛，进入休眠状态，以度过不良环境，当水温降至3.5℃时青蟹死亡。春天当水温回升到16℃时，青蟹开始活动、摄食，18℃以上时雌蟹开始产卵，如果水温超过35℃，则出现明显不适，处于潮间带小水洼里的个体则会将步足直立，支撑身躯，使腹部离开泥土或爬上滩涂；若水温继续升至39℃时，其背甲便出现灰红色斑点，身躯渐趋衰弱而死亡。

3. 耐低溶解氧

青蟹对水中的溶解氧要求比鱼虾少一些。一般在2 mg/L以上即可，当水中溶解氧不足时，青蟹多游到池边并爬上岸用鳃呼吸空气中的氧。但在人工养殖的条件下，由于密度过大，青蟹也会因缺氧而浮头。蜕壳时需氧量比平时大得多，否则蜕壳不顺利，甚至导致窒息而死亡。

（三）食性与摄食

青蟹系以动物食性为主的杂食性，喜食小鱼、小虾蟹、贝类等，并嗜食腐肉。寻找食物时除用眼睛外，在第一触角上还生有具嗅觉功能的感觉毛，对觅食起很大作用。在人工饲养条件下，青蟹对食物并无严格选择，除上述动物饵料外，豆饼、花生饼等植物性饵料均可为食。青蟹有同类相残的习性，刚蜕壳尚未硬化者常被同类捕而食之。青蟹当发现食物时，便迅速地利用它那一对强大的螯足夹住、钳碎、送到口边，用第一对步足的末端将食物送给第三颚足，再由它传递到大颚。大颚将食物切断、磨碎，同时用第一、第二对小颚来防止食物散落。食物经一条很短的食道进入胃。

三、繁殖习性

（一）繁殖季节

青蟹的繁殖季节因地而异，在广东每年农历的2—4月和8—9月，尤以2—3月间为盛期；广西壮族自治区、福建的厦门在3—10月，浙江乐清湾在4—10月，盛期为5—7月；上海地区交配期9—11月，产卵期5—7月；台湾则全年均可产卵，4—6月为旺季。

（二）交配与产卵

青蟹一般一年达到性成熟，每年的繁殖季节即为交配期。能够进行交配的个体一般甲宽在8 cm以上、甲长6 cm以上、体重150 g以上。交配在雌蟹生殖蜕壳后进行，常持续达1～2 d。交配后雌蟹的甲壳逐渐变硬，内部组织逐渐充实。生殖孔由输卵管的分泌物堵塞，使储藏在雌蟹纳精囊内的精子不会散失，而可以持续生存，直到与卵结合为止。

交配后的雌蟹经过30～40 d，在饵料充足、水温适宜的条件下，卵巢逐渐发育成熟，在适宜的环境下即可进行排卵。成熟的卵经过输卵管至纳精囊与卵子结合而受精，然后从生殖孔排出体外，附着在腹肢刚毛上。每只雌蟹抱卵量约为200万粒，且抱卵量随个体大小而有差异。雌蟹多在水面开阔、水清流缓之处产卵，沿岸河口生活的雌蟹，在繁殖季节要作短距离洄游，到近海深处产卵。

（三）孵化与幼体发育

刚产出的卵直径为0. 23 mm，属中黄卵，其胚胎发育的过程与梭子蟹较相似，外观颜色的变化过程为：橙黄→浅黄→浅灰→灰色→棕黑→灰黑。灰黑色表明临近排幼。卵子孵化速度与水温密切相关，当水温25℃左右，产卵后19 d左右即可孵化；当水温30~32℃时，10~12 d便可孵出幼体。孵出时间多在早晨5：00—8：00，尤以6：00—7：00孵出为多。孵出的幼体为溞状幼体，分5期，经5次蜕皮后变态为大眼幼体；大眼幼体为Ⅰ期，蜕皮后即为第Ⅰ期幼蟹（稚蟹）。在水温26~30℃的条件下，自溞状幼体孵出至第Ⅰ期幼蟹形成，历时23~24 d。

（四）幼蟹的生长

第Ⅰ期幼蟹头胸甲长2.8 mm、宽约3.6 mm，体形与成体近似，前侧缘具9齿，第1、5、9三个齿显著大于其他各齿，前几个齿较后几个齿排列稍微紧密，腹部弯贴于头胸甲的腹面，步足发达，能游善足爬，营底栖生活。第Ⅱ期幼蟹前侧缘各齿大小之间开始接近。早期幼蟹大约每隔4天蜕皮一次，其后，间隔时间逐渐延长，两个月后，每隔一个多月才蜕壳一次。在水温18~31.5℃条件下，幼蟹从第Ⅰ期到第Ⅹ期需123 d，头胸甲宽度增长12倍多。

（五）蜕壳与生长

蜕皮（蜕壳）生长是甲壳类共同的特点。青蟹一生要经过13次蜕皮，按不同的生长阶段可分为幼体的发育蜕皮（6次）、成体的生长蜕壳（6次）和与交配有关的生殖蜕壳（1次）。青蟹在15℃以下时不蜕壳，25℃左右为蜕壳盛期。蜕壳的快慢与身体大小和环境因子有密切关系。如蟹体小时蜕皮时间短，蟹体大所需时间长。而且还与体质、饵料种类、质量、数量和饲养技术及生态条件有关。刚蜕壳者无游泳能力，横卧水底，2~3 h后才开始恢复常态，6~8 h后甲壳逐渐变硬，3~4 d则完全硬化。刚蜕壳者体质很柔软，吸收大量水分后个体增大。例如一只甲宽8.8 cm、甲壳长6.6 cm的个体，蜕壳后甲宽达11.3 cm、甲长达7.8 cm，增长率分别高达28.4%和30.0%；而体重由156.0 g增加到219.5 g，增重率为41.0%。蜕壳不仅是变态、生长、繁殖所必需，同时又是一个自净的过程。蜕壳时将附着在原壳上的寄生物等一并除去。值得注意的是，在青蟹即将蜕壳的前一天基本停止摄食，蜕壳并甲壳硬化后摄食量将有较大的增长幅度。青蟹的附肢在受到强烈刺激或机械损伤时可自切。自切有一定的位置，常在附肢基节与座节间的关节处。经几次蜕壳，自切的附肢可再生，但与原来相比要小一些。青蟹在养殖环境中生长速度很快，在上海市郊养殖场平均体重65.6 g的天然蟹苗，经过85 d养殖，平均体重达247.8 g。台湾放养甲宽1.5~3.0 cm，体重约6 g的蟹苗，经过6—7月后甲宽达12 cm，体重220 g左右，达到商品规格。青蟹的寿命一般为1~2年，雌蟹以1年为多，孵幼后不久便陆续死亡；雄蟹活到第二年才衰老死亡。

第二节　青蟹的养成

目前，青蟹养殖一般分两个阶段：一是从幼蟹开始养至大蟹，其中大部分雄蟹由瘦变肥，可捕捞上市，称为菜蟹养殖；二是将大蟹中的雌蟹按照其性腺发育状况分类饲养，培育到卵巢成熟饱满，称为膏蟹养殖。在我国的南方大部分沿海，青蟹一年四季都能养殖，养殖业者根据养殖季节、养殖周期、养殖目的的不同而选择不同规格的苗种。若按照青蟹生长规律，可分成幼蟹的暂养、菜蟹养殖和膏蟹养殖（育肥）三个阶段，大型养殖场应该有三个阶段配套的池塘。也有的专门从事某一阶段的养殖如育肥；若按照养殖方式分有池塘养殖和滩涂蓄水养殖。

一、池塘养殖

（一）池塘条件

1. 选址要求

青蟹池应该建在风浪不大的内湾中、高潮线附近，纳潮后水深1.0~

1.5 m 以上；海水盐度 12~30，雨季不能低于 7，且要有淡水水源便于调节盐度；泥底、泥沙底均可，但以泥沙底养出的青蟹体色最为美观；交通、供电方便，苗种资源丰富，饵料生物充足。同时要避开有污水注入和洪水易于暴发的地方。

2. 池塘构造

建造池塘应根据养殖业者的经济实力、生产经验、场址的位置来决定采用土池结构还是砖石水泥结构。养殖池面积一般为 700~3 500 m^2，东西长方形最佳。池底有锅形底、斜底和平底三种类型。池底四周或中央挖一条宽 2~3 m、深 1~2 m 的沟，长度依池塘规格而定。砖石水泥池底部要按 7∶3 的泥沙比铺设泥沙，厚度为 10 cm 左右。池堤高 2~3 m，土池堤坡度以 1∶3 为宜，堤面宽度为 2 m，以防倒塌。池堤上方设高 20~30 cm 的防逃设施，土池可用竹篱笆、塑料板或网片，砖石水泥结构的可建造钢筋水泥反板，向内倾斜 60°左右。池塘分单塘、双塘和“田”字形塘三种：一个池子仅有一个闸门称单塘；两池相邻，共设 3 个闸门，其中一个闸门为相邻的两个池所共有，使之相通，称之为双塘；4 个池连成“田”字形，称为“田”字形塘。无论何种结构池塘都要求闸门坚固耐用且经得起风浪，最好采用活闸板，分上、中、下三块，夏季暴雨过后，可将上层低盐水排除。蟹苗放养前按照养虾池塘的要求进行清池消毒处理。

（二）苗种来源与选择

1. 苗种来源

目前青蟹养殖苗种来源有：一是采捕自然海区的幼蟹或成蟹（育肥，以性成熟且交尾，但瘦而性腺发育不足）；二是人工育苗。蟹苗的捕捞季节因地而异，南海沿岸 4 月起几乎全年均可捕捞，如广东东部沿海每年有两次旺季即5—7月和9—11月。台湾沿海几乎全年都有蟹苗，4—5月开始渐增。捕捞方法可因地制宜，大致有：一是蟹篓结饵诱捕法。该法是沿海青蟹渔业的专门作业方式，多在内湾或河口进行，篓有竹编织而成，蟹子易进难出。捕捞时把饵料如牡蛎肉等夹在篓内，将篓沉在海水中，过一段时间即行起捕，如此反复进行。此法所捕之蟹种身体强壮，为蟹苗中最优者，且方法简单、方便；二是网具捕捞法。在内湾用罾网捕捞，罾网方形，网目约2 cm，在网内结饵诱捕入网，定时提罾捉蟹。也可与捕鱼业同时进行，但蟹苗易受机械损伤；三是利用摄食习性捕获，锯缘青蟹涨潮觅食的现象非常明显，随着涨潮成群结队地游到贝类生长繁茂的场地取食。尤其是贝类养殖场周围退潮时，极易捕到蟹苗，有的地区利用退潮蟹有藏穴的习性，在潮间带较多的滩涂或贝类场附近有意识地挖一些洞穴或踏行行脚印，第二次干潮时就能捕到大量蟹苗。

2. 种苗选择

种苗的选择应掌握以下几点：一是体质健壮，无伤残。甲壳青绿色，活力强，不易捕捉，肢体完整的为质量好的苗种。质量差的甲壳深绿色或绿色，有的腹部和步足棕红色或铁锈色，步足缺损，尤其是游泳足和螯足的缺损和影响活动和觅食，其他步足不能少三个以上，若步足断了一半或部分伤者，须把剩余的部分在关节处折断，以防它流出黏液影响水质，甚至引起死亡。折掉的可在短期内再生出来。凡受到刺、钩、晒伤或带外伤的均不宜放养，否则死亡率高，即使幸存者，也需长时间养成。二是无病。辨别病蟹多从足部肌肉色泽来看，强壮者的肌肉呈蔚蓝色，肢体关节间肌肉不下陷，具有弹性。病蟹则呈黄红色或白色，肢关节间肌肉下陷，无弹性，这些苗不宜养殖。三要剔除蟹奴。腹节内侧基常有1~2个蟹奴寄生，蟹奴卵圆形，体柔软，专吸寄主的营养维持生活。寄生在雌蟹的会影响卵巢的发育，不能养成膏蟹；寄生在雄蟹的会使其格外瘦弱，不能养成肉蟹。四是规格适当。应根据养殖阶段和目的，合理确定拟选蟹种的规格，如大（菜）蟹养殖的规格较为灵活，大小均可，一年四季皆可放养，以春苗和秋苗为好。而以育肥为目的的养殖，一般雄蟹 150 g 以上，雌蟹 200 g 以上为好。在膏蟹养殖中，此蟹种应根据是否交配和性腺发育程度，准确鉴别，分类饲养，以获得最佳育肥效果。

（三）种苗的鉴别

按照性腺发育程度将雌蟹分为：

1. 未交配蟹

俗称蟹姑或白蟹，系未受精的雌蟹，一般个体较小，150~200 g。主要特征是腹节呈灰黑色，在较强的光线下观察，可见甲壳两侧从眼的基部至第九侧齿看不出带色的圆点。这种蟹不能育成膏蟹，但可以列入肉蟹饲养范围，若放进一定比例的雄蟹与其交配，经一次蜕壳，供给足够饵料，饲养 40~50 d 则可养成膏蟹。

2. 瘦蟹

俗称有母或空母即初交配的雌蟹，一般个体较大，约 200 g，将它放在较强的光线下观察，在甲壳两侧从眼的基部至第九个侧齿间有一道半月形的黑色卵巢线。另打开腹节的上方，轻压则可见黄豆大的乳白色的圆点，此蟹经饲养 30~40 d 后，则可成为卵巢丰满的膏蟹。

3. 花蟹

是由瘦蟹经过 15~20 d 人工饲养逐步发育而成。其卵巢已开始发育和扩大，但未扩展到甲壳边缘上，在强光线下观察，则可见到一些透明的地方，犹如一条半月形的曲线。另外在腹节上方的圆点已呈橙黄色即卵巢的形成。

（四）蟹苗暂养

蟹苗暂养是指大眼幼体强化培育成甲宽为1.5~1.8 cm的小规格幼蟹的过程。暂养池要靠近产苗区，海淡水来源充足，水质良好无污染的地方，暂养池一般以砖砌成面积15~20 m^2，高2 m，底部铺3~5 cm的沙层。放苗前应严格消毒，可用0.1 mg/L漂白粉或0.3 mg/L生石灰，进水要经过严密的过滤，水位1 m。按每池投放3万尾大眼幼体，池内设置网片等遮蔽物，池水盐度依捕苗的海区而定，通常为30~35。每天早、晚各投喂一次糠虾、蛤肉、小杂鱼肉等。早晨换水时清除残饵及粪便，日换水2~3次，每次换水幅度1/4左右，水温30℃左右。待大眼幼体全部变成幼蟹后，每天除了更新新鲜海水外，还要慢慢地加入淡水，将盐度降到19~26，每天淡化幅度不要太大，一般为1/10。幼蟹的饲料以鱼、虾、贝肉为主，并在每天下午投喂一次，日投喂量为其体重的10%。大眼幼体在良好的培育条件下，成活率为60%~80%，幼蟹到商品规格苗种的成活率40%~60%。幼蟹及苗种的运输采用木箱装运，底层铺湿草，放入蟹苗后，再覆盖一层湿草。将木箱盖好，捆扎即可运输。

（五）苗种放养

从50 g以下的小规格苗种养至商品蟹，可自4—5月开始放苗，一年养至多茬，有的进行轮捕轮放，捕大留小，全年进行养殖，放养密度为每公顷7 500~22 500只，雌雄比为3∶1~4∶1。例如将甲宽1 cm左右的蟹苗，以每公顷7 500只的密度放养，经过110 d的饲养，均达到商品规格，最小个体150 g，最大个体250 g；养殖成活率36%左右。以育肥为目的的养殖，更应该十分重视苗种的规格、投放季节和水温情况。南方地区一般放养150 g左右的瘦蟹，一年四季都可进行，按蟹种的规格分池放养，常养30~40 d收获。时间与温度、盐度等密切相关，一般经验是1—3月间，卵巢发育最快，放养密度可大一些，每公顷6万~8万只，放养18 d即可收获；4—5月则需20 d时间；5月后则需20 d以上；7—9月间因天气热，水温过高影响生长，且易引起死亡，投放密度适当减少，一般每公顷4万~5万只；10—12月水温较低，要养殖30~40 d才能收成。放养密度据季节、饵料等条件而定，过大易发生互残；过小又浪费水体。

青蟹在池塘养殖中除单养外，经常进行混养，混养又分多品种混养和单品种混养。前者是南方地区特别是台湾相当普遍的一种养殖方式，混养种类有斑节对虾、新对虾、江蓠和鱼类（遮目鱼、鲻鱼、罗非鱼等）等。混养既可以有效利用空间和饵料，避免多余的饵料污染池底和水质，又能降低生产成本，获得较好的养殖结果。后者是青蟹分别与鱼、虾、贝、藻中的单一品种混养。例如在广西沿海青蟹与长毛对虾混养，有的以青蟹为主，搭配长毛对虾，蟹子的放苗量一般每公顷3万只左右，长毛对虾1万~2万尾；另一种是以养虾为主，每公顷放养虾苗25万尾左右，再搭配少量青蟹，每公顷3 000~4 000只。通常是虾苗先放养1个月左右再放蟹苗。

（六）饵料及投喂

1. 饵料的种类

锯缘青蟹以动物性饵料为主，但有时也摄食一些腐烂植物。前者主要是小型低质的贝类如蓝蛤、短齿蛤、牡蛎、贻贝、蟹守螺、锥螺或陆生的蜗牛、玛瑙螺以及小杂鱼虾蟹等。实践证明，锥螺和牡蛎的饲料效果最好。每年8—9月，锥螺很肥，青蟹爱吃，卵巢成熟很快，肌肉肥满，质量好；蓝蛤一年四季均可捕获到，又可以人工护养，产量高，贝壳薄，青蟹可连壳吃下，此外鲜活蓝蛤投入蟹池内，可以存活一段时间，使青蟹随意觅食。青蟹对饵料的要求不是很严格。可以因地制宜地选择种类，但要求新鲜。有时也可以投喂一些鸡、兔等加工下脚料。

2. 投饵量

投饵量应根据季节、水温、天气变化、潮汐、饵料种类等不同情况进行掌握。15℃以上食欲旺盛，至25℃达最高峰，降至13℃以下时，摄食量会大大减少，至8℃左右基本停止摄食，水温超过30℃摄食量也会下降。例如以小杂鱼为饵料，在25℃水温条件下，青蟹的摄食量为其体重的10%，但投喂量通常以体重的7%左右来掌握，为保证饵料的合理利用，投饵前后要对摄食情况进行检查，根据检查结果而进行投饵量的调整。

3. 投喂方法

作饵料的鱼虾等要新鲜，个体大的切碎后再投喂；壳厚的贝类要压碎再喂，小型、壳薄的贝类可直接活体投放，这样可以避免因摄食不完而影响水质。投饵时间宜在早、晚进行，每天两次。清晨投喂日粮的20%~40%，另60%~80%在傍晚投喂。中午一般不投饵，尤其在高温季节。饵料应投放到池的四周，不要投到池中央，且力求均匀，避免因摄食而争斗引起死亡，同时便于检查摄食情况和残饵清除工作。

（七）饲养管理

1. 水质调控

应保持适当的水位和良好的水质，因此，要及时合理地进行换水和控制水位。一般每隔2~3 d换水一次，换水量不超过1/3，一次排水后应保持15 cm以上的水位，不能排干，否则进水时激起的泥浆将蟹淹没，易造成窒息死亡；换水时间宜在早、晚进行，不宜在炎热的中午换水，避免造成过大温差；进水时要控制好水流量，防止因进水速度太猛而导致池水浑浊度增加，同时注意盐度差不宜太大。大雨过后应注意盐度变化，应随时换水调节盐度。水位的控制应根据季节变化加以调节。冬季一般在退潮后保持30 cm左右的池水深度，涨潮时水深达 1 m 左右；寒流到来前应提高水位，夏季炎热，水深应增至 1.5~2.0 m，若放养量大，还应增加水位。应注意及时清除残饵。其方法是在排水后用工具捞起贝壳、残饵等。

2. 生长和成熟情况检查

应定期检查青蟹的生长和成熟情况，以备为采取养殖技术提供依据。在育肥阶段更应严格检查，如瘦蟹放养 10 d 后，每隔 3 d 抽查一次。其方法是在涨潮时开闸纳水，青蟹即会集中在闸口戏水，可以用抄网随机抽样，在阳光或强光源照射下，观察卵巢发育情况。

3. 防止互残

青蟹生性好斗，常常同类相残。这是造成养殖成活率低的主要原因。其防止措施有三：一是投足饵料，避免因饥饿争食而相残；二是保持适宜的密度，尤其从小型苗种开始的养殖，密度更应该低些，以防止蜕壳过程中的剧烈残杀；三是投放人工隐蔽物，如瓦片、竹筒、塑料筒、箩筐等，青蟹在蜕壳前夕会自动寻找隐蔽阴暗之处，蜕壳后甲壳变硬前可躲在其中。

4. 坚持巡塘检查

主要目的是安全检查即防止逃蟹和病害蔓延，检查的对象主要是闸门、堤基、防逃设施、蟹苗活动和池边四周的病蟹等。发现问题，及时解决，尤其在闷热天气时要注意逃蟹；在每次收获后要全面检修堤闸和防逃设施；如发现蟹静伏不动，要带回检查，分析原因，以采取措施。

（八）收获与运输

1. 收获

青蟹经过一段时间的养殖，体重达到 200 g 以上（国内市场畅销的规格是 250~300 g/只）便可收获。其收获的标准是：雌蟹卵巢发育到充满头胸甲前缘及后缘、心区、肠区及腹节基部，称为膏蟹；雄蟹肉质饱满，称为肥蟹。青蟹的收获多采用轮捕轮放的方式，即一边收获一边放苗种。即使一次放苗，也有大小之差，收获也难在几天内完成，常使用的方法有以下几种：

（1）溯水法

在温暖的季节，潮水初涨时，青蟹常溯水到闸口附近戏水，利用其溯水性而捕之；青蟹夜间在池边戏水，此时可用长柄抄网捕之；也可用蟹笼捕捞，笼用竹篾编成，呈长方形，其高度和宽度与闸门的高度相等。涨潮时笼放置在闸门处，然后打开闸门，缓慢放水入蟹池，蟹逆水而来，至笼中装满蟹或平潮后，将捕蟹笼提出来而捕之。

（2）干池法

清池或大量捕获出售时，将池水排干捕捉，使用工具是 6 条 35 cm 长的铁枝，一段插入等长的小圆木中做成蟹耙和一个椭圆形的小捞网。操作时从蟹池一端开始，将耙慢慢地顺蟹池底向另一端耙动，遇到蟹时将其挑起用捞网接住，这种捞蟹的效果良好，但在操作时易被蟹钳伤。青蟹起捕后，先放在盛有绿色树枝的大木桶里，防止互相钳咬。然后逐个检查，选其成熟者绑起来，不成熟者再放回池里养殖。绑好的蟹盛于竹箩中，连箩筐一起浸入清新的海水中几分钟，反复几次，让青蟹吐出鳃腔内的泥浆。

2. 运输

青蟹的运输在夏季可用竹箩运输和装箱运输两种方法。前者是夏天将蟹泡入海水中数分钟，然后装入箩中。为了提高长途运输的成活率，在盛蟹的竹箩中心可竖立一个竹篾变成的空心筒，筒壁留有很多孔，可以通风透气。包装时把蟹口向着空心筒，蟹盛满后箩筐加盖，装车时各箩间留有空隙，不要太挤压，最好在夜间运输，天气较凉爽，防止日晒雨淋，每天洒海水数次，保持潮湿。这样可以保持 4~5 d 不死。后者是在大量收获时，先将活蟹浸入 10℃左右的冷水中，使它们行动迟钝，再分别将其螯足捆绑起来，并用木屑填充箱子，保持低温，还可以适当加冰水长途运输。在冬季运输，特别是寒冷的冬天，竹箩周围要铺稻草保暖，防止寒风冷气侵入。蟹也要用稻草捆绑，蟹口向下避免吸入冷风。运输中每天早、晚洒水，保持湿润，可存活 6~7 d。现在基本上长途运输都采用空运。

二、滩涂围养

20 世纪 80 年代开始的滩涂围养青蟹，其特点是利用潮差进行流水养殖，这种养成方式能保证青蟹在良好的环境里生长。养殖周期短，成活率较高，而且养殖成本低。

（一）场地选择

适宜滩涂围养的滩涂一般在风平浪静、潮差较大的中潮带，滩面广阔，常年有淡水注入，饵料生物丰富的地区。

（二）围塘的建造

围塘的面积依场地和养殖规模而定，小到 1 hm^2，大到 10 hm^2 均可。筑堤时应根据当地的潮差和土壤结构确定围堤的高度，使潮水能自由进出。一般高度在 50~70 cm 为宜，堤上插上竹栅，竹间距为 1 cm，竹栅高出水面 1 m 以上，向内倾斜 70°。也可用围网，即每隔一定距离栽一竹竿，用网目 1.5 cm×1.5 cm 的网片围成一周，下端埋入土堤内，围网内倾 75°，网围上端 30 cm 处用缏绳内折 60°，用铁圈吊挂，防止青蟹越网逃跑。

（三）放养

选择无断肢、无软壳、无病的青蟹作为苗种，可采用轮捕轮放的养殖方式，10~20 g 的幼蟹每公顷放养 7 500~10 000 只；50~60 g 的小蟹每公顷放养

1 500~3 000只。

（四）投喂

饵料丰富的地方可少投或不投饵，自然饵料不足的海区或时间，可投喂一些低值贝类、小杂鱼、虾等，每天傍晚时定点投喂，投喂量按照蟹体重的4%~5%。

三、青蟹的越冬

当年养殖的青蟹在12月仍有达不到商品规格（200 g左右）的，若直接上市影响售价和养殖的经济效益。可采取人工越冬的方法，使幼蟹安全越冬，第二年养成膏蟹、肉蟹后再上市，会获得较大的经济效益。

（一）越冬设施

在浙江宁波以南的我国南方海区如两广（广东、广西壮族自治区）、福建、海南等地，利用自然条件稍加人为因素就能顺利越冬。例如在池塘四周或中央挖深2 m、宽0.4 m的沟，水深1.5~2.0 m便可。小型的池塘（60~70 m^2）可在上面搭塑料大棚以保温。有条件的地方可利用电能、工厂余热、地热等加温。在宁波以北地区，冬季水温较低，持续时间相对较长，故多采用室内越冬。利用虾蟹或贝类育苗室、玻璃房及简易工棚，要配备增氧机（或鼓风机）、锅炉或电加热器等。

（二）越冬管理

1. 越冬密度

室外土池越冬放养密度为1~3只/m^2，室内水泥池越冬密度为4~5只/m^2。

2. 水质管理

越冬期间水温不低于8℃，盐度不低于5，溶解氧保持在2 mg/L以上，pH值为7.5~8.5，氨氮不高于6 mg/L。定期定量更换新水，换水时温差不超过1℃，换水量视水质状况而定，一般5 d左右换一次。

（三）充气增氧

每天早、晚分别充气1~2 h，密度较大的水泥池夜晚应连续充气。

（四）投饵

室外越冬前期一般不投饵，水温12℃以上时开始投饵。室内越冬水温都在12℃以上，每天应投喂贝类、小杂鱼虾等，投饵量根据青蟹摄食情况灵活掌握。

（五）防病防灾

室外越冬尤其注意天气的变化，遇到寒冷的天气就用稻草在北堤上搭挡风墙。定期使用生石灰等防止病害发生。

四、青蟹的病害防治

（一）固着生物

在养殖过程中，一些固着性生物如纤毛虫类、寄生虫类、藤壶等固着在蟹的体表、腹脐内，影响青蟹的蜕壳、生长、发育，或者汲取蟹的营养（如蟹奴）从而影响青蟹的育肥。

①固着性纤毛虫类：常见的有聚缩虫、单缩虫、钟虫、累枝虫等，多附着在蟹子的甲壳上、鳃丝上等，影响蟹的呼吸。防治方法主要是加强水质管

理，降低池水中有机物的含量，定期使用生石灰改善底质与水质，添加适量淡水促使蟹子蜕壳。

②蟹奴：专门寄生在蟹的腹部，内体呈树枝状，伸出细管侵入宿主体内吸收营养，外部呈椭圆形，寄生在腹脐内侧，为棕色，不分节、无附肢，体内除生殖器官外其他器官均已退化。雌雄蟹均有寄生的蟹奴，通常甲宽7.4~10.2 cm的蟹发病率较高，5—7月为发病高峰期。被寄生的蟹俗称“臭虫蟹”。肉味恶臭，不可食用。防治方法是将蟹奴剔除，操作时不要用手拉扯，不然会损伤腹甲的上皮组织和肠道组织，引起青蟹死亡。最好用剪刀小心剪掉，并将蟹奴外体埋掉，以免引起感染；严格进行池塘消毒，用漂白粉、敌百虫、福尔马林等杀死池内蟹奴，并用0.7 mg/L浓度的硫酸铜和硫酸亚铁合剂（5∶2）泼洒进行消除。

③海鞘。寄生在青蟹腹部的脐侧部，使蟹体特别瘦弱，影响育肥。防治方法是人工剔除并保持水质清新。

④固着性节肢动物如藤壶、茗荷儿等。茗荷儿常附着在青蟹鳃部，青蟹个体越大附着的茗荷儿愈多。影响青蟹的呼吸，严重时使青蟹窒息死亡。藤壶一般附着在青蟹的背面，对生长影响不大，但影响体表美观，不利于上市，此外，藤壶的固着也反映了池水不够清新，青蟹生长缓慢，长时间不蜕壳。防治方法是加强水质管理，增强青蟹的营养，使之经常活动，不静伏于水底。目前尚无有效的治疗药物。

（二）敌害生物

在养成池里，还有一些生物与蟹争饵、争氧、争生存空间，某些鱼类甚至吞食、伤害幼蟹。如弹涂鱼、五须虾、蛤氏美人虾等，除了与蟹争饵外，还常侵食刚蜕壳的幼蟹。防治方法主要是在进水前彻底清池并严格过滤进水。鱼类可用20 mg/L浓度的茶籽饼杀死，蛤氏美人虾可用1 mg/L浓度的敌百虫清池杀灭，对付五须虾可以多喂螺类少喂小杂鱼虾，减少五须虾摄食的机会，因五须虾没有能力钳碎螺壳，从而控制其繁殖生长，并促进蟹子的快速生长。

（三）环境不良引发的疾病

在雨季由于大量的淡水注入青蟹池，往往引起盐度的变化，从而导致青蟹无法适应而患病，赤潮的发生也会危及到青蟹。

1. 白芒病

青蟹步足基节的肌肉呈乳白色，常有白色黏液流出。盐度突然下降易引发此病，且仅发生在瘦蟹阶段。

2. 黄芒病

青蟹的步足基节的肌肉呈粉黄色，据认为是由赤潮引起。

3. 红芒病

患病个体步足基节的肌肉呈红色，常有红色黏液流出，实际上是卵巢腐烂，未死先臭，盐度的突然升高会引发此病。

4. 饱水病

患者步足基节和腹节的部位呈水肿状。病因不明，当发现此病时，必须将病蟹挑出并分开饲养，以免传染，同时要调节盐度，更新池水，可以得以挽救。

5. 黄斑病

青蟹螯足分泌出一种黄色黏液而后螯足活动机能减退，继而失去活动和摄食能力，最终死亡。解剖检查，患者鳃部可见到像辣椒籽般大小的浅褐色异物，目前尚无有效的防治措施。发现此病后应及时捞出隔离饲养，多换新鲜海水，以免引起更大死亡。

6. 蜕壳不遂症

也称蜕壳困难综合征，是指青蟹的头胸甲后缘与腹部交界处出现裂口而不能蜕去旧壳，最终导致死亡。养殖后期的成蟹易患此病。发病原因推测与下列因子有关：缺氧，青蟹在蜕壳时对氧气的要求比平时大得多，在水流畅通、水中溶解氧较高的地方，水温 25℃时，每次蜕壳只需 10～14 min，在静水低溶解氧或遇到外界刺激时，蜕壳需延长到 1～2 h，甚至蜕不下壳而死亡。营养不良，离水时间较长，新旧壳之间的水分干涸，造成连贴，引起蜕壳困难。主要防治措施是更新水质，增加水体的溶解氧，加强营养，施用少量生石灰等，能收到良好的效果。

第三节　青蟹的养殖实例

锯缘青蟹适应性强、食性杂、生长快，可人工养殖，对环境要求也不很严格，适宜生长水温为 15～30℃，最适水温为 18～25℃，水温降至 5℃停止摄食，蟹体藏于泥中；其最适盐度为 13.7，低于 7 常打洞穴居度过不良环境。泥多沙少的底质便于青蟹营造洞穴，适其栖息生活。青蟹适于池塘养殖，既可虾蟹混养、鱼蟹 混养，也可在潮下带围栏养殖。养殖池塘面积从几亩至十几亩不等，放养密度因养殖类型不同而异，若与鱼虾混养，可亩放养铜钱大小的幼蟹 8 000～10 000 只；若潮下带围网养殖，亩放养 500 只左右。幼蟹经过 4～5 个月养殖，一般可达 200 g 以上商品蟹，个体大者有 400 g 以上。目前华南沿海更多是捕捞未怀卵和体质瘦（又称水蟹）的较大的天然蟹种投放池中精养，经过短时间的人工育肥养殖，促使雌蟹卵巢成熟变成膏蟹，雄蟹增肉变成肉蟹，约养殖 30～40 d，个体重 250 g 左右便可收获上市。

第三篇　贝类养殖

第九章 缢蛏养殖

缢蛏隶属于双壳纲，真瓣鳃目，竹蛏科。俗称蛏、蜻、跣等，广泛分布于我国沿海各地。缢蛏肉味鲜美，营养丰富，每百克干品中，含蛋白质55 g，糖18 g，脂肪8 g。除供鲜食外，还可制成蛏干、蛏油等，是沿海居民和港澳同胞喜爱的海产食品。缢蛏养殖在我国已有很久的历史，是我国四大养殖贝类之一。

第一节 缢蛏的生物学

一、形态特征

缢蛏的贝壳呈长圆柱形，壳质脆薄（图9-1）。两壳不能全部开或关。贝壳前后端开口，足和水管由此伸出。前端稍圆，后端呈截形。背腹面近于平行。壳顶位于背部略靠前端。壳表具黄褐色壳皮，生长纹明显。贝壳中央自壳顶至腹缘有一条微凹的斜沟，形似被绳索勒过的痕迹，故名缢蛏。

图 9-1 缢蛏（阎斌伦 摄）

二、生态习性

（一）分布

缢蛏广泛分布于西太平洋沿海的中国和日本，我国从辽东到广东沿海均有分布。中国的养殖区集中在闽、浙一带。垂直分布多在软泥或砂泥底质的中、低潮区。幼苗分布在中潮区以上及高潮区边缘，在 2 m 深处也能生活。

（二）生活习性

缢蛏营穴居生活。蛏洞与滩面约垂直成 90°，洞穴深度为体长的 5~8 倍。涨潮时依靠足的伸缩弹压和壳的闭合，使外套腔内海水从足孔喷射出，从而上升至穴顶，伸出进出水管至穴口，摄食食物和排泄废物。退潮或遇敌害生物袭击时，缢蛏收缩闭壳肌，两壳闭合，或靠足的伸缩，贝体迅速下降。缢蛏体长为两孔距离的 2.5~3.0 倍。随着缢蛏的长大，洞穴也扩大加深。一般情况下缢蛏不离开自己的洞穴，但在不适宜的环境条件下，也会离穴。

（三）底质

缢蛏喜栖息在中、低潮区砂泥底的海滩上，在埕面稳定的泥砂质、砂泥质和软泥质的滩涂上均能生活。

（四）温度

缢蛏属于广温性贝类。生活在北方的缢蛏，冬季能忍受-3~0℃的低温；生活在南方的缢蛏，在39℃条件下仍能生活一段时间。生长适温为8~30℃。

（五）盐度

缢蛏属广盐性种类。海水比重在1.005~1.020时缢蛏活动能力强，比重1.003以下和1.022以上时对缢蛏活动都产生不利影响。从适盐的情况看，河口处的缢蛏生长快，产量高。

（六）食料与食性

缢蛏的摄食属滤食性，对食物无严格的选择性，只要颗粒大小适宜即可。其摄食活动受潮汐的限制。

缢蛏食料种类以骨条藻为最多，占饵料生物的91.5%，其次为舟形藻、圆筛藻、摄氏藻、重轮藻。除了活饵料外，缢蛏还摄食有机碎屑、泥沙颗粒等。

三、繁殖习性

（一）性别与性腺发育

缢蛏为雌雄异体，从外形上难以区分，只在繁殖季节，性腺饱满时，雄性的性腺一般呈乳白色，性腺表面光滑；雌性的性腺呈乳白略带黄色，性腺表面呈粗糙颗粒状。缢蛏的性腺分布在内脏块中。生长一周年达到性成熟，生殖最小型个体在 2.5 cm 左右。

（二）繁殖方式

缢蛏的繁殖方式为卵生型，分批产卵，在整个繁殖期间，可产卵 3~4 次。在正常情况下约两星期性细胞成熟排放一次，一般是大潮排放，小潮恢复。缢蛏的产卵量与个体大小有关，一般壳长在 5 cm 左右的个体，一次可产卵 200 万粒左右，整个繁殖期约产 1 000 万粒。

（三）繁殖季节

缢蛏分布地区不同，繁殖季节也有所不同，南方比北方早。一般在 9—11 月，水温 20℃左右是它的繁殖盛期。

（四）胚胎、幼虫发育

缢蛏的精卵排出体外，在海水中受精发育。受精卵经过卵裂分化，发育成为浮游幼虫，然后经过一段时间的浮游生活，成熟变态，失去浮游能力落至水底成为稚贝。胚胎、幼虫发育的速度则受水温、盐度等外界环境条件的影响，但在相同的环境条件下，则基本相同。

1. 精、卵形态

缢蛏精子分顶部，头部和尾部三部分。顶部细长达 10 μm，最顶端略膨大呈锥形，锥状部长约 2 μm；头部呈椭圆形，长约 4 μm，头部与尾部交接处有一对小圆状线粒球；尾部细长约 50 μm。成熟的卵子呈圆形或近圆形，卵径 73.6~92.4 μm，刚产出的卵，胚胞尚清楚可见，不易受精，待胚胞消失后才能受精。

2. D 型幼虫发育

是透明 D 型双壳，因而得名，壳长大于壳高，大小为 113 μm×896 μm~1 567 μm×1 216 μm，绞合基线为壳长的 3/5 左右。壳前后缘倾斜不对称，后缘直斜，后背角略突。前缘略呈弧形，绞合齿不明显，绞合线附近为淡红色。壳内部已发现简单消化器及前后收缩肌，并有一发达的面盘，周缘具纤毛，中央有一束鞭毛。多数个体浮游在水的表层。

3. 壳顶幼虫前期

左右对称，壳顶形成，隆起呈钝状，壳顶基线仅为壳长 1/2 左右，壳顶后方的外部出现外韧带。壳长仍大于壳高，大小为 1 464 μm×1 114 μm~1 809 μm×1 433 μm。壳的后背角比前背角略高，腹缘呈大弧形。面盘发达，中央有 2~3 根成束的鞭毛。鳃初具雏形，消化器官清晰，胃位于黄色消化腺中，消化道穿过心脏。足开始出现，呈棒状。

4. 壳顶中期幼虫

本期幼虫形态与初期相似，不同的是壳顶较隆起，壳顶基线仅为壳长的 1/3 左右，个体大约为 1 630 μm×1 255 μm~1 970 μm×1 575 μm，鳃丝可见，足更发达。

5. 壳顶后期幼虫

壳顶比前期更隆起，但比其他双壳类仍是较低而圆钝。外韧带明显，后背角比前背角略高，前后缘不对称，后缘弧形较前缘略狭，腹缘呈大弧形。足更发达呈斧状，基部有一眼点。鳃丝清晰具纤毛，大小为 1 809 μm×1 433 μm~2 300 μm×1 860 μm。具背光性，喜弱光，常游动于水体的中层或近底层。

（五）变态稚贝

本期是附着以后的稚贝，面盘消失，水管形成，先为一条入水管，管的末端周围具数根纤毛；水管基部具一圈小触手，末端可见数根小触手。这时壳长 6 400~6 930 μm，之后又形成第二根水管，即出水管，出水管较入水管短。壳后缘略为延伸，逐渐变为与成体相近的外形，壳薄半透明。

四、生长

缢蛏的生长可划分为 3 个阶段：蛏苗、1 龄蛏、2 龄蛏。生长包括体长和体重两部分。在正常的外界环境条件下，体重随着体长的增长而增长。但在不同的年龄、不同的季节，体长的增长和体重的增长速度并不完全一致。在蛏苗期主要是体长的增长，2 龄蛏财主要是体重的增长。1 龄蛏体长的增长与体重的增长速度成正比。

一年之中，缢蛏春季开始生长，夏、秋两季生长最快。体长增长高峰在 5—7 月，体重增长高峰在 7—9 月，尤其生殖腺成熟时体长的增长锐减，而体重的增长激增，冬季生长很不明显。

缢蛏生长快的个体，壳薄色浅，生长线宽疏；生长慢的个体，壳厚色深，生长线狭窄。一般情况下，蛏苗期体长 1~2 cm，1 龄蛏达 4~5 cm，2 龄蛏达 6 cm 左右。两年后生长速度明显减慢，自然生长的缢蛏 4 年时可达 8~10 cm。

五、缢蛏幼虫的浮游与附着习性

（一）浮游习性

1. 浮游期

缢蛏产卵于海水中，受精卵发育到幼虫。至下沉匍匐、附着止，这段时间系漂浮于海水过浮游生活。其浮游期的长短与理化环境有关，特别是水温的影响更为明显，在水温 21~25℃浮游期为 6~9 d。

2. 水平分布

在同一内湾的不同海区中，缢蛏幼虫的分布不均匀，相差悬殊，有时达百倍以上。在同一海区不同时间里的缢蛏幼虫的变化也很大。有的由少而多，有的从多到少，没有一定的规律。

影响缢蛏幼虫在海区中分布的密度及数量变化的原因，与主流经过与否和风向的顺逆、风力的大小有直接的关系。主流经过和下风处缢蛏幼虫数量相对较多，因此影响缢蛏幼虫水平分布的原因主要归因于潮流、风力与风向。

3. 垂直分布

缢蛏幼虫在海区中垂直分布特点明显，其垂直分布与幼虫发育阶段有密切关系，早期表层多，后期低层数量增多。光照、潮汐对幼虫垂直分布没有明显的影响。早期的幼虫有明显的趋光性，不论涨潮、落潮、白天还是黑夜，同样是表层多，后期相反。这种观象的原因是：缢蛏幼虫游泳能力弱，所处的水层，主要是决定于它本身的密度。早期的幼虫壳薄，密度较小，多在表层；后期壳增大加厚，密度较大而往下沉。由于缢蛏幼虫具浮游生活习性，这样受惠于潮水的反复流动的内湾海涂，便成为蛏苗的生产基地。

（二）附着习性

缢蛏幼虫发育到足长成，面盘萎缩脱落，这种运动器官的改变导致生活方式的改变，由浮游转入底栖。下沉的缢蛏幼虫经 2~3 d 匍匐生活后，随潮流漂浮进入潮间带。在潮流缓慢时下沉到滩涂上，先以微弱的足丝附着在埕土上，然后以足钻土穴居。

第二节　缢蛏的苗种生产

一、海区半人工采苗

（一）采苗场的条件

1. 地形

风平浪静、潮流畅通、有淡水注入的沿海内湾。地形平坦略带倾斜的海涂，湾口小，面向东北。

2. 潮区

根据蛏苗附着习性。应选择在中潮区地带，以中、高潮区交界处港道两侧为最佳。

3. 底质

软泥和沙泥混合的均可，以泥质或粉砂与泥混合的底质为佳。

4. 潮流

潮流畅通，以潮汐流为主的内湾，蛏苗埕流速在 10~40 cm/min 均可。

5. 密度

海水相对密度在 1.005~1.022，均适宜蛏苗的生长，密度偏低生长较快，密度提高到 1.025 以上仍能存活。

（二）苗埕的整修

在春分到寒露间挖筑苗埕。蛏苗埕有蛏苗坪、蛏苗窝、蛏苗畦三种。在风浪较小、地势较高的小港道的两侧，适宜建造蛏苗坪，其大小和形状依地形而定：先把埕内的旧坪挖深30~60 cm，挖出的埕土用于筑堤。除向小港道一面外，三面筑堤，与港道平行的为大堤，堤高为1~3 m；与大堤垂直的为小堤，堤高30 cm左右。堤面的高度比港底略高，并向港道倾斜，使退潮时苗埕内不积水。

在地势平坦、风浪较大、泥沙质的中潮区宜建蛏苗窝。用挖出的埕土，四周筑堤，堤高0.6~1.0 m，向水沟的一面开宽约50 cm的入水口，水流由小口入埕，窝呈正方形，面积为0.1~0.2亩，蛏苗窝从中潮区排列，每列数目以十几个至几十个不等，经常是数目不等的建成一片，可减轻风浪袭击，两列蛏苗窝之间开一水沟，宽1 m左右，沟底比苗埕面略低。

在风浪不大、地势平坦的软泥滩涂上适于建造蛏苗畦。把挖出的埕土，堆积在苗埕的两侧和上方，形成三面围堤的蛏苗畦。苗埕从高、中潮区开始，向低潮区伸延，呈长条形，埕宽5 m以上，长度依地形而定，埕面呈马路形向两旁倾斜，两旁开有小沟。一般堤高6 m、宽2~3 m，畦与畦之间互相平行，数目不等。

（三）整埕附苗

苗埕建成后，在平畦前几天开始整埕。整埕包括翻埕、耙埕和平畦。翻埕是用锄头锄一遍，深20~30 cm，把底层的陈土翻上来，晒几天，起到消毒作用，对蛏苗的生长有利。耙埕是用铁钉耙把成团的泥块捣碎、耙疏、耙平，同时在苗埕周围疏通水沟；平畦是把苗埕表面压平抹光，起到降低水分蒸发，湿润土壤和稳定埕土等作用。可用泥刀或木板，亦可用“T”形木棍将埕面压平、抹光，使埕面柔软。平畦应在蛏苗附着前1~2 d内进行。平畦日期离附着时间愈久，蛏苗附着量愈少。一般在大潮初平畦，小潮和大潮间不宜平畦。

（四）平畦预报方法

根据缢蛏繁殖规律和蛏苗喜附于新土上的习性，准确地掌握蛏苗进埕附着日期，及时进行平畦，是提高附苗量的关键。

1. 选择预报点

在有代表性的海区，一湾设一个点，海区情况复杂或面积太大的可另设1~2个分点。预报点附近海区，必须养成有亲蛏，以便观察产卵。

2. 亲蛏产卵观察

从秋分至立冬的4个节气，即从9月下旬开始，每天定点检查亲蛏100个，观察生殖腺消失情况，统计生殖腺瘦肥的个体百分比和产卵率。在通常情况下，第1、2次产卵前，几乎100%的亲蛏生殖腺呈完全丰满的状态，一旦发现其生殖腺突然缩小时说明已经产卵。

3. 幼虫的发育与数量变动规律观察

从亲蛏产卵的第2天开始，每天在满潮时定点、定量滤水检查幼虫数量和个体大小。可用25号筛绢浮游生物网过滤表层海水，一般产苗区滤250 L海水，可获幼虫1 000~2 000个。由此来推算缢蛏下沉附着的确切时间，确定平畦预报日期。水温18~26℃时，从担轮幼虫到变态附着需6~10 d。

4. 蛏苗附着情况的观察

当幼虫的浮游期结束后，每天定点、定量刮土或放置附着器采集幼苗，观察幼苗附着情况，计算每天进埕附着的蛏苗数量及大小组成，掌握进埕附着规律，同时也作为检验平畦预报准确性的依据。进埕附着蛏苗的大小在210 μm×168 μm~312 μm×239 μm。影响蛏苗进埕附着的主要因素是潮汐流，但也受到风向、风力和地势的影响，早起风，蛏苗早进埕附着，风浪愈大，附着的潮区愈高，附苗量愈多。在蛏苗繁殖季，多为东北风，所以面向东北的苗埕相对地附着好。如遇南风，附苗量将减少或没苗。

5. 预报

预报可分为长期预报、短期预报、紧急通知三种。

6. 平畦预报注意事项

首先，平畦预报不适用于自然苗埕，自然苗埕没有经过人工改造，埕面不稳定，而蛏苗有移动习性。其次，蛏苗有4次进埕附苗，但平畦只有一次，有的地区进行多次平畦，利用哪一次苗进行平畦，要尊重当地历史习惯。第三，要注意收集原始资料，找出规律。第四，砂质苗埕不宜多次平畦。

二、人工育苗

育苗的方法有循环水育苗、池式静水育苗和土池育苗三种。前者系近年新创的育苗法，效果良好，具有规模大、成活率高、成本低、操作简便等优点。以下介绍循环水育苗法。

（一）育苗设备

主要设备有循环水育苗池、静水育苗池、饵料室以及相应的供水系统（水塔、过滤池、蓄水池、供水管道等）。其他常见设备与一般贝类育苗相同。循环水育苗池由2个两端相通长条形的水泥池并列构成，池宽1.5~2.0 m，池长20~30 m，池高5~8 m、容水量为20~30 m^3。在两个池子一端交界处安装一个螺旋桨，用以搅拌和提升水位，使两个育苗池水位失去平衡，形成水位差，形成3 cm/s的水流速度。从而使池水流动和增加水的溶解氧，保持水质新鲜，提高育苗效果。

（二）亲贝的选择和处理

用于采卵的亲贝。必须选壳长5 cm以上，体质强壮、生长正常、性腺发育好的1~2龄大蛏。由于缢蛏在室内暂养困难，应当从海区取亲贝当天催产。

（三）育苗前的准备工作

1. 饵料的培养

目前培养缢蛏幼虫、幼贝的较好饵料有扁藻、牟氏角毛藻、叉鞭金藻等单胞藻。在育苗前提早1个月就要培育饲料，以保证育苗期间的饵料供应。

2. 检查亲蛏性腺成熟程度

缢蛏在自然海海区排卵具有一定的规律，9月下旬至11月上旬（即秋分至立冬）进行分批产卵，具体早期多在大潮汛末（即农历的初三、十八）2~3 d内。因此可根据这一规律，结合性腺成熟度的观察，便可确定催产日期。

（四）催产

对缢蛏有效的催产方法是阴干与流水相结合。先将亲贝阴干6~8 h，然后再将亲贝移入循环池底或吊挂于池中进行2~3 h的循环水刺激，一般在凌晨3：00—6：00即自行排卵。这种催产的有效率为50%~90%。如果在早上6：00以后不见产卵即无效，若产卵率低或排放量少，第二天用上法再催产一次，其产卵率可提高到95%以上。催产时的适宜水温为19~28℃，海水密度1.003 8~1.020，流速为12 cm/s。1 kg性腺饱满的亲蛏，催产1次可获6 000万~14 000万个担轮幼虫。1立方水体放置1~1.5 kg亲蛏较为适宜。

（五）浮游幼虫的培育

幼虫浮游阶段的培育可用静水和循环水两种方法培育，以循环水法培育为好。入池密度以3~5个/mL为宜，每天换水量为总水量1/3~1/2；饵料以扁藻为主兼投牟氏角毛藻或叉鞭金藻，D型幼虫至壳顶初期幼虫阶段每天投扁藻 500~800 个/mL，壳顶后期扁藻增加到 800~1 500 个/mL，牟氏角毛藻 10 000 个/mL。为了防止水质污染，幼虫下池后 3~4 d 要彻底清池一次，至变态期再清池一次。

浮游幼虫对主要的理化因子的适应范围是：水温 12~29℃，海水密度 1.006~1.018，pH 值 7.8~8.6，DO 4~6 mg/L，光照 200 lx 以下。

缢蛏浮游幼虫在水质新鲜、水温适宜、饵料充足的条件下生长很快，从 D 型幼虫至变态附着仅需 5~8 d，日平均增长值为 12~20 μm。其生长几乎是直线上升的，只在壳顶期和变态期其生长速度稍为缓慢，前者较为明显。如果 D 型幼虫超过 4 d 壳顶不隆起，说明发育不正常，要查明原因采取必要措施。

（六）附着幼贝的培育

当幼虫进入匍匐期肘，必须及时投放底质，底质不但能为附着后的稚贝提供必要的生活条件，而且还起着促进幼虫变态附着的作用。底质采用经 25 号筛绢过滤的软泥，为了防止污染，要用 30~40 mg/L 的高锰酸钾液浸泡消毒 2~3 h，并将浸泡过的高锰酸钾溶液冲洗干净后使用。体长 500 μm 以下的稚贝养殖密度以 40 万~50 万个/m^3为宜。随着稚贝的长大应渐稀疏，中、后期以 5 万~10 万个/m^3为宜。用静水法育苗，当稚贝长到 500 μm 左右即出现大量死亡，原因是由于幼贝粪便和残饵的数量在培育系统中不断积累增多，引起底质败坏，产生硫化氢的结果。因此，中、后期幼贝的培育必须采用循环水培育。用循环水法育苗要适当增加投饵量，当幼贝体长在 0.1~1.0 cm 时，扁藻日投量要增至 500~3 000 个/mL；幼贝体长 1 cm 以上时再增至 5 000 个/mL，并兼喂少量的底栖藻，同时池水由过去的 50 cm 减到 25 cm，光照调节到 100 lx 以下，这样在水浅、暗光的条件下使扁藻下沉，有利于幼贝的摄食。此外，每天晚上要开动螺旋桨打水环 3~4 h，以增加水中溶解氧量。如养殖密度大，在水温偏高气压降低时，白天需增加水环 1~2 h，以防缺氧。每天环流水结束后，须将飘浮在环池出口附近的污垢清除干净，以保持水质新鲜。每隔 1 星期追加底质 1 次，以满足幼贝钻土生活的需要。在上述培育条件下，从附着稚贝开始，约经 110 d 左右，可育成平均体长 1.2~1.5 cm 供养成用的商品蛏苗。

三、苗埕的管理

①经常疏通苗埕水沟，保持水流畅通，填补埕面凹陷并抹平，避免积水；池口发现围堤被风浪冲击损坏，要及时修补。

②“蛏苗畦”的苗埕，每半个月要整理 1 次，疏通水沟，并用木耙细心抹平埕面，冬至后幼苗已长大钻土较深，水沟要适当填浅，提高苗埕土壤含水量，有利于蛏苗生长。

③砂质的“蛏苗窝”苗埕，在冬至前后蛏苗渐长大，钻土的深度增加，要堵塞苗埕入口，蓄水护苗、蓄水能加速软泥沉淀，加厚土层，满足蛏苗潜钻生活。否则会引起蛏苗逃逸。此法不适用于烂泥底的苗埕。

④如遇旱天，海水密度过高对，在有条件的地区，在满潮时开闸排水，调节密度以利于蛏苗生长。

⑤注意防治敌害。蛏苗主要敌害生物有中华螺赢蜚、玉螺、水鸭等。受虾虱危害的苗埕，用烟屑加水 20~50 kg，在苗埕露出后泼洒。玉螺怕光，多在夜间或阴天出穴活动，宜在早晚退潮后捕捉，并经常拣玉螺的卵块。水鸭多在退潮或海水刚淹没苗埕时吞食蛏苗，危害严重，要经常下海驱赶。

四、蛏苗的采收

（一）采收时间

蛏苗附着后经过 3—4 月的生长，体长达到 1.5 cm 时，即可采收。南方采收期为农历十二月至翌年三月，大量采收是在农历一二月。每月采收两次，在大潮期间进行。

（二）筛洗采收法

适用于蛏苗坪的埕地，用手或木锄把苗坪带泥挖起，往埕中央叠，涨潮时下层蛏苗由于摄食往上钻，集中在表层，这样每叠1次，苗的密度便增加1倍，经2~3次重叠后在苗旁边，挖一水坑蓄水，隔潮下埕把集中在苗埕中央的蛏苗，连泥挖起置于苗筛内在水坑里洗去泥土，便得净苗。叠土时要注意上下两层土必须紧贴。如留有空隙可致使下层蛏苗无法上升，而导致死亡。

（三）锄洗采集法

也称窝洗法，适用于用蛏苗窝养苗。有蓄水保苗的苗埕先将水放干、用四齿耙将埕土翻一遍，并堵住水口，准备蓄水，隔潮下海用木制埕耙反复耙动，搅拌成泥浆，不久泥土渐渐下沉，而蛏苗由于呼吸与密度关系悬浮于表层，接着用蛏苗网把苗捞起即成。此法操作简便，时间短，蛏苗质量好。

（四）荡洗采收法

适用于各种不能灌水的苗埕，是结合前两种洗苗方法，先进行叠堆，然后把集中表层的苗移到埕边挖好的水坑中搅拌成泥浆，待苗上升后用抄网捞起即成。

（五）手提采收法

附苗量少或洗后遗漏在埕上的以及野生的埕苗，因苗稀少，没有洗苗价值，待苗长到3 cm左右，逐个用手捕捉，此法工效很低。

第三节　蛏苗的鉴别运输

一、蛏苗的鉴别

蛏苗的质量好坏直接影响到成活率及产量。其鉴别标准见表 9-1。

表 9-1　蛏苗质量鉴别方法

内容	好苗	劣苗
外壳	壳前端呈黄色，壳缘略呈绿色，水管呈淡红色，壳厚半透明	壳前端呈白色，壳面呈淡白色或褐色，壳薄不透明
体质	苗体肥硕，结实，两壳合拢自然	苗体瘦弱，两壳松弛
探声	以手击蛏蓝（筐），两壳即紧闭，发出嗦嗦声音，响声整齐，再击无反应	以手击筐，两壳不能紧闭，声音弱，再击之，又有微弱声音
行动	放入海水或滩涂中，很快伸出足来，行动活泼，迅速钻土	放入海水或滩涂中，迟迟不能伸足，久久不能钻土

二、运输

蛏苗在离开海滩后，温度在 20℃以下，可维持 48 h；20℃以上能维持 36 h 左右。要尽可能缩短运输时间，以减少蛏苗死亡。

运输蛏苗时要把苗洗净，不论车运、船运、肩挑都要加篷加盖，以免日晒雨淋，造成损失。运输途中要注意通风，防止蛏苗窒息而死；要避免剧烈运动和叠压。运输时间超过 1 d 的，每隔 12 h 左右要浸水 1 次，浸水前要将苗篮振动几下，让蛏苗水管收缩，不至于因吸水过多，影响成活率，特别是在淡水中浸洗时应注意这一点。

第四节 缢蛏的养成

一、滩涂养殖

(一) 养成场地的选择

1. 地形

以内湾或河口附近平坦并略有倾斜的滩涂为好。中潮区下段至低潮区每天干露2~3 h的潮区。

2. 潮流

要求风平浪静，但有一定流速的潮流畅通的海区，若有港湾经过更为理想。

3. 底质

软泥和泥沙混合的底质。

4. 水温和密度

水温在15~30℃，密度1.005~1.020。

(二) 蛏埕的建筑与整理

1. 蛏埕的建筑

根据地形和底质的不同而不同。泥底和泥沙底的蛏埕，一般风浪较小，建筑简单，在蛏埕周围筑成农田式的田埂即可。埂高35 cm左右，这样就可挡住风浪和保持蛏埕的平整，风浪较大的地方，埂高可适当加高。河口地带的沙质埕地因易受洪水或风浪的冲击而引起泥沙覆盖，可用芒草建堤，以泥沙覆盖埕面。

2. 整埕

(1) 翻土

用锄头把底层泥土翻起20~30 cm，软泥埕用木锄翻埕，翻土可使上下层泥土混和改变泥土结构，并能将土表层的敌害生物翻到底层而使其窒息死亡。在蛏苗放养前6 d开始翻土，翻的次数越多越好。

(2) 耙土

用四齿耙将翻土形成的土块打碎，再将泥土耙烂、耙平。

(3) 平埕

用木板将埕面压平抹光，使埕面不积水。

(三) 播种

1. 播种时间

要根据蛏苗生长情况而定，当蛏苗长到壳长1.5 cm时就可移植播苗，一般在清明前播苗结束。

2. 播苗方法

在播苗前，先将苗种装在木桶内，用海水洗净泥土，拣去杂质，使蛏苗不结块，易于播种。播种时间，一般选在大潮期间，以便于有足够的时间让蛏苗钻土，减少损失。播种方法主要有抛播和撒播两种，一般养殖面积比较大的，用抛播；养殖面积小的用撒播。

3. 播苗时注意事项

蛏苗运到目的地后，应放在阴凉处1 h左右，并将苗篮不时振动几下，使其水管收缩，水洗时可避免蛏苗大量吸水，提高钻潜率；当潮水涨到埕地半小时前应停止播种，否则苗未钻入土中会被潮水冲走流失。风雨天一般不宜播种，如需雨天播种，必须蛏地再耙一遍，播上蛏苗后，须用荡板把埕土推平。

（四）管理

①经常检查蛏埕，定期疏通水沟，及时做好补苗工作。

②按时加沙和堆土。立夏后，天气炎热，水温高，泥质埕地散热慢，影响蛏正常生长，因此必须按每亩加沙 1.5 t，将沙均匀地撒在埕上。另外，春夏之交，常大风暴雨频繁，夹带大量泥沙淤积在埕地表面，应用推土板将淤泥推去。

③防止自然灾害。对暴雨、洪水、大风、霜雪等灾害性天气，要做好预防和善后工作。

④敌害生物的预防。主要有水鸭、蛇鳗、海鲶、红娘、黑鲷、河豚、玉螺、短肌蛤、青蟹、沙蚕等。

二、虾池混养

对虾养殖池塘适量混养缢蛏，可提高饲料利用率，增加单产，改善水质。在虾池的平滩部位（比环沟高 40~60 cm），整理几条蛏畦，并插竹竿标注地界。畦宽 3.0~7.0 m，畦和畦之间以沟相隔，沟宽 0.4~0.5 m，沟深 0.3~0.5 m。在养殖蛏田四周设置栏网，将栏网下部 30~40 cm 埋入泥土，栏网上部高度以进水后不被淹没为宜。若与虾、蟹、鱼混养，需在放苗后的 4 月中旬，用网目 2.0~2.5 cm 的聚乙烯网盖在蛏畦上。

清塘除害：物理方法同于滩涂养殖。播苗前常用生石灰和漂白粉进行药物除害。生石灰用量为每平方米面积 0.2~0.3 kg，兑水成糊状后立即泼洒在干露的滩面上；漂白粉用量按塘内每立方米积水量 25.0 g，兑水后全塘泼洒。施药后利用进排水，冲洗滩面 2~3 次。

苗种放养：苗种播养前 1 周要进行基础饵料培养。选择晴朗天气，进水至滩面水位 20~30 cm，按每立方米水体氮肥 2.0~4.0 g、磷肥 0.2~0.4 g 施肥。以后每隔 2~3 d 追肥 1 次，用量为首次的 1/3。待池水透明度近 30 cm 时停止追肥。选择健康苗种，放养时间为 1 月中旬至 3 月上旬，避开大风或大雨天气。缢蛏实养面积宜为围塘总面积的 15%~30%。在混养为主时，放养密度以放养规格 1.5~2.0 cm 体长的苗种 250~350 颗/m^2 为宜，亩产可达 600 kg 左右。

养成管理：根据养殖塘内水位、水质、饵料生物量等综合因素安排进排水时间，根据养殖塘内的水色，定期追加有机肥或无机肥，培养饵料生物，使水体保持浅茶色或浅绿色，同时投喂饼粕类有机碎屑。做好防暑和越冬工作，一般要求滩面蓄水深度 50 cm 以上，适当增加滩面蓄水深度，以保持水温稳定。

三、缢蛏的收获与加工

（一）收获

1. 收获时间

缢蛏播苗后，经过 5~7 个月的放养，壳长长到 5 cm 左右，达到商品规格，即可收获，这时采收的称 1 龄蛏，1 龄蛏大多从大暑开始采收，秋分前收完，最理想的收获时间在 8 月底至 9 月初。2 龄蛏的收获时间是清明前后开始，到立夏结束。

2. 收获方法

主要有挖、捉、钩三种。砂质底的常用耙、锄等挖取，软泥底质常用捉和钩的方法收获。

（二）加工

缢蛏除鲜食外，还可加工成蛏干、蛏油等。先用清水洗净缢蛏，除去杂质，然后放锅中煮到两壳张开，内脏块稍硬，捞起，剥壳，将剥下的蛏肉用淡水洗净，放在阳光下经 2~3 d 的暴晒，蛏肉可以折断，色呈淡黄，即为蛏干。将加工蛏干时留下的汤汁，倒入桶中沉淀，去除杂质后，再继续加热蒸发，浓缩到七成后，改用微火浓缩，直至呈黄色黏稠状即为蛏油。

第五节　缢蛏的养殖实例

赣榆县宋庄镇大庙村水产养殖场的海水养殖池塘为例，1 号塘 40 亩，2 号塘 41 亩，总计 81 亩。两口池塘均主养中国对虾和缢蛏，辅养梭子蟹和脊尾白虾。

池塘底质为泥质底，靠近海岸，进排水方便，2011 年 2 月 16 日放养来自浙江乐清蛏苗 730 kg，规格为 2 430 个/kg，播苗面积 13 亩；4 月 8 日放养 1.1 cm 虾苗 12 200 尾/亩。1 号池 9 月 26—28 日出蛏 11 860 kg，2 号池 10 月 21—24 日出蛏 12 150 kg。缢蛏的销售收入合计为 42.5 万元，缢蛏的整畦费、苗种费、饵料费、出蛏人工费等约 8.8 万元，核计每亩池塘缢蛏的毛利润 4 240 元。由此可见，蛤蛏大面积养殖效益极佳，可资推广。

第十章
文蛤养殖

我国沿海的文蛤资源非常丰富，具有悠久的生产历史，早在古代我国劳动人民就开始了文蛤的利用。文蛤肉味鲜美，俗称“天下第一鲜”，营养丰富。据分析，文蛤肉含蛋白质10.8%、脂肪1.6%、糖4.8%，以及大量的Ca、P、Fe和丰富的维生素，氨基酸种类繁多，特别是人体必需的组氨酸和精氨酸含量较高。文蛤肉可食用，文蛤汤可制成海鲜油，文蛤壳是名贵的中药，可治疗慢性气管炎、淋巴结核、胃及十二指肠溃疡等；文蛤壳还可以做紫菜丝状体的优良附着基质。

第一节　文蛤的生物学

一、形态与结构

文蛤隶属于软体动物门，双壳纲，真瓣鳃目，帘蛤科，文蛤属。该属除了文蛤之外，还有丽文蛤、斧文蛤共三种，其中以文蛤产量最大。

文蛤的贝壳近于心形，前端圆，后端略突出。壳外表面平滑，后缘青色，壳顶区灰白色，有锯齿状褐色花纹。花纹的排列不规则，随个体大小而有变化。壳缘部为褐色或黑青色。文蛤体色与生活环境有关，在含泥量较多的海区中，文蛤壳色深。壳内面白色，前后壳缘有时略呈紫色，铰合部宽，右壳具三个主齿及两个前侧齿，内面的两个主齿呈“八”字形，后主齿强大、斜长。左壳具三个主齿及一个前侧齿，两个瓣主齿略呈三角形，后主齿长。前闭壳肌痕小，呈半圆形，后闭壳肌痕大，呈卵圆形。外套膜痕明显，外套窦短，呈半圆形（图 10-1）。

图 10-1　文蛤（陈爱华 摄）

二、生态习性

（一）分布

文蛤是广温、广盐性种类，适温范围为 5.5～30℃，最适范围为 15～25℃；适宜的海水相对密度为 1.014～1.025。地理分布较广，朝鲜、日本、越南、印度、巴基斯坦、菲律宾和我国均有分布。我国主要分布在江苏南部沿海、辽宁营口、河北滦县、山东寿光、广西北海、台湾海峡等地，以江苏南部沿海最为丰富。

（二）生活方式

文蛤营埋栖生活方式，依靠斧足的伸缩活动潜钻穴居，栖息深度较深、可达10~20 cm。个体大小在栖息深度方面的差异，夏季不明显，冬季较大，壳长2~3 cm个体，一般潜3 cm；壳长在4~5 cm，则潜深度可达18 cm，栖息深度随个体的增大而加深。

文蛤的摄食方式主要为滤食型，食物主要为微小的浮游和底栖硅藻，兼食其他浮游植物、原生动物、无脊椎动物幼虫和有机碎屑。

（三）迁移习性

文蛤具有随着个体的生长，由中潮位向低潮区或潮下带移动的习性，渔民常称“跑流”。跑流的文蛤壳长一般在1.5 cm以上，以3~5 cm的文蛤移动性最强，5 cm以上基本不再迁移。迁移的季节主要在春秋两季，冬季基本不迁移。

文蛤迁移的方式主要有：①壳长小于2 cm的，体小而轻，常在大潮时被潮水冲着向下滚动；②壳长2~5 cm的，常从水管处分泌出五色透明的黏液带，长约50 cm，漂于水中，借助潮流的力量将贝体贴着滩面上拖行，有时还伸出足弹跳协助运动，或者借助黏液带的浮力，将贝体悬子水中顺流而下；③壳长5 cm以上的，体大而重，分泌黏液少，只能依靠斧尾的伸缩在滩上爬行。

三、繁殖习性

（一）性别

雌雄异体，性成熟后，雌性生殖腺呈浅黄色，雄性生殖腺呈乳白色。

（二）繁殖方式

为卵生型，一年繁殖一次。

（三）繁殖季节

一般两年达到性成熟，繁殖季节因各地水温差异而不一，最适水温为22~25℃、江苏沿海一般在6—7月。

（四）胚胎、幼虫发育

指从受精卵开始发育到稚贝为止。文蛤的卵子大小一般因环境条件的不同而有差异，江苏南部文蛤的卵子一般直径平均为85.8~87.2 μm；卵为沉性，精子头部直径约为3 μm。在水温26.5~33℃、密度1.020~1.022、pH值8.1~9.25、光照2 000~4 000 lx的人工育苗条件下，一般经过30 min，在动物极之上出现第一极体；40 min出现第二极体，接着受精卵开始分裂，6 h后进入担轮幼虫期，开始运动，12 h出现D型幼虫，开始开口滤食，6 d出现棒状足和平衡囊，活动方式开始变态，进入附着生活，原壳逐渐钙化为不短明。

四、文蛤的生长

文蛤的生长速度随年龄、温度、潮位、密度和饵料等状况有很大的差别。一年中以春末、夏季和秋季生长较快，尤以7—9月生长最快，冬季几乎不长。以江苏为例，2.66 cm的文蛤在气候较冷的冬季，5个月生长了0.27~0.57 cm。幼苗生长较快，一周年后壳长可达1.5~2.9 cm，二周年能长至3~4 cm，之后生长速度逐渐减慢。饵料丰富的河口附近以及密度稀的区域，文蛤生长较快。文蛤的肥满度从春季开始升高，繁殖盛期达到最大值，以后逐渐下降，在相同季节里，肥满度随个体增大而减小。文蛤的生长还与底质有关，一般沙质底生长速度优于泥质底。

第二节　文蛤苗种生产

一、工厂化人工育苗技术

（一）育苗场地的选择

选择交通便利，有供电设施，周围无严重污染，进排海水方便、设施完善的育苗场地。海水水质要求符合海水养殖用水水质标准，盐度 15~35，水温 4~30℃，pH 值 7.5~8.5，溶解氧≥5 mg/L，氨氮≤0.2 mg/L。

（二）亲贝选择和处理

选择 3 龄左右，壳长 5.0 cm 以上的个体，壳表面无损伤，肌肉发达，双壳开闭有力，抽样个体内脏团饱满。将亲贝表面洗刷净后，用浓度 15 mg/L 高锰酸钾溶液浸泡消毒 10 min，用洁净海水冲洗后待用。

（三）亲贝暂养育肥和促熟

根据生产需要，有条件的育苗场可对文蛤亲贝进行室内暂养促熟，以提早苗种育成和出池时间。亲贝入池时间可提早至每年 3 月上、中旬，水温升至 10℃以上时，即可入池培养。亲贝蓄养方式为在水泥池中暂养，池底铺设 10~15 cm 细砂。蓄养密度以 30 只/m^2左右为宜。亲贝培养用的海水盐度一般为 15~30，pH 值为 7.5~8.5。

亲贝培育的日常管理主要包括：

1. 换水

每日换水两次，换水量每次 50%，后期培育晚上可增加一次换水。

2. 投饵

饵料以单胞藻为主，以金藻、三角褐指藻、扁藻效果较好，饵料密度保持在 20 万个/mL，一般每天投喂 3~6 次。

3. 水温控制

采用升温的方式，升温幅度每天不超过 1℃，升至 24℃时，停止升温，直至亲贝完全成熟。

4. 其他

光线应控制在 1 000 lx 以下。培育期间，尽量保持水质等环境条件稳定。每隔一定的时间抽样检查文蛤性腺发育的情况及测定肥满度等指标。

（四）催产和孵化

1. 催产

采用阴干和流水刺激相结合的方法进行催产，先将亲贝在帘上摊开，置于阴凉通风处 6~12 h；再将阴干后的亲贝悬挂于产卵池中，用水泵等装置使池水形成水流进行刺激，时间约 1 h。

2. 孵化

亲贝排放后，抽样计数池水中卵子数量，密度一般控制在 30 粒/mL 以内。受精卵达到所需密度时，将亲贝移走，受精卵在原池孵化。保持充气，捞除多余的组织碎屑和分泌物，水温控制在 26~32℃范围内。一般经过 16~20 h，受精卵发育至 D 型幼虫。

（五）幼虫培育管理

1. 环境条件

水温 26~31℃、盐度 15~30、pH 值 7.8~8.5、溶解氧≥5 mg/L，育苗用

水用 1 000 目滤过的二级砂滤海水，并用 3～5 mg/L 的 EDTA 处理，充气培育。

2. 幼虫培育密度

8～15 个/mL。

3. 换水

D 型幼虫选育后，次日换水，每日换水 2 次，每次换水量由 30%逐渐增至 50%。

4. 投饵

初期用金藻，后期可混合投喂金藻、扁藻和少量角毛藻等单胞藻类。

（六）采苗和稚贝培育

采苗：幼虫经过 3～7 d 培育，进入变态附着期，吸底可观察到变态匍匐幼虫。此时，应准备采苗池，投放粒径 200 μm 以内的细砂作为附着基，厚度约 1 mm，加满池水。将变态期幼虫移入采苗池，观察底部匍匐幼虫密度，一般应控制在 200 万颗/m^2 以内，当密度达到要求时，将浮游变态幼虫移至另池采集。采苗期间日常管理和浮游期管理基本相同，经常检查附着苗的生长和存活率情况。

幼虫附着变态完成后，进入稚贝培育管理。稚贝培育管理主要包括以下几个方面：

①水质控制：水温 26～33℃、盐度 10～30、pH 值 7.8～8.5、溶解氧≥5 mg/L。

②附着基：粒径小于 200 μm 的细砂，经过淡水和 50 mg/L 高锰酸钾溶液消毒处理 10 min 后使用。

③稚贝培育密度：初期 200 万颗/m^2以内，后期达到壳长 1 mm 左右时降至 10 万～20 万颗/m^2。

④换水：每天换水两次，每次50%以上，视底质环境状况，培育期间每隔7～15 d，要进行移池或分池疏养，稚贝称重、记录苗种生长情况。

⑤投饵：饵料以人工培养的金藻、扁藻和角毛藻为主。每天控制在10万～15万细胞/mL的数量。

其他：水位控制在80 cm左右，视天气情况降低和升高水位。

二、苗种中间培育技术

当文蛤稚贝壳长生长至0.6～1.0 mm时，由于稚贝摄食饵料强度增强、水温升高及室内培养人工饵料难度加大。此时可移至室外，进行苗种的中间培育。文蛤苗种中间培育一般分为水泥池中间培育和土池中间培育两种方式。

（一）水泥池中间培育

1. 场地和设施要求

有室外精养水泥池、蓄水塘、水泵等。精养水泥池可采用面积50～1 000 m^2不等，提供自然海水和饵料的蓄水塘面积是精养池面积的3倍以上，也可利用具有丰富植物性饵料的其他养殖池塘。

2. 精养池的准备和处理

在池底铺上5～10 mm厚粒径为0.2 mm以下的细砂，用5%左右的漂白粉液（去除残渣后）整池泼洒消毒处理1～2 h，用清洁海水将漂白粉液冲洗干净。加入经一级砂滤过滤的海水至水位60 cm，选择晴天的上午，接入金藻藻种至水色呈淡黄绿色，并施入2 mg/L的尿素和0.2 mg/L的磷肥。

3. 苗种放养

接种后经2～3 d，当池水颜色呈黄褐色，透明度为60 cm左右时，播放文蛤初期稚贝。将经室内培育至壳长为0.5～1.0 mm的稚贝按10万～15万粒/

m^2的密度均匀播撒入池中。

4. 日常管理

理化因子要求：水温要求23~33℃，盐度15~30，pH值7.8~9.0，溶解氧≥5 mg/L，氨氮≤0.2 mg/L。

水质调节：苗种培育前期，摄食量较少，一般在饵料浓度过高时（透明度小于30 cm）才适量换水。所加海水为蓄水塘经过沉淀处理的自然海水并经200目筛绢网过滤。当苗种平均壳长达到1 mm以上时，隔日换水一次，加入蓄水塘内经沉淀并富含天然饵料的自然海水，每次换水量20%~50%。后期，一般苗种平均壳长达到2 mm以上后，由于苗种摄食量增加，自然繁殖的饵料满足不了摄食要求，需要每日换入50%以上的自然海水，同时，定期干池清理池底浒苔。

5. 日常观察和测定记录

测定水温、盐度、pH值等理化因子，检查底质情况。每日取样观察测定苗种摄食生长和存活情况。

6. 收获时机和方法

当苗种平均壳长规格达到3 mm以上时，用20目左右的筛网将苗种从砂中分离进行收获。方法是将筛网绑在支架上，将细砂连苗置于筛网上，用5 cm的水泵冲洗使砂苗分离。收获的文蛤苗直接出售或移入较大的土塘中进入下一阶段培育。

（二）池塘中间培育

1. 池塘条件

（1）场地环境

场地附近无污染，水质来源稳定、充足，进排水通畅，盐度适宜（一般以盐度15~30为宜)，pH值7.8~8.5，溶解氧≥5 mg/L，氨氮≤0.2 mg/L。滩面平缓，砂底质或泥沙底质（砂含量超过70%），无淤泥沉积。若为泥底质，塘底应人工铺砂，厚度10 cm为宜。水源较混时，应设中间沉淀塘，待海水澄清后纳入苗种培育塘。

（2）池塘建造

苗种培育塘面积以0.5~1.0 hm^2为宜，实养面积小于池塘面积的60%。池塘两侧分别设置独立的进排水设施。塘底设环沟、中央为滩面，中央滩面低于堤坝50~100 cm，环沟比滩面深约50 cm，面积较大的池塘还需设中央沟，滩面平整。用1 m高的聚乙烯网围置出苗种培养涂面。围网孔径以1~2 cm为宜，防止大型鱼蟹等敌害生物入内。每口塘分别设置独立的进排水设施。

（3）池塘整理和消毒

新池在池底平整或铺上细砂后，暴晒数天；老池需清淤，再翻土（深度20~30 cm)、暴晒、平整。池塘整理后，进水之前用生石灰或漂白粉等进行消毒。生石灰用量为0.5~1.0 kg/m^2，用水化开后，立即全池泼洒；漂白粉(有效氯超过30%）用量为10~30 g/m^2，干撒。

（4）进水培肥

通过进排水2~3次进行冲洗后即可进水培肥。进水口应挂40~80目的滤网，防止敌害生物进入。注水后用发酵过的粪肥，用量为11~15 g/m^2（75~100 kg/亩）或无机肥等培育，水色培育成淡黄绿色或黄褐色，至透明度为30~40 cm即可。

2. 苗种放养

（1）苗种要求

健康、无病害的苗种，大小均匀；壳长1.0 mm以上，以壳长达3 mm以上更佳。放养时间：以阴凉天或晴天的早晨为宜，酷热天或大雨天不宜放苗，放苗后尽快进水。规格与放养密度见表 10-1。

表 10-1 放养规格和密度

壳长规格（L，mm）	量规格（粒/kg）	放养密度（粒/m²）
2.0≤L≤5.0	40 000~300 000	1 000~3 000
1.0≤L<2.0	300 000~1 000 000	3 000~6 000

（2）苗种的运输

宜采用干法运输，将苗种放入 80 目的筛绢布中，放入开口较大容器中，在气温较低时运输，运输时间一般不应超过 8 h 以上，中途可淋洒海水 1 次，但切忌将苗种长时间浸水。

（3）苗种播放办法

苗体较小的，可用 5~10 倍量的干净细砂与苗种搅拌均匀，然后直接播撒到滩面水位为 20~30 cm 的培养塘里。较大苗种不需要拌细砂，可直接播撒。

3. 培养管理

（1）水环境条件控制

控制盐度 15~30，pH 值 7.8~8.5，溶解氧≥4 mg/L，氨氮≤0.2 mg/L。定期测定水环境因子，并通过加换水等措施控制水质。水源发生赤潮、油污及其他污染事件时，停止加换水。连续暴雨期，应提高塘水水位。

饵料培养：水色以浅茶色或浅绿色为宜。透明度以 30~40 cm 为宜。当透明度低于 30 cm 时，加大换水量；当透明度超过 40 cm 时，可施肥或追肥培养饵料。肥料以发酵过的粪肥或无机肥为宜。

（2）敌害生物清除

选择大潮汛，排干塘水，露出滩面，检查和清除敌害生物如甲壳类、腹足类、野杂鱼等；检查围网设施是否完好，并清洗围网上附着生物。杂藻或浒苔大量繁殖时，用无公害灭苔药物或人工进行清除。

4. 病害防治及其他

出现养殖病害时，利用无公害药物进行防治。风暴季节，进行池塘抗台风能力的检查。定期进行贝苗生长情况的测定，并记录日常养殖管理的措施。

5. 收获

收捕规格要求 10 mm 以上。收获时间应根据市场需求及贝类养殖季节而定。收捕方法可采用人工挖取或淌洗。

第三节　文蛤的养成

一、池塘设计和建造

位置：选择中低潮区、风浪较小、滩涂平坦、底质为细砂质或泥沙质的场地。海水盐度为 10~32，pH 值 7.8~8.5，且水源周围没有工农业排污的影响，主要水质指标符合国家规定的渔业水质标准（GB11607~89）。

形状：池塘以长方形为佳，长宽比为 3：1，南北走向。池塘的进、排水口分别位于池塘的两端，养殖池塘面积为 30~50 亩为最佳，设置 2~3 m 宽的环沟多条，环沟中央的滩面为围网养殖区，滩面高于环沟 50~60 cm。养殖滩面一般占围塘面积的 1/4~1/3。

围网的设置：采用单层围网，网衣采用聚乙烯网片，网目 2 cm，网高 150 cm，网片上下各用一根直径 8 mm 的聚乙烯绳连接，网片下纲埋入滩面 30 cm，每隔 500 cm 用网桩固定，网桩选用长 250 cm、直径 8 cm 的毛竹插入滩面 60 cm 以固定网片。

二、放苗前的准备工作

清淤、整底：放养前应认真清池，旧池要清淤。每年 1—3 月，可将池内污水排净，封闸晒池数月，然后将淤泥用推土机推到堤坝上或池外，将滩面翻耕 20~30 cm，暴晒数日至数月，消毒后耙平，使池塘底质松软，有利于文蛤下潜。

消毒：放养前对池塘进行全面消毒、杀菌，清除不利于文蛤生存的敌害、争食生物及致病微生物。可采用不同药物清池，如 90 kg/亩的生石灰或 10 g/m^3 的漂白粉等。

注水：清池之前，应在进水口安装平板网，避免清池时仍有敌害生物进入池内。初次注水的水深以 20~30 cm 为宜，以后随水色和水温的变化再逐渐进行添加。

培育基础饵料：在文蛤放养前 10 d 左右，进水施肥培育基础饵料。初期进水不宜太深，滩面水深约 20 cm。一般施用无机肥，有尿素、过磷酸钙等，每亩施氮肥 2.5~5.0 kg、磷肥 0.25~0.5 kg，施肥时需将氮肥和磷肥分别加水搅拌、稀释，再均匀泼洒；每 2~3 d 追肥一次，施用量为首次的一半，使水色保持浅褐色、黄褐色或黄绿色。也可用发酵有机肥（如鸡粪）、快效肥水剂（如肥水宝）等肥水。

三、苗种放养

（一）苗种质量

要求文蛤苗种新鲜，色泽鲜艳、光亮、清洁，表面光滑，无破损，两壳紧闭，规格均匀，相互轻轻敲击能发出清脆响声。

（二）苗种运输

3—4 月，在气温 15~20℃ 较好的天气运输，严禁雨淋、日晒；宜用干运，将苗种清洗干净后，拣去碎壳杂质等，用泡沫箱（长 55 cm×高 35 cm×宽

35 cm）装载，箱底有孔可排水，底部放冰，上铺薄膜，再放苗种。

（三）放养时间

放养时间在3—4月，此时温度适宜文蛤生长，在适宜时间内，尽量提早放养苗种。选择黎明、黄昏或阴天播苗，特别在气温较高、苗种规格较小时尤为重要。蛤苗的放养时间一般早于其他混养品种。

（四）播苗方法

有培养基础饵料，采用带水播苗方法；如无，也可采用干塘播苗方法，滩面浸水2~3 d，排水后，滩面有薄水时立即播苗，播苗后进水；播苗要均匀撒播，切忌成堆。

（五）放养密度

根据苗种规格、饵料丰歉、实养面积和管理水平等，确定苗种放养密度。一般苗种规格100~120粒/kg，每亩（实养面积）投放500~700 kg；150~200粒/kg的每亩投放300~500 kg。在许可范围内，适当增加投苗量。若文蛤实养面积不足池塘的1/4，投苗量还可适当增加；超过池塘的1/3，投苗量酌情减少。

（六）混养其他品种

文蛤仅养在池塘中央滩面，环沟、边滩和水体等空间可进行立体综合利用，开展多品种混养。混养品种有虾（刀额新对虾、脊尾白虾、南美白对虾、中国对虾等）、蟹（锯缘青蟹）、贝（缢蛏、泥蚶等）、鱼（鲻鱼、中华乌塘鳢等）等。有些品种可由海区自然纳水带入，不需投放苗种。混养品种视苗种来源方便与否，适当放养。

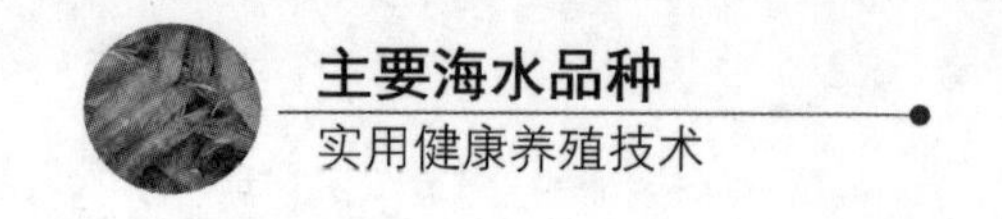

四、养成管理

（一）水温水质监测

做好水温水质监测工作，由于池塘水处于流动状态，每天 8：00 和 14：00 各测量一次水温和水质指标，并且观察水色。有条件的养殖场定期测定池塘氨氮、化学耗氧量等水质指标。日常池内的 pH 值控制在 7.8~8.2 之间，溶解氧要达到 4 mg/L 以上，水色应保持较理想的黄绿色为主，水位控制在 40~70 cm，透明度控制在 20~30 cm。

（二）定期取样测量

每隔 1 个月取样一次，测量及观察其生长情况。如发现密度过大或局部发现成堆的文蛤要及时疏散放养。只要环境适宜，文蛤一般很少迁移。

（三）敌害清除

拦挡敌害、防止逃逸的拦网一般高 1.5 m，埋入滩面 0.2 m。但必须经常检查，发现倾倒或破损时要及时修理。每次排水后应仔细检查池内有没有敌害侵入，一旦发现，及时将敌害清除。

防止滩面浒苔滋生：池塘养殖文蛤每隔半个月换水一次，定时让滩面干露 1 d，可以有效防止滩面浒苔滋生。特别是春、秋季，滩面上极易生长浒苔，应进行人工清除。

五、收获和包装

文蛤收捕季节从 10 月开始，最旺销售季节在翌年 1—3 月。销售规格 20~30 粒/kg。收捕方法一般采用放干水用铁耙采捕。按规格大小包装上市或出口。

六、养殖病害发生的原因分析及主要病害

（一）繁殖季节

经过排卵排精等生殖活动后，有些个体极易感染病害，部分文蛤个体甚至会发生死亡，有些个体极易感染病害。

（二）温度

高温会造成文蛤死亡。当温度达到 30℃时，文蛤摄食量减少，连续高温会造成营养不良，导体质衰弱，对病原体抵抗力下降，造成大批死亡；当水温 38℃时，33 h 内全部死亡；40. 5℃时 1 h 内文蛤闭壳肌松弛死亡。

（三）水质污染

富营养化的水体会导致有害藻类大量繁殖，覆盖滩面，吸收营养及氧气，导致文蛤窒息死亡。蓝藻大量繁殖还会放出毒素，使文蛤中毒。此外，沿海滩涂重金属污染也是造成文蛤大批死亡的重要原因之一。

（四）主要病害

1. 红肉病

病原体：目前在患红肉病文蛤中发现 3 种病毒样颗粒，主要存在于鳃、外套膜和消化盲囊上。

主要症状：患病文蛤组织结构紊乱，上皮膨大，脱落，鳃、外套膜、消化盲囊等组织发生异常及附着原生动物。

2. 弗尼斯弧菌病

病原体：弗尼斯弧菌。该菌在 TCBS 平板上中等大小，黄色，圆形隆起，

革兰氏阴性杆菌，pH<4 或 pH>10 时不生长，最适 pH 值为 7~8，最适温度 35~37℃，在盐度为 30~40 时繁殖最快。

主要症状：病蛤钻出滩面，闭壳肌松弛，出水管喷水无力，贝壳光泽暗淡，不摄食，内脏团由乳白色变为粉红色，乃至黑色，最后张壳死亡。采取文蛤移植疏散，与对虾混养、内塘暂养、精养等综合预防措施在生产实践中能够发挥积极作用。

3. 副溶血弧菌病

病原体：副溶血弧菌。此菌为革兰氏阴性短杆菌，具有偏端生单鞭毛。在 TCBs 琼脂平板上形成蓝绿签状菌落，发酵葡萄糖产酸不产气，精氨酸一碱反应阴性，赖氨酸、鸟氨酸脱羧阳性。在 10~42℃、pH 值为 5~11、盐度 5~30 的条件下都能生长。该菌具有较强的毒力。

主要症状：感染该菌的文蛤死亡前钻出沙面，俗称“浮头”，双壳不能闭合，对刺激反应迟钝，外壳暗无光泽，有黏液。

4. 溶藻弧菌病

病原体：溶藻弧菌。此菌是革兰氏阴性短杆菌，在 TCBS 琼脂平板上形成黄色大菌落，发酵葡萄糖不产气，精氨酸一碱反应阴性，赖氨酸、鸟氨酸脱羧阳性，在无盐蛋白胨水中不能生长，在 43℃下能正常繁殖。

主要症状：此菌侵袭文蛤肠上皮和肝组织，造成上皮细胞核变形，被挤向一边，线粒体内嵴模糊，部分上皮细胞微绒毛的结构被严重破坏，细菌周围的组织被腐蚀成为空斑。溶藻弧菌引起肠道传染病，潜伏期为 3~4 d，然后暴发，病蛤肠道腐烂而死亡。此病引起文蛤死亡的速度很快，发病 1 周后的死亡率达 70%以上。

5. 吸虫寄生病

病原体：吸虫，属牛首科，但属种未定，其分类地位、生活史及流行情况有待进一步研究。

主要症状：闭壳肌无力、壳松，体液外流；软体部粉红或橘红色，足前端尤为明显；外套膜贴于壳上，并有白色花斑；内脏区域呈黄色，肝胰脏由原来的褐色或黑褐色变为土黄色；整个内脏腐烂；肠壁由肉色透明变为浅黄色，并腐烂。严重的个体整个内脏团充满许多肉眼可见的包蚴。患蛤鳃腔扩大，鳃丝排列不规则，部分上皮细胞膨大脱落，鳃丝近腔端嗜碱性颗粒增多；足部肌肉结构疏松，部分肌纤维断裂并胶化，未见吸虫感染；外套膜上皮层脱落松散，细胞水肿，结缔组织溶解；消化道内未见吸虫寄生，但部分结缔组织有大量吸虫吸附；消化盲囊吸收细胞，肠外套膜各处的糖类及黏液细胞含量增多。

6. 桡虫病

病原体：桡足类，属桡足亚纲、剑水溞目。

主要症状：大量的桡足类寄生于文蛤的外套腔中，钩于寄主的外套组织、鳃、唇瓣、肉足及内脏囊器官上，使其遭受机械损伤，为病菌的感染提供了通道。同时吸取寄主的营养，当其大量寄生时，文蛤瘦弱，体质下降，引起疾病的暴发与流行。

第四节　文蛤的养殖实例

连云港赣榆县青口镇下口村水产养殖场2006年引进文蛤苗种，在1号池进行虾贝混养。

对虾养殖池：沙泥底质，面积58亩，塘内周边建有环沟0.5~0.6 m，中间滩面平整不积水，蓄水可达1.0~1.2 m，每月可进水时间不少于12 d。海水盐度15~26，pH值为8.1~8.6。

冬闲季节，将塘内积水排净，清除滩面污泥、杂质，同时封闸暴晒，其中15亩地滩面翻耕15~20 cm，插竿标界。浸泡、耙松、整平。用漂白粉或生石灰全塘泼洒消毒。

播养前10~15 d，施肥培养基础饵料；3月25日放8 245粒/kg苗种250 kg，人工均匀播撒至滩面。

日常管理：中国对虾与文蛤混养，日常管理以养虾为主，定期肥水，调节好水色和透明度，保持水环境生态平衡。根据不同季节气温，适当调节控制水深，除秋末捕虾期间干塘2 d，一般保持60~90 cm，盛夏高温及越冬期保持100 cm以上。

养殖结果：经过18个月的养殖，2008年10月2日，干塘起捕青蛤，总计收获22. 8 t，平均壳长达到4. 6 cm左右。获得了良好的经济效益。

第十一章
青蛤养殖

青蛤俗称黑蛤、铁蛤、圆蛤和牛眼蛤等，隶属瓣鳃纲、异齿亚纲、帘蛤目、帘蛤科，为一种常见的底栖贝类。具有生长快、品质优、适应性广和抗污染能力强等优点，在沿海滩涂具有广阔的养殖前景；本章综合介绍了青蛤生物学及其养殖的研究概况，以期为我国青蛤的养殖提供技术支持。

第一节　青蛤的生物学

一、形态特征

贝壳近圆形，壳面极凸出，宽度约为高度的 2/3。壳顶突出，尖端向前方弯曲。无小月面，盾面狭长。贝壳表面无放射肋，有生长轮脉（顶端细密不显著，至腹面渐次变粗，突出壳面）。壳面淡黄色、棕红色或青白色，1 cm 以下的幼贝多呈紫色；壳内面为白色或淡红色，边缘呈淡紫色，有整齐的小齿，靠近背缘的小齿稀而大，左右两壳各具主齿 3 枚。韧带黄褐色，不突出壳面（图 11-1）。肌肉系统由闭壳肌、足伸缩肌、外套膜肌、水管肌和足肌等组成。前闭壳肌痕呈半月形，后闭壳肌痕呈椭圆形。消化系统分为消化道和消化腺两部分。消化盲囊呈绿色，为主要的消化腺。鳃是青蛤主要的呼吸器官，同时，外套膜也起到辅助呼吸的作用。循环系统为开管式，具后动脉球，血液中含有血清蛋白而使之成为无色液体。排泄系统由肾脏和围心腔腺组成。神经系统比较简单，具3对神经节。

图 11-1 青蛤形态（林志华 摄）

二、地理分布

主要分布于朝鲜、日本、琉球群岛和东南亚一带，以及我国南北沿海，多生活在近高潮和中潮区的泥沙滩中，并多在有淡水流入的河口附近，为黄渤海沿岸常见种。

三、生态习性

（一）栖息习性

青蛤属埋栖型贝类，在泥沙中壳的前端向下、后缘向上。在未干露的情况下，青蛤在穴内双壳微张，足和水管伸出，靠近排水管摄食和排泄；一旦受到外界刺激，水管迅速缩进壳内，足部立即膨大变粗，增加青蛤在穴内的阻力，防止外界的侵害。退潮后，青蛤埋栖的滩面上留有许多椭圆形的孔洞，每个孔洞中有两个小孔，一个为出水管孔，一个为进水管孔，两孔相隔约

3 cm。青蛤埋栖深度随个体大小、季节及底质而异：幼苗可埋栖在表层约0.5 cm深度，2~3龄可埋栖约在6~8 cm，大的个体甚至可达15 cm；夏季埋栖较浅，冬季较深；同一季节在细粉砂比在砂质、泥质埋栖的深，大个体比小个体埋栖的深；生活在潮间带的比生活在进排水沟里的埋栖的深。

（二）移动习性

青蛤的移动方式主要有两种，一种是利用斧足伸缩爬行，这种方式的活动范围较小，而且不规则，经过短距离的爬行后即就地潜入，该运动方式多见于成蛤；而稚贝和幼贝的运动方式是将外套腔内积存的海水迅速排出，贝壳快速闭合使外套腔内充气而减轻自身重量，随潮水的流动，漂移到适宜的地方。在人工养殖中，因为所用苗种贝壳壳长多在1.5 cm以上，因此移动性很小，不需设拦网保护。

（三）摄食习性

青蛤主要滤食底栖硅藻，以新月菱形藻、圆筛藻、羽纹藻、扁藻和舟形藻居多，还有桡足类残肢和有机碎屑等。在适温范围内，温度愈高，摄食活动越强，新陈代谢愈旺盛；但青蛤个体大小的差异并不引起食料组成的改变。

（四）对环境的适应性

青蛤为广温、广盐性贝类，生长的最适温度为15~30℃，低于5℃或超过36℃时不利于青蛤生长，39℃时死亡。青蛤对低温的适应性很强，水温降到0℃时尚能滤水、排便；水温降到-2℃时，青蛤几乎处于休眠状态，但当水温缓缓升到5℃时，青蛤仍能复苏正常状态。青蛤喜栖在河口附近，因此具有一定的抗淡能力，在相对密度为1.010~1.025，均能正常生长和繁殖。最适盐度为25~30。青蛤成贝、幼贝和稚贝都有一定的耐阴干露能力。青蛤耐阴干的能力与季节有很大关系。在气温5～15℃，青蛤在离水5 d后放回海水中，成活率为100%；离水8 d后，成活率90%；在气温16～32℃下，离水1.5 d，成活率100%，离水4 d为45%。因此在运购青蛤苗种时，适宜在气温较低的春季和秋季进行，夏季高温季节不适宜运输。青蛤在幼虫变态期后一般营底栖生活，青蛤对底质要求不高，砂质、粉砂质、泥砂质均能生长，其中以砂质最好，细砂次之，极细砂较差。壳色与底质密切相关，含泥多的底质壳呈黑色，粉砂底质壳呈白色。

四、繁殖习性

（一）青蛤雌雄异体

青蛤满一年可达性成熟，每年性成熟1次；一般当水温达到25～28℃时，性腺发育到最高峰，精巢为乳白至乳黄色，卵巢为粉红色。从性腺外部形态、滤泡中性细胞的发育和数量以及结缔组织的状态等方面把青蛤性腺发育分为增殖期、生长期、成熟排放期、衰退期和休止期5期：

①增殖期：性腺开始出现于内脏团表面，薄而少，呈半透明状，雌雄外观不易辨别，滤泡体积小，间隙大，结缔组织发达，生殖原细胞在滤泡壁上单层分布，卵细胞中的卵黄物质极少。

②生长期：性腺逐渐增大，内脏团的1/2～2/3被性腺遮盖，可辨雌雄，滤泡发达，精卵细胞数量增多，卵黄物质也增多，结缔组织相应减少，有些卵细胞已脱离滤泡壁，滤泡腔仍有空隙。

③成熟排放期：性腺继续发育，遮盖了内脏团的3/4至全部，滤泡间隙很少，附在泡壁上卵的卵柄断裂，大多数卵脱离泡壁上皮组织，游离在滤泡腔和生殖管中，由于互相挤压，卵细胞呈不规则圆形；雄性滤泡腔被精子和精细胞充满，精子聚成辐射束状密集排列；精卵不断排放，滤泡腔内未成熟

的生殖细胞也在不断成熟。

④衰退期：性腺外观色泽变淡，内脏大部分裸露；部分滤泡腔出现中空，残留的少数精、卵与相当数量未成熟的精、卵细胞同存在滤泡腔中；由于性腺逐渐消退，生殖细胞退化自溶，滤泡腔逐渐空虚呈不规则状；自溶物质分散于结缔组织中并被其吸收，使结缔组织由少变多；多外观和切片观察可知，雌性个体性腺衰退比雄性快。

⑤休止期：外观很难辨别雌雄，内脏团透明，几乎没有性腺分布，体质消瘦。繁殖高峰多在大潮汛期，精卵分批成熟，分批排放。卵子呈圆球形，卵径 93. 8 μm，怀卵量与个体大小有关，3. 6 cm 的亲贝一次排放量可达 11 万粒。雌雄性比均近于 1∶1。繁殖期因地而异，江苏为 6 月下旬至 9 月上旬，以 7—8 月水温 25~28℃为盛期；山东乳山湾青蛤繁殖期为 7 月至 9 月上旬，水温 22~29℃ ；大连沿海繁殖期为 7—8 月，水温 21~25℃；浙江沿海繁殖期为 6—8 月；福建南部沿海繁殖期从 9 月中旬开始延续至 11 月初，水温 24~28℃，以“ 秋分”至“寒露”为盛期。

（二）胚胎发育

青蛤胚胎发育与水温、相对密度、pH 值有直接关系；在适宜条件下，温度越高，发育越快；在海水相对密度为 1. 009~1. 025，青蛤均能受精、孵化、生长发育，当相对密度低于或者高于上述范围，将产生滞育或畸形，甚至解体死亡；在正常相对密度和适宜水温范围内，海水 pH 值对青蛤胚胎发育也有影响，pH 值为 7. 5~8. 5，受精率最高，发育最快。

五、青蛤的生长

青蛤从稚贝期到壳长约 3 cm 的成贝期生长较快，以后生长速度逐渐减慢。壳长小于 4 cm 的成贝，壳长≥壳高；壳长超过 4 cm 时，壳高>壳长。青蛤生长速度与季节、个体大小、年龄及生活环境密切相关。在不同季节，受温度变化影响，青蛤的生长速度各异。如江苏南部沿海4—11月，月平均水温为12.4~24.8℃，此时底栖硅藻繁殖旺盛，青蛤具有丰富的饵料，摄食活跃，生长比较快；但12月至翌年2月，由于水温降低（月平均水温在4~7℃），甚至有时退潮滩面温度只有0℃以下，此时青蛤不再摄食，个体增长甚微；至3月时，水温开始回升，青蛤逐渐摄食，4月时又恢复生长。在同一环境条件下生长的青蛤，小个体生长的速度快于大个体的生长速度。相等大小的青蛤，在不同干露时间的潮位上放养一周年，低潮位青蛤的增长速度要比高潮位青蛤的增长速度快得多。在同一自然海区栖息的青蛤，潮流较急的“港叉”附近的青蛤，总比潮流较缓，平坦滩面的青蛤生长得要快，个体也大。

第二节 青蛤苗种生产

一、青蛤幼苗培育

（一）亲贝来源

6月底至8月初是江苏当地青蛤自然繁殖期，从连云港、盐城海域及附近池塘选取壳长2.5~3.5 cm、无伤、无病灶、性腺饱满的成贝作亲贝，以干法运输至育苗场。

（二）催产及孵化

洗净亲贝，用500 g/m^3高锰酸钾溶液消毒浸泡10 min后，阴干4~6 h，再放入催产池。全部遮光，充气，进行催产。2~3 h后，亲贝产卵，排精。

受精卵孵化密度为 30~40 个/mL，孵化水温 26~28℃，海水比重 1.015~1.020，pH 值为 7.8~8.6，光照强度 1 000~3 000 lx，连续充氧。

（三）幼虫培育

①26~28℃条件下，经过 16 h 左右受精卵发育至 D 型幼虫，用 300 目筛绢网选幼培育，培育密度控制在 10 个/mL 左右。饵料以金藻为主，并保持水体中饵料的密度为 3 万~5 万个/mL。每天换水 2 次，日换水量在培育期为 50%，培育后期则为 100%。

②幼虫培育的水质要求为：水温 26~28℃，海水比重 1.015~1.020，pH 值为 7.8~8.6，保连续充氧。

（四）幼虫变态附着

1. 附着池准备

在幼虫附着前 1 d，以 250 目筛绢筛洗经过高温消毒的海泥，均匀铺于池底，厚度为 1~2 mm。

2. 入池

D 型幼虫经过 5~7 d 培育，大部分幼虫出现眼点后，以 250 目筛绢网收集，倒入附着池，培育密度为 4~5 个/mL，并以金藻、扁藻的混合藻投喂，保持水体中饵料生物的密度为 5 万~6 万个/mL。

（五）稚贝培育

1. 投喂

2~3 d 后，稚贝初生足完全形成，90%附着后进行底栖稚贝培育。饵料生物以金藻、扁藻投喂为主，辅以其他藻类混合投喂，饵料生物密度为

6 万~8 万个/mL。

2. 换水

每天换水 2 次，日换水量为 80%~120%；每隔 3~5 d 倒池一次，并根据稚贝生长情况合理调整培育密度。

二、青蛤大规格苗种培育

大规格苗种培育技术是将人工繁育出来的 1 000 万~2 000 万粒/kg 的稚贝通过多级（疏苗）方法，培育成 1 000~2 000 粒/kg 的大规格苗种的一种养殖方法，疏苗分养有利于青蛤苗种生长。

（一）稚贝一级培育

1. 培育池

青蛤稚贝培育池以选择室外为宜，水泥池或土池。水泥池大小以 50~60 m^2 为宜，土池以 100 m^2 为宜，土池池底需铺塑料地膜。培育池深 0.8 m，铺设底泥 5 cm 左右。一级稚贝培育池的底泥需经过 80 目筛绢过滤，暴晒处理后方可使用。

水泥培育池必须设有进排水管道，排水道宽度以 1.0 m 为宜，便于集苗用。一级稚贝培育池的上方 1.5 m 处需安装可移动的遮阳网，避免中午强光照射。另外，按每 2 m^2 布置 1 个 100~120 号的散气头。

如是土池培育池，在池子的周围要用塑料薄膜围起，高度为 30~40 cm，防止蟹类爬入。进水时使用 200 目的筛绢网袋，防止敌害生物进入。

2. 布苗

将室内人工培育至单水管或双水管稚贝带水均匀投放入培育池，密度一般为 10 万~20 万粒/m^2。通过 2 个月的培育，青蛤稚贝壳长长至 0.2 cm 左右，规格达5万~10万粒/kg时，可以进行分苗。将青蛤稚贝用不同规格的筛子清洗、分档，进入二级培育。

3. 培育管理

培育水温25~32℃，盐度15~32，pH值为8.0~8.6。基本上要全天连续充气，使池水保持充足的溶氧。根据培育池的藻水颜色及时换水，补充水中藻类。一般每天早晚用饵料池水彻底换水一次，既保证足够的饵料又能将贝类自身的排泄物等尽量排出。

在稚贝培养时期，要经常用竹扫帚轻扫池底，避免附生杂藻和形成地膜，并要及时捞除青苔等有害生物。

（二）二级苗种培育

1. 培育池

培育池以土池为宜，大小一般0.5~1.0亩，设施与一级培育池基本相同，但无需安装可移动的遮阳网。底泥需经翻耕、耙松、消毒、暴晒，在放苗前以海水浸泡数次方能使用。在池子的周围要用塑料薄膜围起，高度为30~40 cm，与一级培育池相同。进水时使用120目的筛绢网袋。

2. 布苗

将一级培育出的稚贝，按培育密度以2万~5万粒/m^2进行培育。

3. 培育管理

培育水温5~20℃，盐度15~32，pH值为8.0~8.6。早期视情况每天用饵料池水彻底换水一次（如晴天可干露1 h），既保证足够的饵料又能将贝类自身的排泄物等完全排出，并捞除青苔等有害生物。随着气温的降低，每周换水一次即可，在稚贝的培育中根据水质情况适当追肥，施肥要适量，一般施1~2 mg/mL的尿素和过磷酸钙，水色为黄绿色为好。当水温降至10℃以下时，保持池塘足够的水位，少量换水。

4. 分苗

通过越冬培育，到翌年 3 月，水温开始回升时，将青蛤苗用筛子进行分苗，移入三级培育池进行培育。此时青蛤稚贝壳长基本可达 0.5 cm 以上，规格达 1 万~2 万粒/kg。

（三）三级苗种培育

1. 培育池

土池面积一般为 5~6 亩，外围以竹竿支撑 40 目聚乙烯网，池底挖环沟，深 50~80 cm。滩面作畦，畦宽 2.0~3.0 m，两面挖小水沟，与环沟相通。底质的处理方法与二级培育池相同。放苗前每亩用 50 kg 生石灰均匀泼洒改善底质，然后用 60~80 目的筛网过滤进水后再用 1~2 g/m^3漂白粉溶液消毒。

2. 布苗

将二级培育出的稚贝，按培育密度 0.2 万~0.3 万粒/m^2（规格 1 万~2 万粒/kg）进行培育。

3. 培育管理

培育水温 20~30℃，盐度 10~32，pH 值为 8.0~8.6。播苗前每亩施 30~50 kg 发酵好的有机肥或 5 kg 尿素，培育基础生物饵料，使池水的透明度维持在 30 cm 左右。

在培育过程中，则根据培养池水质情况（水色、盐度），应及时开闸进水，进水时必须通过 60~80 目的筛绢网过滤，避免敌害生物的进入。每次换水量 30%~40%，每月大潮时彻底换水一次，并定期适量施肥，维持水中的藻类生长。

当规格达 1 000~2 000 粒/kg 时，即可作为大规格苗种用于养殖。大规格苗种出池时间可根据青蛤生长情况和和养殖需求而定，出池的方法与分苗的方法一样。

4. 敌害生物防除

在建造三级培育池时就要注重敌害生物的清除，在放苗前可采用药物或人工的方法清除蟹类、螺类或杂草。放苗后定期排水清除小鱼、虾、蟹、螺类等敌害生物，并及时捞除浒苔、水绵等。

（四）滩涂大规格苗种培育

如在滩涂围塘内放养稚贝，则要根据稚贝规格和培育环境而定，规格在300万~100万粒/kg之间均可放养（表11-1）。

表11-1　青蛤幼苗规格及放养密度

规格（万粒/kg）	初始放养密度	
	kg/亩	万粒/m^2
2	50.0	0.14
4	25.0	0.16
10	15.0	0.18
20	7.5	0.22
40	7.5	0.23
80	4.0	0.30
120	2.5	0.36
160	2.0	0.40
200	1.8	0.50

要根据稚贝生长情况及时疏苗分养，有利于青蛤苗种生长。一般20~40 d进行一次。根据苗种大小，选择适合的淌苗袋，洗净后移入扩养畦田继续培养。一般疏苗3次，第一次面积扩大3倍，第二和第三次扩大2倍。条件许

可的话可进行第四次疏苗分养。当青蛤苗种规格达1 000~2 000粒/kg时即可进行商品贝养殖。

第三节　青蛤的养成

青蛤的养殖方式有滩涂养殖（包括滩涂围塘养殖）和池塘养殖，也可利用盐场的初级蒸发池进行养殖。

一、滩涂养殖

（一）场地选择

滩涂养殖选择在中潮区或无风浪的低潮区上部，潮间带滩涂养殖选择滩面平缓、潮平浪缓、滩面平整、潮流畅通、不易受海浪冲刷，底质以软泥沙为主；水质肥沃，底栖硅藻丰富，进排水方便、交通便捷的区域。另外，周边无大型污染型工厂，无三废污染，水质必须符合国家渔业水质标准和无公害食品海水养殖用水标准的规定。

（二）整畦

畦面是指将滩涂或池底划分成的若干块，潮间带滩涂养殖可将大块滩涂分隔成3~5 m宽的畦，高0.5 m左右，畦间距1.0 m，畦间开小沟作排水与通道，随潮汛而涨落，退潮时，排水沟内仍保持一定的水位。同时对底质翻松、耙平，清淤消毒。围塘养殖多设于高潮区，面积为数亩或数十亩，要求塘坝不漏水，塘内有环沟，中间滩面平缓不积水，滩面蓄水可达0.7~1.0 m。

（三）放苗及放养密度

放苗时间一般在3月中、下旬。此时，一般水温在10℃以上，气温回升快，有利于青蛤苗种适应新环境，幼苗便于下潜。过早水温低，影响成活，太迟耽误生长。如条件适宜，苗种播放越早越好。投放时选择体质强壮的外壳膨胀，有光泽，腹缘呈微红色，触之立即合壳的优良苗种。

通常滩涂放苗是待退潮时将把蛤苗均匀地播撒在畦面上。在滩涂埕田放养青蛤 1.0~1.5 cm 大规格苗种，放养密度为 50 粒/m^2，在滩涂围塘内放养密度为 70~100 粒/m^2。

（四）养殖管理

播苗后 3~4 d，检查苗种成活率，发现死亡较多，及时搞好苗种补放。养殖过程中，经常检查滩面情况，及时排除滩面积水，注意观察青蛤生长情况，适时稀疏密度。

在养殖管理中要注意用 20~40 目淌水袋刮除滩面螺类、蟹类等敌害生物，围塘养殖在播苗前 7~10 d 进行施肥培养基础饵料，一般 20~40 d 进行一次。

二、池塘养殖

目前池塘养殖大多以混养为主。

（一）池塘建设

池塘养殖面积以 10~20 亩为宜。池塘要求有相对独立的进、排水系统，以泥底或泥沙混合的底质为主。池底底质在播苗前 30 d 用水牛翻耕池底，翻耕深度为 20~30 cm，暴晒后碾碎耕平做成埕田，并将其耙松、消毒、抹平，以适合青蛤埋栖穴居。在埕田四周开挖深 0.8~1.0 m、宽 4 m 的环沟和中央沟，面积占池塘总面积的 20%。

（二）消毒

在对底质处理时，可用 60 kg/亩生石灰或用三唑磷（0.1%浓度）30~50 mL 乳液均匀泼洒及漂白粉等常规药物进行清塘消毒，清除敌害生物。

（三）肥水

在放苗前 7~10 d，海水经 60~80 目的筛绢网过滤后进入池塘，水深 30~50 cm。施 30~50 kg 发酵好的有机肥或 5 kg 尿素，池塘必须施足基肥，培养充足的底栖硅藻和浮游藻类，使池水成黄绿色，播苗前使池水的透明度维持在 30 cm 左右。

在养殖过程中，根据培养池水情况定期肥水，每 5~7 d 施肥一次，每 15 d 左右排干池水一次，干露畦面 2~3 h，以改良底质和促进底栖硅藻繁殖，使藻类始终处于繁殖盛期，达到水肥而不老，活而不瘦，保持水环境生态平衡，促进青蛤快速生长。

（四）放养密度

青蛤单养，放养密度可与滩涂埕田放养大致相同，放养青蛤大规格苗种，放养密度一般为 70~100 粒/m^2。

青蛤除单养外，也可与对虾、泥蚶、缢蛏混养。其中以贝为主、养虾为副的养殖模式较好。青蛤采取集中放养，播养面积占池塘总面积的 1/3，放养密度一般为 100 粒/m^2以内，虾苗亩放养量 3 000~5 000 尾为宜。

（五）养殖管理

放苗后，可将池子水位逐渐提高。养殖前期，以加水为主，每隔 3~4 d 加水 10 cm；6—7 月，每隔 10~15 d 换水 1 次，每次换水 20%；高温期每隔

3~5 d 换水 1 次，每次换水 30%。应做到保持水质清新，水色呈黄绿色或黄褐色，池水透明度在 35~40 cm。如单养青蛤，在夏至前水深控制在 30~50 cm，夏至后高温期，水深控制在 1.0 m 左右。初秋时可控制在 40 cm 左右，越冬时逐步加深到 1.0 m 左右。与其他品种混养时，应根据品种的不同养殖要求，控制水位。需注意的是青蛤与虾混养，不需投饵。

三、盐场初级蒸发池养殖

根据盐场现有的设施进行青蛤养殖，其技术要点是水流畅通、水质中生物饵料丰富，底质和放苗密度等均与滩涂围塘养殖相同，在管理中关键要注重敌害生物的防除。

四、敌害生物防除

除害是提高产量的关键之一，青蛤的敌害生物较多，有鱼类（滩涂鱼、虾虎鱼等）、虾蟹类、螺类、贝类、大型藻类以及多毛类等。

凸壳肌蛤和浒苔、水绵大量在畦面上繁殖、生长，会覆盖蛤穴，使青蛤窒息死亡，同时凸壳肌蛤等双壳贝类，易争食食料；浒苔死后会败坏水质，影响青蛤生活。应在它们繁殖前，经常用耙子翻动畦面，减少其附着蔓生。滩涂养殖中，对侵食青蛤的敌害生物要加强捕捉。

对于螺类，可以利用退潮或排干池水后，利用 20~40 目淌水袋或刮板刮除滩面螺类；鱼类可采取设置定制网捕抓；而虾蟹类可用三唑磷（0.1%浓度）进行杀除；多毛类可用 0.1%漂白粉杀除。

青蛤病害很少，目前仅有的报道都是在海区青蛤在繁殖期后出现大规模死亡，分析其原因为产后体质虚弱、抵抗力下降而引起，具体原因尚不清楚。因此，在养殖生产中做到科学管理、合理放养、生态养殖，保持良好、稳定的水环境是预防青蛤病害发生的最有效方法。

五、收获

青蛤壳长达 3.0 cm 以上时即可采捕上市。通常情况下，春冬两季采捕比较适宜，此时销路广、价格高、保鲜时间长。滩涂养殖的青蛤，底质较硬，看孔挖取；池塘养殖的青蛤，底质疏软，可用耙子或徒手挖取。

第四节　青蛤的养殖实例

连云港赣榆县海头镇小口村水产养殖场 2010 年引进青蛤苗种进行虾贝混养。

一、池塘条件

对虾养殖池，泥底质，面积 32 亩，塘内周边建有环沟 0.5~0.6 m，中间滩面平整不积水，蓄水可达 1.0~1.2 m，每月可进水时间不少于 10 d。海水盐度 15~26，pH 值 8.1~8.6。

二、清塘

将塘内积水排净，清除滩面污泥、杂质，同时封闸暴晒，其中 10 亩地滩面翻耕 20 cm，插竿标界。浸泡、耙松、整平。用漂白粉全塘泼洒消毒。

三、基础饵料培养

苗种播养前 7~10 d，选择晴朗天气进水，保持滩面水位 20~30 cm，每立方水体施氮肥 2~4 g、磷肥 0.2~0.4 g，以后每隔 2~3 d 追肥 1 次，用量为首次的 1/3，保持水体透明度 30 cm。

四、放苗

3月25日放大规格贝苗0.9~1.5 cm，10亩面积放养规格2 360粒/kg苗种170 kg，人工均匀播撒至滩面。

五、日常管理

虾贝混养，日常管理以养虾为主，定期肥水，调节好水色和透明度，保持水环境生态平衡。根据不同季节气温，适当调节控制水深，除秋末捕虾期间干塘两天，一般保持60~90 cm，盛夏高温及越冬期保持100 cm以上。

养殖结果：经过13个月的养殖，2011年4月2日，再次干塘起捕青蛤，总计收获6.23 t，平均壳长达到3.8 cm左右。获得了良好的经济效益。

第十二章
菲律宾蛤仔养殖

菲律宾蛤仔属于瓣鳃纲、真瓣目、异齿亚目、帘蛤科。是世界性的养殖品种，其产量占我国滩涂贝类产量的70%左右，约占海水养殖总产量的20%。南方俗称花蛤，辽宁称蚬子，山东称蛤蜊。在世界目前约 200×10^4 t 的产量中，约90%来自于养殖，且主要来自我国的养殖。

我国宜养面积广大。它生长迅速，养殖周期短，适应性强（广温、广盐、广分布），离水存活时间长，其个体虽小，但味道鲜美，肉可鲜食，亦可加工成蛤干，五香蛤仔是价廉味美的大众化食品。活蛤也是出口创汇的水产品。产品大量出口日本等东南亚国家。是一种适合于人工高密度养殖的优良贝类，是我国四大养殖贝类之一。

第一节　菲律宾蛤仔的生物学

一、形态特点

贝壳小而薄，呈长卵圆形。壳顶稍突出，于背缘靠前方微向前弯曲。放射肋细密，位于前、后部的较粗大，与同心生长轮脉交织成布纹状。贝壳表面的颜色、花纹变化极大，有棕色、深褐色、密集褐色或赤褐色组成的斑点或花纹。贝壳内面淡灰色或肉红色，从壳顶到腹面有2~3条浅色的色带（图12-1）。

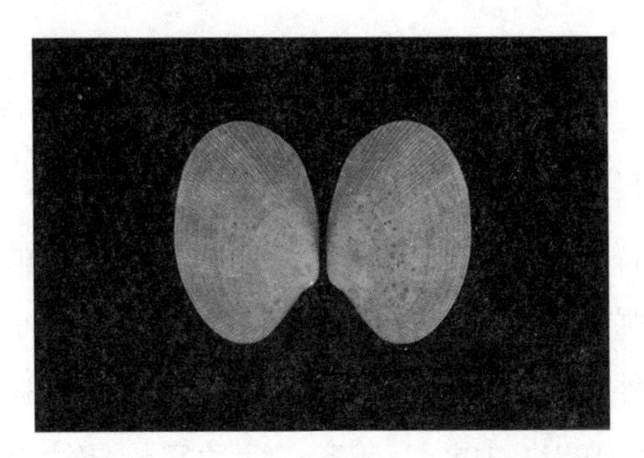

图 12-1　菲律宾蛤仔（引自百度）

蛤仔左、右两片外套膜除在背部愈合外，还在后端和腹面愈合，并形成出、入水管。水管壁厚，末端生有触手，下方的入水管比上方的出水管略长。

足位于身体前腹面，较发达，呈斧刀状，两侧扁平。足内有发达的腺体。足基部有前、后缩足肌附于前、后闭壳肌的内侧。前闭壳肌呈卵圆形，后闭壳肌呈圆锥形，较发达。

二、生活习性

蛤仔多栖于有适量淡水注入的内湾。分布范围从潮间带到水深约 10 m 的泥沙海底。潜入海底泥沙中生活，栖息深度因个体大小和水温高低而异。个体小、水温高时栖息较浅；个体大、水温低时则较深，一般不超过其体长的 2 倍，可密集成数层生活在一起，以水管伸出滩面滤食。栖息区海水比重在 1.016~1.027。短时间内低盐度对其生长无影响。适应水温为 0~36℃，致死温度为 37℃以上和-2℃以下。最适水温为 18~30℃。栖息底质含沙率一般为 70%~80%。在含泥率为 2%~50%的海滩均能生活，含泥率在 90%以上时也有发现，但死亡率较高。

三、食性

蛤仔为滤食性贝类，由于蛤仔的摄食方法是被动的，因而对食料一般没有选择性，除非有特殊的刺激性，只要颗粒大小适宜便可进食。主要食料以底栖性和浮游性不强而容易下沉的硅藻为主，常见的有小环藻、舟形藻、圆筛藻和菱形藻，此外还有大量的有机碎屑等。饵料种类常因季节和海区不同而变化。何进金等（1981，1984）研究了菲律宾蛤仔幼虫和稚贝的食性，结果显示，叉鞭金藻、角毛藻和三角褐指藻是菲律宾蛤仔幼虫较理想的饵料，混合投喂较单一投喂效果更好。干藻粉和酵母可以代替部分活饵料，因此，蛤仔的食料组成也因季节和海区不同而异。

四、繁殖与生长

主要时间段分为：增殖期、生长期、成熟期、排放期、休止期。一般1龄贝体长在2 cm左右，2龄贝长3 cm多，3龄贝长4 cm以上。雌雄异体，1龄性成熟。雌贝每次可产卵数百万粒。成熟卵呈圆形，沉性，直径约65 μm。产卵水温23~26℃。产卵次数1~2次。精卵成熟后分批排放，在水中受精。第1、第2次排卵量较大。受精卵孵化后经2~3周浮游期生长至200 μm以上便沉入水底，分泌足丝附着于固体物上，随着壳长增长，潜入泥沙中生活。

蛤仔的生长除和年份有关系外，理化环键的影响更为显著，水温、盐度、底质、湖区、潮流、食料等，综合影响着蛤仔的生长。由于水温影响到生长，因而蛤仔的生长有明显的季节性：春夏生长快，冬季生长慢。盐度、底质、潮区、潮流、食料等随海区而不同，因此，蛤仔的生长随地区也有不同，选择与创造适宜的环境条件，对蛤仔养殖极为重要。

第二节　菲律宾蛤仔苗种生产

一、半人工采苗

（一）采苗场的选择

采苗场应风平浪静，流速在10~40 cm/s；有一定淡水注入，海水比重在1.012~1.020；水质肥沃、地势平坦的中低潮区和港心沙洲地带；底质中含沙量70%~ 80%，含泥20%~30%；周围海区有丰富的蛤仔资源。

（二）整埕附苗

在受洪水冲刷和泥沙覆盖威胁的埕地，要筑堤防洪。外堤顺水流方向建筑，用石块砌成或用一层泥土、一层芒草叠成。在底质松软的地方要用松木打桩固基。堤底宽1.5 ~2.0 m、高0.8~1.2 m、堤面宽0.8~1.0 m。内堤与外堤垂直，多用芒草埋在土中，尾部露出长20~30 cm、宽30~40 cm，把大片的苗埕分成若干块。潮流较急的苗场可插竹缓流，底质较软的海区要掺沙改良，苗埕中的石块及大的贝壳要拣去，然后耙松推平。在附苗前再进行一次耙松和推平工作，以利于稚贝附着。

（三）管理

根据多年生产经验，总结了“五防”“五勤”的管理措施。“五防”是防洪、防暑、防冻、防人践踏、防敌害，“五勤”是勤巡逻、勤查苗、勤修堤、勤清沟、勤除害。

（四）采苗时间

蛤苗附着后，经5~6个月，体长达0.5 cm即可采收。蛤苗采收时间主要集中在每年的4—5月。

（五）采苗方法

采苗方法因地而异，有干潮采苗、浅水采苗和深水采苗等。前两种方法用于采潮间带的蛤苗，后一种则适于采潮下带水深10 m以内的苗。

1. 干潮采苗法

推堆：推堆分两潮进行，第一潮将宽约5 m的苗埕，长依苗埕的长度而定，用荡板连苗带泥沙从埕两边向中央推进1 m左右。如蛤苗潜土深则用手耙。第二潮同样的再推进一步，把苗集中于苗埕中央宽约1.5 m的小面积上。推堆时被压在下层的蛤苗，涨潮时往上摄食，集中在埕的表层，次日退潮即可洗苗。

洗苗：推堆后在堆边开一长3 m、宽2 m、深30 cm的水坑。洗苗时把蛤苗连泥带砂挖起，放在苗筛上，在水坑中筛洗去泥沙，使得净苗。

2. 浅水采苗法

福建省宁德的右溪、二都一带群众收成蛤苗的方法是：干潮时先将苗埕分为宽8 m左右的小块，然后用荡板把埕四周的苗带砂土往中间推堆成一直径6 m左右的圆形。隔潮把埕中央的蛤苗用荡板撑开一个直径3 m左右、深约3 cm的空地，群众称为“撑池”，过一个湖水退潮时，把苗埕四周的蛤苗往中央空地集中，称作“赶堆”，随后就是洗苗。洗苗时架船埕上，当潮水退到1 m多深时即可下埕洗苗。水较深时，采苗者在苗堆四周，用脚击水，在表层上索食的蛤苗，被脚激起的水流推向中央集成堆。然后用竹箕将亩取起洗净，装上船。

3. 深水采苗

生长在潮下带的蛤苗，采苗方法用网捞，采苗时驾船到苗区，选定位置后下锚，然后放长锚绳，船随潮往后退，到距锚约 50 m 处停下，这时放下苗网，用拉锚绳使船前进拖捞蛤苗，在距锚 10 m 处起网。随后放下锚绳，船往后退，再次拖捞，如此反复进行。船往后退时应掌好舵，使船与流向呈一定的角度避免在原地上采苗。

（六）蛤仔苗的种类

以季节分有冬种、春种和梅种。冬季：蛤仔苗生长到“冬至”时，肉眼可以看到的；春种：蛤仔生长到“立春”时的苗，称为春种；梅种：生长到“清明”前后的蛤仔苗，个体只有碎米粒大小称为梅种。以苗的大小分，可分白苗、中苗、大苗三种。白苗：蛤仔苗附着后到翌年“清明”，体长达 0.5 cm。贝壳花纹不明显，呈灰白色，称为白苗。中苗：白苗养至“冬至”，体长 1 cm 左右，苗中等大小，称为中苗。大苗：中苗养至翌年秋季，体长 2 cm 左右，这不到收成规格，需移植养成的称为大苗。

二、土池半人工育苗

蛤仔的室外土池半人工育苗方法，在生产上已见成效。

（一）土池建筑

1. 地点选择

潮间带高、中潮区建造育苗池，无工业污水污染，海水盐读较稳定的高潮区，砂多泥少（砂 80%，泥 20%）的滩涂。

2. 面积

根据需要因地制宜，普遍采用5亩小塘，便于管理，太大的土池可以划分成若干小区。

3. 堤

大都是两边砌石的石按堤，也有土堤，土堤坡必须植草保护堤岸。堤高视地形而定。必须高出建池海区的大潮线1 m以上。

4. 闸门

闸门是土池建筑的一个关键部位。既要便于进、排水适于流水催产，又要能够防止有害生物和大型浮游生物进入土池。

5. 催产架

在闸门内面一侧，用石板架设而成。长14 m，宽5~6 m，高1.0~1.2 m。用于催产时张挂铺放亲蛤的网片，且便于人在上面来往操作。

6. 铺砂

土池建成后，整平池底，开挖相互交错的引、排水沟2~4条，把埕地分成若干块，铺上细砂5~10 cm厚。

在土池旁边还要建筑亲蛤暂养（或精养）池和露天饵料池等相应设施。

（二）育苗前的准备

1. 消搪

在育苗前20 d排干池水，让太阳暴晒池底。每亩用氰化钠5 kg，配成0.5%浓度的药液金池喷洒；或每茶饼5 kg（需经泡浸）。通过清池杀死有害生物，然后进水（网派或砂滤水）冲洗3次。

2. 培养基础饵料

育苗前2周，开始纳进过滤海水，浸泡3~5 d后徘干再纳进过滤海水培养基础饵料。水位高约 30 cm。每 2 d 施尿素 0.5 ~ 1 mg/L 过磷酸钙 0.25 mg/L，或施人尿，每亩用最 50 kg。

3. 亲贝选择

选用经过暂养、性腺成熟的，或海区养殖、性腺成熟的 2~3 龄蛤为亲蛤。1 龄蛤个体大的，性腺成熟好的也可以作为亲蛤。

（三）催产孵化

对临产状态下的亲贝进行阴干、流水刺激，然后将其放入盛有新鲜海水的水泥池中，2~3 h 亲贝开始产卵排精。孵化密度控制在 30~50 个/mL。孵化期间，温度为 23~24℃、盐度为 24~26、pH 值为 8.02。

（四）幼虫培育

将采用虹吸法选育的 D 型幼虫再用网箱（320 目筛绢）过滤。幼虫培养密度为 5~6 个/mL，微充气。每天换水 1 次，换水量为 30%~50%。每天投喂饵料 2 次，前期用湛江等鞭金藻投喂，后期用湛江等鞭金藻与小球藻按照 1∶1 体积比混合后投喂，投饵量视幼虫摄食情况而定，日投饵量为 2 万~8 万个/mL。幼虫变态期间，饵料投喂量为以往的 1/3。采用无附着基采苗技术，使幼虫在池底完成变态过程。在此期间，温度为 22.6~23.4 ℃，盐度为 24~27，pH 值为 7.96~8.42。

（五）稚贝中间培育

从匍匐幼虫到完成变态（指出现次生壳）需 4~8 d 时间，出次生壳时，大连蛤仔壳长为 230 μm，壳高为 220 μm 左右，莆田蛤仔壳长为 200 μm，壳高为 190 μm 左右。稚贝变态后，经 20~30 d 的培育，当壳长达 600 μm 以上时，转到室外土池进行中间育成。稚贝培育期间，除金藻、海洋酵母外，适

当增加小球藻投喂量

（六）疏苗

土池半人工育苗中，稚贝附着密度往往是很不均匀的，一般背风面附着密度较高，必须进行疏苗工作。究长0.1~0.2 cm的幼苗，其培育的适宜密度为5万个/m^2，过密的苗应及时疏散，放到自然海区暂养。

（七）收苗

在土池人工育苗中，从受精卵到稚贝，经过5~6个月的培育，生长至壳长0.5~1 cm。即可收苗。一般采用浅水洗苗法，将土池分成若干块，铺上标记，水深掌握在80 cm上下，人在船上用带刮板的抄网（网自要比欲收的苗小，比砂及留养的苗大），随船前进括苗，洗去砂，把苗装入船舱，小苗留在池里继续精养。此外还有推堆法、干潮括土筛洗法等。与采自然苗相似。

（八）防除敌害

土池半人工育苗的生物敌害主要有桡足类、浒苔、沙蚕、鲻梭鱼、虾蟹类等。它们有的直接吞食幼苗，有的争夺饵料。应严防滤水网片破损，并定期排干池水，驱赶抓捕。浒苔不仅消耗土池中的营养盐，大量繁殖时更覆盖池底，严重时可闷死蛤苗，而且死后尸体腐烂变质，败坏水质。所以当发现浒苔大量繁殖生长时，要及时捞取或用适量的漂白粉杀除。漂白粉杀死浒苔而又不危害始苗的浓度：水温10~15℃，漂白粉浓度为1 500~1 000 mg/L；水温15~20℃，浓度为1 000~6 000 mg/L；水温20~25℃，浓度为500~600 mg/L。

三、室内人工育苗

菲律宾蛤仔室内人工育苗生产与其他底栖双壳贝类相似，但成本较高、产量有限，故较多的采用室内水泥池和室外土池相结合的办法育苗。即在室内获得受精卵以后，培育至附着变态后移至室外土池，进行稚贝的培育。这种做法具有许多的优点：浮游幼虫在室内培育，成活率可达50%以上，土池培育一般为10%左右。可缩短室内培育的周期，多批生产，从受精开始培育至400 μm的稚贝，只需要20 d。在长达2个多月的繁殖季节里，可在室内培育稚贝3批以上。可提高单产，在室内培育的条件下，壳长400 μm左右的稚贝，培育密度可达30万粒/m^2以上。可降低生产成本，稚贝培育至400 μm左右，即可移到室外土池继续培育。这不仅缓和了饵料供应紧张的问题，而且也降低了生产成本，还可促进稚贝的生长。

土池人工育苗就是在土池进行苗种培育生产的方法。这种生产方式产量高、成本低、技术容易掌握、便于推广，具体内容见室外土池人工育苗技术部分。

四、苗种的中间育成

菲律宾蛤仔苗种的中间育成技术，为近年来的最新科研成果。采用上升流循环式中间育成设施，利用上升流使滩涂贝类的种苗在系统内呈微悬浮的状态，进行菲律宾蛤仔等滩涂贝类的中间育成。中间育成设施为上升流循环式结构，由苗种悬浮保养设施、海水循环设施、蓄水沉淀净化设施和饵料培育设施4个相互关联的子设施组成。苗种悬浮保养设施通过海水循环设施从上部与蓄水沉淀净化设施相连通，蓄水沉淀净化设施通过海水循环设施与苗种悬浮保养设施的下部再相通，形成上升流循环的工作方式，实现菲律宾蛤仔高效、安全的中间育成，成活率、生长速度及培育的种苗密度都有显著提高。

第三节　菲律宾蛤仔养成

一、滩涂整埕

（一）养成场条件

养成场应选在风浪较平静、潮流畅通、地势平坦、砂多泥少的中低潮区，海水密度1.010~1.025、温度10~30℃、流速40~100 cm/s，含砂80%~90%的海区。

（二）整埕播种

整埕：为防蛤仔移动散失，应将埕地靠近港道处和朝向低线一边筑堤（在南方用芒草筑堤）。检除撞地石块、杂物，填好洼地，整平缓地，测量面积，铺上标志。在底质较软处，要采用开沟整畦，防止埕面积水。

二、苗种放养

（一）播种季节

白苗一般在4—5月，中苗一般在12月，但也有的地方一直延至翌年的2—3月。

（二）播种方法

分为干播和湿播。

干播：在退潮后，从停泊在埕地上的运苗船中卸下蛤苗，根锯缝地面积撒插一定数量的苗种。播种要求均匀，防止成堆集结。此法多用于自苗的播种。

湿播：在潮水未退出埕面时，把蛤苗装上小船，运到插好标志的蛤埕上，在标志范围内，按量均匀撒种。播种应在平潮或潮流缓慢时进行，以免始苗流失。这一方法，优点是增加了作业时间，提高了蛤苗成活率，缺点是播种较难均匀。适用于中苗和大苗的播种。

（三）播种密度

播种密度大小与蛤仔的生长速度有关。如播得太密，食料不足，始仔生长慢。播种太稀，产量低，成本高，不能充分利用滩涂生产潜力。小苗可适当多播，大苗应少播。在苗种供应不足的情况下，可以适当稀播 20%～30% 。虽然由于稀播单位面积产量略为降低。但蛤仔生长速度稍加，从而可弥补少播种减少的产量。

三、养成管理

（一）移植

主要的目的是改变潮区，调节密度，促进生长。小苗播种的潮区较高，经一段时间养殖后，个体增大，摄食饵料增加，体质健壮，抗病能力增强，便应移入低潮区放养以加速生长。根据泥层保温性好，冬天不易冻死苗的特点和砂埕贮水量大。温度较低，夏季不易晒死苗的特点，随不同季节移植到不同埕地，以提高成活率。此外，始仔产卵后体质较弱，可移植到湖区低、饲料丰富、风平浪静的地方，以适应产后绝活，减少死亡。移植是地产的有效措施。

（二）防止自然灾害

在易受台风袭击的海区要提早收成或移到安全海区。洪水后及时清理覆盖埕面的泥沙，集拢散蛤，减少损失。受霜冻影响较大的可移植到食泥较多的埕地，或采取蓄水养蛤。夏季烈日暴晒后水混上升达40℃会烫死蛤仔，因此埕地必须平整，不积水，或移到低潮区或含砂较多地方养殖。

（三）日常管理工作

包括巡逻、填补埕面、修补堤坝水闸、防止人为践踏、禁止鸭群侵入等。

（四）生物敌害的防治

蛤仔的生物敌害很多，常见的就有30多种，但危害最大的是蛇鳗、海鲶。可用氰化钠（砂质底30~120 g/亩。泥质底150~250 g/亩）、茶籽饼（5~8 kg/亩）、鱼藤（0.5~0.7 kg/亩）等毒杀。另外梭子蟹、锯缘青蟹、王螺、凸究肌蛤、食蛤多蚊虫、球栉水母等都危害蛤仔，目前尚无很好的防治方法。

（五）常见疾病的防治

豆蟹可寄生在菲律宾蛤仔的外套腔中，能夺取宿主食物，妨碍宿主摄食，伤害宿主的鳃，使宿主消瘦。常见的豆蟹有中华豆蟹和戈氏豆蟹。此病应以预防为主，发现豆蟹寄生后，可在养殖区悬挂敌百虫药袋，每袋装50 g。接袋数量视养殖密度和幼蟹数量而定。

四、收获

（一）收获季节

根据蛤仔个体大小和肥瘦而定．一般白苗经1~1.5年，中苗经0.5~1年的养成，便可收获。收成一般在繁殖之前，北方多在11月至翌年3—4月，南方从3—4月开始至9月结束，商品蛤的壳长要求在3 cm以上。

（二）收获方法

分锄洗、荡洗和挖洗等方法。

第四节　菲律宾蛤仔的其他养殖模式

一、潮间带养殖

应视苗种来源、收获时间、成本及养殖区敌害、饵料等情况确定合理的放苗时间、规格和密度。如从外地购进苗种，则需根据产地苗种生产情况（时间和规格）来决定苗种放养时间。如南方土池育苗一般在9—11月进行。前期育出的苗种到翌年3月可达1 cm左右，后期育出的只能达到3~5 mm，若从南方购入苗种又不经过中间育成而直接放到海区，只能在3月放3~5 mm的苗种；由于这个季节气温尚低，应选择退大潮，晴朗无风的天气，采用干法放苗。在这样的天气里，气温可达10℃以上，撒播后，苗种很快会潜入泥沙中。放苗时，撒播要均匀，做好标记。放苗规格为3~10 mm，密度视规格不同控制在1 000~2 000个/m²。放苗区域为潮间带。黄海北部室内人工育苗可在4月开始，经过中间育成到7—8月苗种规格接近1 cm，可直接投到海区。若想缩短养殖周期、在养殖区敌害少饵料又不丰富的情况下，放养密度可小些，反之放养密度要大些。在黄海北部，于4月初放养规格为0.5 cm左右苗种，放养密度控制在1 000~2 000个/m²，可以获得较好的养成效果。

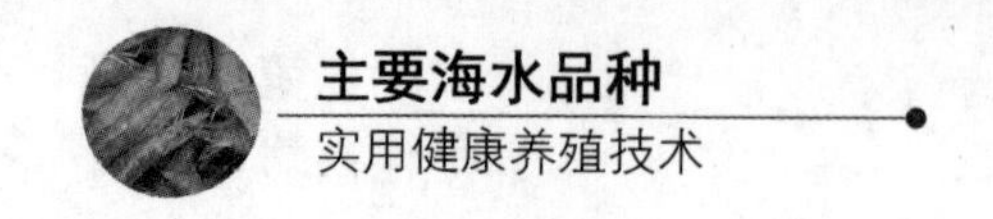

二、潮下带养殖

过去菲律宾蛤仔等滩涂贝类的养殖区主要集中在潮间带。潮间带养殖虽然具有管理、收获方便的特点，但潮间带是海洋与陆地的结合部，是陆源污染物入海的直接受纳区，大部分污染物都集中于此，其间生活的贝类容易受到污染物的伤害。而且滩涂贝类每天都有一定的时间处于露空状态，不能摄食，影响其生长。此外，由于夏季潮水退后蛤仔直接暴露于高温下，如果再有大雨，滩面积水，滩涂贝类由于在高温下被淡水长时间浸泡，常发生大规模死亡，渔民称为“烂滩”，使滩涂贝类养殖严重减产。在我国北黄海和渤海区冬季还常常结冰，由于冬季的低温、冻伤和早春融冰的淡水伤害，也使滩涂贝类发生死亡，每年早春都有滩涂贝类因冻害而发生大规模死亡的报道。潮下带无干露时间，受高温、冰冻和洪水的影响也小于潮间带，污染程度也比潮间带轻，因此潮下带养殖除可以消除潮间带养殖的上述弊端外，还具有清洁生产的性质。为此，在项目区进行了潮下带养殖菲律宾蛤仔的尝试。具体做法是，将每次采收时选出的未达商品规格的小贝（规格为 2.0~3.0 cm）撒播到潮下带进行养殖，为减小风浪和流速，在养殖区对着潮流方向打水泥桩，水泥桩间隔 1 m 左右，每排水泥桩相距 10~20 m。

三、虾贝混养

蛤仔与对虾混养即在对虾池里兼养蛤仔，是蓄水养成的一种形式。其优点与牡蛎、对虾混养和扇贝、对虾混养一样，能充分利用养殖设施，提高虾池的利用率，增加收入；虾池内水质肥沃，蛤仔滤食的饵料丰富。滤食时间长，生长较快，缩短了蛤仔的养成周期。虾池中敌寄生物少，若管理得当，既可节省苗种，又可提高产量。

（一）消池

蛤、虾放养前就消除淤泥，杀除敌害。消淤后在池底中建宽 80 cm、高 15 cm 的蛤埕。埕间距 50 cm，底质较硬的池子应浅锄数厘米并捣碎泥块，经锄远、卒整、消毒后纳进过滤海水浸泡，1～2 d 后用钉耙边排水边耙埕，最后将埕地荡平抹光。此项工作在播苗前约半个月完成。

（二）播蛤苗

蛤仔苗要争取比虾首先放养，越早越好。始苗越早播，穴居越深，受对虾伤害越小。播种的蛤苗多系白苗、梅种或春种。播种密度以稀些为好。

（三）养成管理

养成期间要注意虾池内的饵料密度。调节换水量，饵料不足时，可施尿素 1～2 mg/L，过磷般钙 0.3～0.5 mg/L。一般在每汛小潮期施肥 1 次。蛤仔与对虾混养要做到虾饵定位，蛤埕禁投各种饵料，如中埕养蛤，四周投料。对虾投饵量一定要足够，否则，对虾则四处觅食，危及蛤仔的生存。

（四）蛤仔生长

虾池内的蛤苗（白苗）经 7～8 个月的养成，体长可达 3.0 cm 左右。已达到商品规格，便可收获。

第五节　菲律宾蛤仔的养殖实例

连云港赣榆佳信水产开发有限公司，选择池塘养殖时必根据菲律宾蛤仔与梭子蟹的生活习性，选择地质适宜，以软泥沙质为好的 6 个塘口，共计 100

亩，进、排水方便，养殖水源水肥无污染，水位保持 1.3 m 以上，盐度不低于 20。

使用生石灰每亩用量 75 kg，均匀扬撒于池底，通过机械翻耕等措施使生石灰与池底 15~20 cm 厚的淤泥层均匀混合，进水 20~30 cm，2 d 后排干，再进水 20~30 cm，2 d 后再排干，连续冲洗 2~3 次，清池 7 d 后进水 80 cm。

3 月 15 日放菲律宾蛤仔苗 1 050 kg，规格是 0.5 万~0.75 万粒/kg，每千克成本约 80~120 元。规格整齐，大小均匀，撒播在虾池斜坡与滩面隆起处，2 d 后检查蛤仔苗下潜情况（基本都下潜了）。10 d 后，肥水，接种球藻。4 月 8 日，晴天无风的早晨，注意水温差不超过 3 ℃，盐度差不大于 5 时投放中国对虾，规格是 0.6 万~0.75 万尾/kg，2.5 万~3 万尾/亩。4 月上、中旬放梭子蟹苗，要求Ⅱ期蟹苗，活力好，放苗规格是 0.6 万~0.65 万尾/kg，0.3 万~0.4 万尾/亩。

前期（虾体长 4 cm 以前）这一时期，由于虾池中天然饵料充足，不投喂饲料，只要继续培养好天然饵料即可。水肥，为保持天然饵料数量，养殖前期池塘逐渐进水，控制好水质，使池水保持肥、活、嫩、爽，尽量使池水环境不发生大的变池底污物，缓解池底的老化过程。

收第 1 茬虾，在 6 月中下旬至 7 月中旬，利用陷网。第二茬 11 月收货完，每亩产值达到收货 2 100 元。

收梭子蟹雄蟹在中秋节前后利用挂网，或平时在池边用捞子捕捞，可收获 80%~90%。同样两茬每亩约 1 200 元。

收菲律宾蛤仔在 9 月中秋节前后，撤掉护网用人工挖取。此时蛤仔规格已达到 120~160 粒/kg。市场售价 6 元/kg，每亩产值达 6 300 元。加上缢蛏，每亩约 6 000 元产值。

除去总成本饲料 3 200 元、苗钱 2 000 元，养殖毛利润达到 1 万元/亩。100 亩土池，一年利润约 100 万元，经济效益相当可观。

第十三章
牡蛎养殖

牡蛎又称蛎黄、海蛎子，隶属于软体动物门，瓣鳃纲，异柱目，牡蛎科，牡蛎属，世界性分布，目前已经发现100多种。世界各临海国家几乎都有生产，其产量在贝类养殖中居第一位，世界养殖牡蛎产量占牡蛎总产量的90%以上，2015年全国牡蛎产量达到4 573 370 t。我国已有两千多年的养殖历史，俗称四大养殖贝类之一。

牡蛎是一种经济价值较高的贝类，干肉重含有蛋白质45%~57%、脂肪7%~11%、肝糖19%~38%，此外，还含有丰富的维生素A、维生素B_1、维生素B_2、维生素D和维生素E等。牡蛎含碘量比牛肉或蛋黄高200倍。鲜牡蛎汤素有海中牛奶之称，浓缩后称为“蚝油”。牡蛎肉可鲜食或制成干品——“蚝豉”，也可加工成罐头。有治虚弱、解丹毒、止渴等药用价值，贝壳可供制石灰、水泥、电石等。随着“蓝色革命”的蓬勃兴起，牡蛎养殖向着更深入的方向发展，国外已经开展单体牡蛎和多倍体牡蛎的人工育苗和养成，国内正处于起步阶段。

第一节　牡蛎的生物学

一、形态特点

牡蛎（图 13-1）为翼形类，两壳不等，左壳大，右壳小，以左壳固着。壳表粗糙，具鳞、棘刺等；铰合部无齿，或具结节状小齿。单柱类，二孔型，无水管，有内韧带。由于种类不同，形态各异；种内变异较大，种间差异较小。

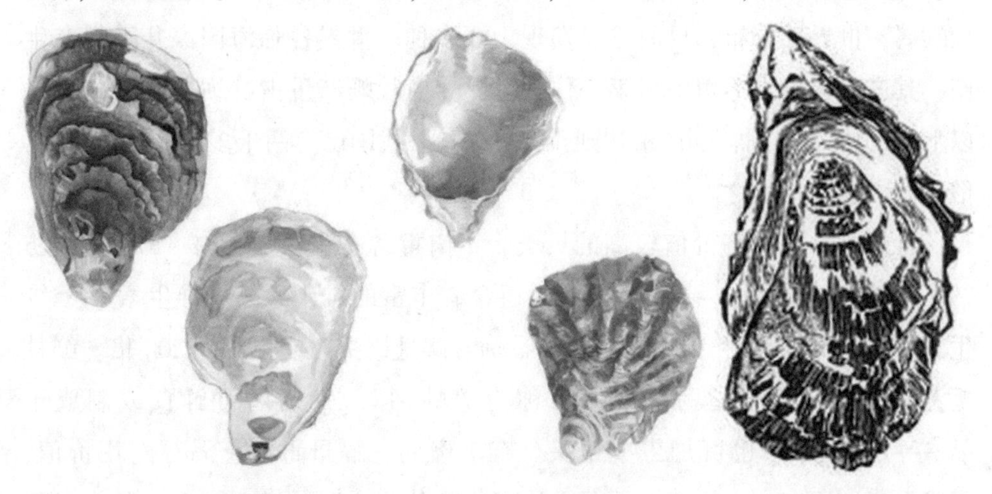

图 13-1　牡蛎（引自百度）

二、生活习性

牡蛎营固着生活，以左壳固着于外物上。对温度的适应能力强，适温为 3~32℃，较适宜水温为 15~25℃；对溶氧要求不高，一般 4 mg/L 以上就可存活及生长。牡蛎属于广盐性种类，但各种牡蛎对盐度的适应性不同，这是决定牡蛎水平分布和养殖场地选择的主要条件之一。近江牡蛎和褶牡蛎适应的盐度为5~25。最适盐度为10~20。太平洋牡蛎适应盐度的范围较广，一般在盐度6~33的海区都有分布。牡蛎有群居的习性，这也给高密度养殖提供了可能。

三、食性

牡蛎是滤食性贝类，对食物仅有物理选择性，只摄食比它口径小的食料。牡蛎在幼虫期和成体期由于消化和摄食器官在发育的程度上有所不同，其食料种类和大小也有明显的差别。幼体只能摄食一些极微小的颗粒，以10 μm以内的食物颗粒为宜。主要为一些单细胞藻类（硅藻、金藻、扁藻、盐藻）。牡蛎成体的主要食料是硅藻及有机碎屑。鳃上具纤毛，对食物颗粒起过滤和运送的作用。

四、繁殖与生长

牡蛎多为雌雄异体，但有性变现象。一般满1龄性腺就成熟，并开始繁殖。繁殖期因种类的不同而有差异，同一种类由于生活海区不同，繁殖期也不同；就是同一海区，由于海况条件的变化，不同年份繁殖期也有先后。一般来说，牡蛎的繁殖期大都在本海区水温最高、盐度最低的月份里，整个繁殖期间，常会出现2~4次的繁殖期。繁殖方式分幼生型和卵生型。

牡蛎生长规律有两个类型。如长牡蛎、近江牡蛎、密鳞牡蛎等，在固着之后的若干年内贝壳都可以不断生长；而僧帽牡蛎、褶牡蛎等，生长基本上在一周年内完成，其中固着后的前3个月贝壳生长最迅速。

五、牡蛎的主要种类

（一）近江牡蛎

贝壳大型而坚厚。体形多样，有圆形、卵圆形、三角形和延长形。两壳面环生薄而平直的黄褐色或暗紫色鳞片，随年龄增长而变厚。壳内面白色，边缘灰紫色。闭壳肌痕甚大，大多为卵圆形或肾脏形，位于中央背侧。韧带槽长而宽。

（二）大连湾牡蛎

壳大型，中等厚度，椭圆形，壳顶部扩张成三角形；右壳扁平，壳面具水波状鳞片；左壳坚厚，凹陷较大，放射肋粗壮；韧带槽牛角形；闭壳肌痕近圆形，多为紫褐色。

（三）僧帽湾牡蛎

贝壳小型，薄而脆，大多为三角形。右壳表面具同心环状鳞片多层，颜色多样，多为淡黄色，间有紫褐色或黑色条纹；左壳表面凸出，顶部固着面较大，具粗壮放射肋，鳞片层较少，颜色比右壳淡些，前凹陷极深。韧带槽狭长，呈锐角三角形。两壳内面灰白色。闭壳肌痕黄褐色，卵圆形，位于背后方。

（四）长牡蛎

贝壳长形，壳较薄。壳长为壳高的 3 倍左右；右壳较平，鳞片坚厚，环生鳞片呈波纹状，排列稀疏。放射肋不明显；左壳深陷，鳞片粗大。左壳壳顶固着面小；壳内面白色，壳顶内面有宽大的韧带槽。闭壳肌痕大。

（五）密鳞牡蛎

壳厚大，近圆形。壳顶前后常有耳。右壳较平，左壳稍大而凹陷。右壳表面布有薄而细密的鳞片。左壳鳞片疏而粗，放射肋粗大。铰合部狭窄。

（六）褶牡蛎

褶牡蛎因外形皱褶较多而得名。贝壳较小，一般壳长 3~6 cm。体形多变化，大多呈延长形或三角形。壳薄而脆。右壳平如盖，壳面有数层同心环状的鳞片，无放射肋。右壳甚凹，成帽状，具有粗壮的放射肋，鳞片层数较少。壳面多为淡黄色，杂有紫褐色或黑色条纹，壳内面白色。

第二节　牡蛎苗种生产

一、牡蛎半人工采苗

（一）采苗海区

凡有牡蛎自然分布的海区，一般可以通过半人工采苗的方法采到牡蛎苗。采苗海区风浪要平静，地势平坦；砂泥质或砂质为好。潮流 40~60 cm/s 为宜。

（二）采苗器

①石类：花岗岩石块和石条为好。每块 2~4 kg 为宜，石条 1.2 m×0.2 m×0.2 m 或 1.0 m×0.2 m×0.05 m 左右。

②竹子：直径 1~5 cm、长约 1.2 m 的坚厚竹子，须除去竹酸或竹油。

③贝壳：一般多用牡蛎壳，也可以用大型扇贝壳。

④胶胎：汽车或者自行车外胎，编成胶皮绳，适用于筏式养殖。

⑤水泥制件：水泥棒规格一般有 50 cm×5 cm×5 cm 和 100 cm×10 cm×10 cm 两种；水泥片规格多为 22 cm×15 cm×1.5 cm。

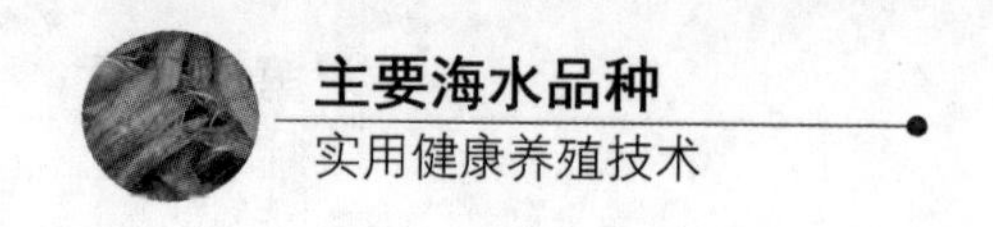

（三）采苗期及采苗预报

各牡蛎采苗期长短不一，一般取牡蛎的繁殖盛期作为采苗期。采苗时往往集中在1~2个月时间内，为掌握采苗季节，需进行采苗预报。采苗期可通过牡蛎性腺发育情况，海水中浮游幼虫鉴别及发育状况，结合海况变化的观测来确定。当乳白色的生殖腺覆盖了整个内脏团的表面后，如海区海水比重下降或遇较大风浪，大多数牡蛎的软体部突然消瘦，表明牡蛎已经大批量排放精卵。一般在产卵后半个月左右幼虫可固着。如果结合拖网镜检幼虫，准确度更高。当发现大量牡蛎幼虫发育至壳顶幼虫时，应立即组织人力投放采苗器。各地应当调查当地具体情况，掌握好历史资料，找出准确的采苗期，以便更好地组织生产。

（四）采苗器投放量

采苗期投放量，根据场地水深、地质软硬、水流的缓急和附着器的种类而定，各地区不完全一致，一般用量见表13-1。

表13-1　蛎田场地建设材料用量

采苗器类型 / 场地	石类			蛎壳	水泥制件			竹子
	大块（3~5 kg）	小块（1~2 kg）	石条		棒	瓦	正方形	
浅滩区	15~18 m^3	10~15 m^3	1 500~2 000条	8~10 m^3	2 000~5 000支	3 000~5 000块	2 000~3 000块	10 000~150 000支
浅水区	25~35 m^3	15~20 m^3	—	10~15 m^3	—	—	3 000块	—

（五）采苗场地整理

蛎田规格视附苗器种类和场地条件而定，一般每块场地宽 12 m 左右，长度从中潮区一直至低潮区。两块蛎田间留出宽 4 m 的交通沟，并把沟中的泥沙堆在蛎田的中线处，尽量使中间高、两边低，以利于排水，使土质变硬。

二、牡蛎人工育苗

牡蛎的人工育苗，即牡蛎的繁殖、发生、幼虫培育、附着成苗都是在人为控制的条件下进行的全过程，常用于牡蛎杂交种、三倍体、单体牡蛎苗种的生产。

（一）亲贝的选择与暂养

①选择选择 2~3 龄，壳长 12 cm 以上；健康、无病、贝壳完整。

②暂养清除壳面上的各种附着生物，亲贝装入网笼，疏挂于肥沃海区精养。在临近产卵前 1~2 d，取回亲贝，放养于室内大水体中，放养密度 30~35 个/m^2，每天两次投喂足量的单胞藻类，或适量（3~5 mg/L）豆浆、淀粉等饵料，促进性腺的发育和成熟。

（二）催产与卵化

1. 催产

常采用阴干、变温、流水的综合刺激方法。

阴干时间 6~10 h，并结合清洗亲贝贝壳上的脏杂物；升温刺激的温度以超过常温 3~5℃为宜；流水刺激 1~2 h，流速 15 cm/s。

2. 洗卵

种贝取出后静置 1 h，放掉上面的水，再加入新水，一般洗卵 2~3 次。

3. 孵化

用虹吸的方法分池孵化，孵化密度 30~50 个/mL，水温 23~25℃，加氯霉素 2 mg/L，定时搅水、充气。

（三）幼虫培育

1. 选优

受精卵发育至担轮幼虫或面盘幼虫后，吸取孵化池上层 3/4 的健康幼虫用以育苗，弃去余下 1/4 的劣质幼虫，选优应及时。

2. 培育密度

幼虫培育密度掌握在每毫升 15~20 个为宜。

3. 饵料

饵料主要用角毛藻、金藻、扁藻等单胞藻；投饵量应根据饵料种类、密度及幼虫的发育阶段、幼虫密度、幼虫胃肠饱满度等情况随时作适当增减。

4. 充气

连续充气，每平方米放置一个气头（长 5 cm、直径 2~3 cm 圆形散气石），气量以每分钟达到总水体的 1%~1.5%为宜。

5. 育苗用水

①海水盐度 20.93~30.12，最适盐度 23.56~26.18；海水 pH 值 7.9~8.4。

②育苗水温 22~29℃，最适 25~27℃。

③溶解氧每升水体 4.5 mg 以上；氨氮含量每升水体 0.2 mg 以下。

④开始培育的 3~4 d 以加水为主，逐日加入新鲜砂滤海水；池水加满后，视幼虫发育情况，选用合适筛绢网进行换水。

⑤每天换水量为原池水的 1/4~1/2，至壳顶中期换水 1/2~2/3，壳顶后

期 2/3～4/5，附着后可全换水。

⑥培育期间应及时进行池底吸污，并适时翻池。

6. 日常管理

①及时进行池底吸污。

②换水前检查换水网箱是否破损。

③镜检幼虫摄食和生长速度，晚上要用手电筒检查幼虫的活动、数量和分布情况。

④监测水质，维持恒定的环境条件。

⑤发现问题，及时处理解决。

（四）附苗

当浮游幼虫发育至 250～300 μm，眼点出现率达到 30%时，就可以投放采（附）苗器。

1. 附苗器处理

附苗器可用扇贝壳、牡蛎壳或塑料盘。将附苗器洗刷干净，太阳光暴晒；使用前 7～10 d，放入海水中浸泡一周，在投放之前用漂白粉（有效氯含量 5～10 mg/L）或高锰酸钾 10～20 mg/L 消毒，而后用砂滤海水冲洗干净。

2. 附苗器数量

主要取决于浮游幼虫多寡、要求附苗密度和附苗率来决定。附苗率一般在 22%～30%，生产上一个贝壳（平均面积 40～60 cm^2）以附苗 20～30 个为宜。

3. 附苗量检查

注意附苗器阴阳面的附苗数量，及时进行附苗器的倒置工作，以使附苗均匀，便于今后的养成管理。

（五）稚贝中间培育和下海养成

人工育苗获得的稚贝，可在土池或室内水池进行中间培育后即可下海养成。室内中间培育的工作大致与浮游幼虫培育相同，但应加大换水量和投饵量。中间培育的稚贝至壳长 2 cm 左右，应及时分散附苗器，移入海区养成。

（六）疾病管理

牡蛎幼体易感染鳗弧菌、溶藻酸弧菌病。表现为活动能力明显下降，突然大批死亡，镜检发现体内有大量病菌，面盘不正常，组织溃疡、崩解。防治方法：

①保持水质清洁，加强水体和沉积物的细菌检查；
②发现病患幼体立即销毁；
③投喂的单胞藻保证无弧菌感染；
④使用经过滤、臭氧和紫外线等消毒的海水。

第三节　牡蛎养成

一、养成场地选择

牡蛎的滩涂播养应选择风浪小、潮流畅通的内湾，底质以沙泥滩或泥沙滩为宜。潮区应选择在中潮区下部和低潮区附近。潮位过高，牡蛎摄食时间短，影响生长；潮位过低，则易被淤泥埋没。

（一）水温

牡蛎属于广温性贝类，对温度的适应能力强，适温为 3~32℃，较适宜水温为15~25℃。当水温超过28℃时，牡蛎生长缓慢或停止。在天气酷热的盛夏，位于高潮区的蛎苗，由于贝壳较薄，常常有被晒死的现象。

（二）溶解氧

牡蛎对溶解氧的要求不高，一般在4 mg/L以上即可生存及生长。

（三）盐度

牡蛎属于广盐性种类，但各种牡蛎对盐度的适应性不同，这是决定牡蛎水平分布和养殖场地选择的主要条件之一。近江牡蛎和褶牡蛎适应的盐度为5~25，最适盐度为10~20。太平洋牡蛎适应盐度的范围较广，一般在盐度6~33的海区都有分布。

（四）透明度

牡蛎对透明度无特别的要求，但以饵料生物丰富、透明度适中的海域生长最好。

（五）水流

流速越大，对牡蛎的生长越有利，流速快则滤食饵料生物多，牡蛎的肥满度较高。

（六）抗旱力

牡蛎的耐干旱能力较强，一般在冬春季可离水存活6~7 d，夏秋季可离水存活3~4 d。

二、养成方法

（一）插竹养成法

适用于浪平静、流速缓慢、盐度高、软泥或泥沙底质的内湾。用此采到的蛎苗就地养殖。养殖成时，需将蛎竹稀疏，以利于牡蛎生长。当年春季固着的蛎苗到年底即可收获。秋季固着的蛎苗要延至翌年冬季才能收获。

（二）垂下养成法

1. 筏式养殖

此适用于干潮时水深 4 m 以上、风浪平静的内湾，结构大小因地而异，没有统一规格。可通常用圆和毛竹扎成，有 5 m×10 m 的，也有 10 m×10 m 的，每台筏用 6~9 个浮桶或其他浮子作浮力，并以锚固海底，将采苗的附着器悬挂在筏子上进行养成。

2. 延绳式养殖

此式有较大的抗风能力，适用于外海养殖，基本构造是用两条直径 2 cm，长 70~75 m 的绠绳并列，两端各以锚固定，绠绳上按等距离连结 12 个聚乙烯浮子，将采苗的附着器，悬吊在绠绳养殖。

3. 栅架式养殖

此法适用于滩涂坡度较小，干潮时水深 2~3 m，底质为泥或沙泥、风浪平静的海区。在海底树立木桩或水泥桩，上面用竹竿架设成栅架，将采苗器挂在栅架上养殖。在养成期间，必须做好日常管理工作，如移石、防洪、越冬、清除敌害、育肥和整修浮筏等各项工作。

（三）立石养成法

用此方法所采到的蛎苗就地继续养成，若蛎苗固着过密，要适当稀疏。竖立在海区的石柱，一般不移动位置，作为永久性的养殖器材置于海区。收获时将牡蛎从石柱上铲下来，运回岸上开壳肃肉。

（四）桥式养成法

用此法采到的蛎，经过1个月的培养，个体增大，此时需将石板重新疏排整理，以免影响生长。疏排时，将6~7块石板组成一组，组间用石条连成一长列，组间距50~60 cm，列间距1~2 m，经过一段时间养殖后，将蛎石的阴面与阳面互换，使两面牡蛎生长均匀，到年底即可收获。

（五）投石养成法

此法适用于底质较硬的潮间带和潮下带，选用拳石或较大的石块作附着基。

1. 满天星式

将蛎石均匀地分散在养成场地，每亩投蛎石3 000~5 000块。此适用于深水区。

2. 梅花式

以5~6块蛎石堆成一堆，呈梅花形，每堆间距30~50 cm，在养成场分散养成。

3. 行列式

蛎石成行排列在养成场里养殖，每行的宽度约30~60 cm，行的长度与蛎田的幅宽相等，行距为50~100 cm。

三、养成管理

（一）翻石（移石）

就是移动一下蛎石的位置，在干潮时用蛎钩或徒手将固着器拔起，放在旁边原来的空位上，重新依次排列。翻石可避免牡蛎被淤泥埋没窒息而死，并能搅动浮泥，增加饵料和营养盐，促进牡蛎的生长。一般养成期间翻石 2~3 次。

（二）防洪

在多雨季节，须注意预防洪水流入，或是围堤挖沟抗洪，或将牡蛎移向高盐的深水海区进行暂养。

（三）越冬

在北方养殖的大连湾牡蛎、近江牡蛎，一般都要经过 2~3 个冬季结冰期。在结冰前要进行一次检查，将可能受到威胁的牡蛎向深水移植，使其安全过冬。

（四）育肥

在收获前 1~2 个月，将牡蛎移到优良的育肥场育肥，以达到增产的目的。为了保证牡蛎有充足的饵料，育肥密度要小，一般 1 亩养成区的固着器可扩大 3 倍面积进行育肥。

（五）防止人为践踏

滩播牡蛎只能在滩面上滤水摄食，一旦陷入泥中就无法正常生活而窒息死亡。严禁随意下滩践踏，管理人员下滩时应沿沟道行进。

（六）疏通沟道

经常检查排水沟道是否被淤泥、杂物阻塞，要保持水流畅通。退潮后滩面应尽量不积水，以防水温过高、敌害潜居、浮泥沉淀等造成牡蛎死亡。

（七）除害

牡蛎的敌害很多，要结合翻石时进行清除。在红螺、荔枝螺繁殖盛期7—9月，应潜水捕捉其亲贝及卵袋；在蟹类活动频繁的季节里，要加强管理，进行捕捉。

（八）防风

台风对养殖设施破坏很大，还会卷起泥沙埋没固着器及牡蛎。因此，台风过后要及时抢救，修理筏架，扶直倒下或埋没的附着器。

四、收获

收获年龄因种类不同而异，褶牡蛎一般1~2龄收获；近江牡蛎、大连湾牡蛎和太平洋牡蛎等2~4龄收获，收获季节一般在3—4月。收获时，在底质平坦的海区，用蛎子网捞取。蛎网网口用铁架制成，网前有铲头6~8个，在拖网过程中铲蛎入网。在底质不平的岩礁底海区可先用钢丝耙取，再用抄网捞起；也可用蛎夹将蛎石捞起，进行采收。在潮间带养殖的牡蛎，可在干潮时装船运回岸上开壳取肉，或在滩上直接从附着器上铲下运，垂下养殖的牡蛎，可以直接在船上将牡蛎采收下来。

第四节 牡蛎其他养殖模式

一、滩涂播养

（一）场地选择

滩涂播养应选择浪小、潮流畅通、无污染的内湾，底质以砂泥滩或泥沙滩为宜。潮区应选择在中潮区下部和低潮区附近。

（二）播苗季节

一般在每年的3月中旬至4月中旬播苗较为适宜，生产上最迟可在5月中旬播苗。

（三）播苗方法

1. 干潮播苗

就是在退潮后滩面干露时播苗。播苗前应将滩面整平，或筑成畦形基地再播苗。干潮播苗应尽量掌握播苗后即开始涨潮，以缩短蛎苗露空时间，避免中午日光暴晒时播苗。

2. 带水播苗

就是涨潮后乘船播苗。播苗前将滩面划成条状，插上竹竿、木杆等作为标志，待涨潮后在船上用锹将蛎苗撒下。带水播苗由于不能直接观察到蛎苗的分布，往往造成播苗不均匀。

3. 播苗密度

应根据滩质好坏、水的肥瘦而定。优等滩涂每亩播苗12万粒左右，中等的10万粒左右，一般差的可播苗6万~8万粒。

二、蛎、虾混养

（一）虾池选择

混养牡蛎的虾池，底质以泥或泥砂质为宜，水深为1.3 m以上，日平均换水率应达50%左右。前期透明度应控制在40~50 cm，中后期控制在50~60 cm。

（二）场地整理

苗种放养前，要彻底清淤，用推土机等工具将播放牡蛎苗种处的池底整平压实，呈微凸状，略高于周围底面，可防蛎苗下沉被淤泥埋没致死。

（三）播苗事项

在保证正常对虾放养密度前提下，牡蛎苗种的播养量以3万粒/亩左右为宜。播苗时间应选择在4月初，苗种子选手规格以壳长2 cm以上为好。播苗应力均匀，并避开环沟低洼处和投饵区，播苗面积占池底面积的1/4~1/3。

第五节　牡蛎的养殖实例

2015年牧洋水产养殖有限公司进行长牡蛎的海上养殖。8月30日从威海引进牡蛎苗种6万串，规格1.5~2 cm，每吊20簇。设置海上养殖筏架400台，养殖面积达4 000亩，一条养殖绳挂牡蛎120吊。2015年8月30日引进至2015年12月1日，经过3个月生产，由2 cm长到6~8 cm，平均重量达36 g/个。此次养殖长牡蛎总产量108万kg，市场价3.6元/kg，收

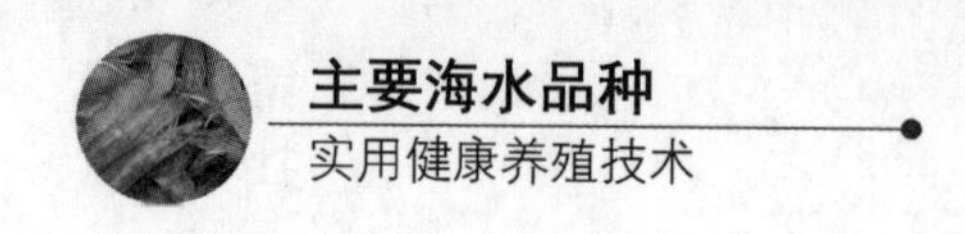

获颇丰。

养殖方式主要是吊绳养殖，将固着牡蛎苗的贝壳用绳索串联成串，中间以 10 cm 左右的竹管隔开，吊养与筏架上，一般每绳长 2~3 m，长牡蛎一般需养 15~18 个月即可收获。垂下养殖法是目前国内外牡蛎养殖的先进技术，且具有养殖周期短、产量高等优点，是我国牡蛎养殖的发展方向。

第十四章
鲍鱼养殖

鲍鱼又称“鳆鱼”，属腹足纲，足部肥大、肉质细嫩、营养丰富、味道鲜美，具有较高的食用价值，自古被誉为海味珍品之冠，素有“一口鲍鱼一口金”之说，是一类符合现代人追求的高蛋白、低脂肪的高级海鲜。鲍壳是著名的中药材石决明，又名千里光，有明目功效。其壳内珍珠层色彩绚丽，是制作装饰品和贝雕之佳品。随着全世界的海域，包括中国、日本、中东、澳大利亚等鲍鱼产量出现急剧下降的趋势，鲍鱼的养殖越来越引起社会的关注。2003—2011年的8年间，我国鲍鱼养殖产量从9 810 t快速增加到76 786 t，年产值超过100亿元，其中养鲍大省福建省更是从3 156 t增加到60 407 t，创造了巨大的经济效益、社会效益和生态效益，并使鲍鱼养殖成为我国海水养殖产业的重要组成部分。虽然我国养鲍业发展迅速，但受理论知识的限制，许多问题正制约着养鲍业的健康、稳定、持续发展。笔者结合养殖实际和研究成果，简述鲍的基本常识和养殖方法及养殖过程中常遇到的疾病问题，以期为鲍鱼养殖者提供一定的参考。

第一节　鲍的生物学

一、形态特点

（一）皱纹盘鲍

皱纹鲍鱼又称虾夷盘鲍（图 14-1），其贝壳大，坚实，椭圆形。螺层约三层。体螺层大，几乎占贝壳的全部，其中有 1 列由突起和 4~5 个开孔组成额螺旋螺肋。壳面被这列突起和小孔分成左右两部分。左部狭长且较平滑。右部宽大、粗糙、有多数瘤状或波状隆起。壳表呈深绿褐色，生长纹明显。贝壳内面银白色，壳口大，卵圆形，外唇薄，内唇厚。主要分布于辽东、山东半岛的黄海和渤海海域。是我国沿海鲍科中最重要的经济种类之一，品质最好、价格最高、最受青睐。

图 14-1　皱纹盘鲍、杂色鲍（引自百度）

（二）杂色鲍

杂色鲍又称九孔鲍，其贝壳坚厚呈耳状。螺旋部小，体螺层大。壳面的左侧有一列突起，壳孔一般为7~9个。壳表呈绿褐色，生长纹细且密。贝壳内面银白色，且有珍珠光泽。外唇薄，内唇向内形成片状遮缘。足发达。主要分布在南方，如福建、浙江、台湾、海南等地近海海域中，其生长速度快，耐粗放养殖，是南方海域中最重要的经济种类之一。

二、生活习性

（一）栖息场所

鲍鱼为狭温狭盐性贝类，其生活海域的环境，要求水质清澈，潮流通畅，海水的盐度常年保持在3以上，海底为岩礁底质，并且有较丰富的大型饵料藻类生长，如褐藻、绿藻和红藻等 。皱纹盘鲍多分布于15 m水深以内，以2~6 m处最多；杂色鲍分布于20 m以内水深，以3~10 m处最多。

（二）活动习性

鲍鱼有定居的习性，在饵料丰富的岩礁带，一般不会出现大的移动。它营匍匐生活，昼伏夜出，其摄食量、消化率、运动距离和速度、呼吸强度均以夜间为大，白天只在涨落潮时稍作移动。自然海区中生活的鲍鱼，有明显的季节性移动，冬春季水温低时向深水处移动，初夏水温回升后便逐渐向浅水处移动。鲍鱼很敏感，在受到惊吓或遭敌害袭击时 ，迅速收缩头、触角、眼柄、触手 ，用平展的足面紧贴于岩石上。皱纹盘鲍10个月仅移动100~150 m；盘鲍一年移动180 m；杂色鲍一年只在30~50 m范围内活动。

（三）食性

成鲍为杂食性动物，食料种类以褐藻类为主，兼食红藻、绿藻、硅藻、种子植物及其他低等植物，并杂食少量动物。鲍对饵料具有主动选择的能力。

以裙带菜、巨藻嫩叶及海带的被摄食率最高。

三、繁殖和生长

鲍鱼繁殖季节，雄性和雌性的生殖腺成熟以后，便分别把精子和卵子排到体外的海水中，卵子在海水中遇到精子就可以受精发育。我国黄、渤海产的皱纹盘鲍，在水温 20~24℃的 7—8 月开始繁殖，南移至福建东山后，相继两年的生殖适温度无明显变化，在水温 21~24℃的 4—5 月间进行繁殖。鲍的生长大致分为三个阶段。杂色鲍从担轮幼虫阶段发育到面盘幼虫阶段需要 10 h 左右，从初期匍匐幼虫发育到围口壳阶段需要 1. 5 d，围口壳阶段到上足分化阶段的匍匐幼虫需要 9 h 左右。上足分化后的幼虫形成能呼吸的稚鲍，生长较快的需要 24. 5 d。杂色鲍和盘鲍从幼虫发育到稚鲍阶段的增长速度无显著差异，平均日增长 63 μm 左右。鲍的生长受到年龄、水温、光照等条件的影响而有所差别。

第二节　鲍的苗种生产

一、亲鲍育苗设施

培育室：房间不宜大，保温好，有条纹设备。

培育池：水泥池或玻璃钢水槽。

充气泵：无油气体压缩机。

海水升温设施：升温或热水器。

二、育苗池及育苗用水处理

育苗池彻底用漂白粉消毒清刷，冲洗干净。培育用海水要经过砂滤，水质好（达标）。盐度30~34。

三、亲鲍选择

由成鲍中选择健壮7~8 cm以上的个体作为亲鲍，要求其肥满度好营养积累充分、雌雄可辨别、性腺发育良好。亲鲍分开暂养海区或池内。每隔2 d投一次饵，投饵量不宜过多，以防污染水质。保证水中含氧量充足，并随时检查性腺发育状况。待性成熟将分开的亲鲍转入同一池中饲养，雌雄鲍的比例为4∶1。

四、催产

人工诱导采卵是鲍鱼人工育苗特别是大规模生产育苗必不可少的技术之一。常用的方法有变温刺激法、阴干刺激法、流水刺激法、含氨海水刺激法、紫外线照射海水刺激法等，以紫外线照射海水刺激法应用效果最好，得到国内外普遍认同。

五、受精、洗卵、孵化

（一）受精

精子的受精能力随时间延长而衰减，且与水温有关，水温在20℃以上时，须在产卵排精后1 h内完成受精。受精前更换新鲜海水，受精、孵化效果更好。

（二）洗卵

再受精作用30~50 min，卵子全部下沉后，即可利用自动洗卵器，流水洗卵，还可过滤洗卵。洗卵的目的时清除多余精子。

（三）孵化

孵化密度一般掌握在15~20粒/mL，孵化期间要经常换水。

六、浮游幼体选育

将选育出来的健壮幼体抽吸出来继续培养，同时将水槽底的畸形或未孵化的卵处理掉。匍匐幼虫管理尤为重要，当幼虫附着于采苗器后，采用流水式培育，同时进行微充气以增加水中溶氧量；此时开始投喂各种小型藻类，藻类可预先人工室外培养。当第1呼吸孔出现后，方可投喂大型海藻（如浒苔、石莼）。进入幼鲍期后养殖3~4个月再移到选定的海区或人工池内饲养。

七、幼体培育

在鲍鱼受精卵进入育苗池后，8~10 h担轮幼体即可孵出。此时，育苗池中应保持适宜的光照条件和24℃左右的水温。担轮幼体在经过2 d左右的悬浮期后，在事先铺好的塑料薄膜上进行附着。此时应保证池中氧气充足，担轮幼体在该环境下约1个月时间即可进行上足分化，进入稚鲍阶段。

八、病害防治

严格日常管理，保持水质干净、池体清洁、饵料新鲜和适应鲍鱼生长的理化环境，是防止鲍鱼发生疾病的关键措施。目前鲍鱼工厂化养殖过程中发现的主要病害有气泡病、脓疱病、溃疡病等。

第三节　鲍的养成

目前我国的工厂化养鲍，南方地区以深水池立体养殖为主，北方地区以单层水槽养殖为主，还有多层水槽养殖的单位。在此主要叙述深水池立体养鲍技术技术。

一、养成设施与器材

主要包括厂房、养成池、供排水系统、供气系统、控温系统和养鲍器材等。

（一）厂房

较为理想的厂房应是半透明的双层保温屋面，屋面下设调光帘，墙体使用保温建材，在山墙的高处设置可以控制的通风孔。

（二）养成池

养成池为长方形，有效水深 1.2~1.6 m 适宜，宽度可设置成 1 m 或 3 m，长度在 6~10 m 为宜；进排水系统分设两端，排水孔上设置可灵活插入的溢水管；池底顺纵向设置宽 6~10 cm、高 10~15 cm 的条状搁箱台。宽 1 m 的池子在中线处设一条，距中线 40 cm 处各设一条，共 3 条搁箱台，可放置两列养鲍箱（箱的长度为 40 cm）。宽 3 m 的池子再在两边和距两边 40 cm 处设 4 条，共 7 条搁箱台，可放置 4 列养鲍箱。两边列与中间两列间形成两条池内走廊，供投饵和清池用。池子并排，一般 2 个或 4 个池子为一组，组间有走廊，池子两头设走廊，排水端设排水沟。

（三）供排水系统

由水泵自海区抽水，经过滤装置后进入养成池，每个池子配置的供水阀门应达到半小时之内能注满水池为准。排水系中，可利用加宽的排水沟作为循环水池，最好另建循环水池。循环水池的作用，是在自然水温超出鲍的适宜生长水温时，能节约能源和促进鲍生长，还用于药物防病治病时实行循环流水。循环水系应配置海水过滤装置、消毒装置及循环水泵等。过滤装置一般分为（用网衣、活性炭等吸附物体）吸附过滤、曝气分选过滤和砂滤等方法，三者合用效果更好。经循环过滤的水，经 1 mg/L 左右的臭氧消毒（设备造价较高），或紫外线消毒，或使用 2 mg/L 的漂白液消毒后，再由管道注入养成池中。循环水系统应与厂房布局紧凑，以减少工程造价、提高效果。

（四）供气系统

本系统包括空气压缩机（气泵）、输气管道和充气管等。

二、养殖密度

使用福建连江式养鲍箱，1 m 深的水池可每 5~6 个箱摞成一组，池宽 1 m，可在中间放置两列；养殖皱纹盘鲍，壳长 2 cm 鲍苗每箱放 50~60 个，壳长 4 cm 鲍苗每箱放养 40 个左右，壳长 5~6 cm 鲍每箱放养 30 个左右。养殖杂色鲍可加倍。

三、水温控制

鲍属于变温动物。皱纹盘鲍的生长水温是 10~25℃，最适生长水温是 18~22℃。杂色鲍适宜生长水温是 20~27℃。养殖皱纹盘鲍水温低于 10℃、高于 25℃时也应采取控温措施。养殖杂色鲍水温低于 15℃、高于 28℃时也应采取控温措施，因为是工厂化生产，必须保证其高的成活率和高的生产效益。

四、养成管理

（一）充气

深水池工厂化立体养鲍，由于养殖密度大，保证连续大充气是成功的关键。

（二）换水

室内水池养鲍必须长流水，日流水量最好能达到 10 个量程左右。在人工控温时期，为节省能源，需进行循环流水。水重复利用时，应进行过滤和消毒处理，以提高循环水的质量。

（三）投饵与清池

工厂化养鲍，由于采取了不同程度的水温控制，鲍常年处在生长状态，因而需常年投饵。饵料仍以嗜食新鲜大中型藻类为首选。但是在常年的生产过程中，难免有新鲜藻类供应不足的地区和季节，势必要投喂其他饵料。

（四）盐度监测

鲍鱼在高盐度下摄食量减少，影响生长，低盐度下无法存活，其适应范围 25~34。在养殖过程中，要进行盐度监测，盐度发生变化时，要及时采取措施调节。此外应注意两种情况：①炎热的夏季因水分蒸发而使池水的盐度升高，所以在夏季要特别注意池水的补充与更新；②雨季或台风季节带来的大量雨水给养殖池和海区水源带来盐度变小。遇到这种情况，要让雨水尽量从溢水口自然溢出，雨后等海水盐度正常时及时换水，必要时可在养殖池或蓄水塔内悬挂盐包，让盐自行溶解，防止盐度急剧下降。

（五）溶氧量调节

此养殖池必须保持连续充气或保持流动水，一般 1 m^3水体的充气量应在 70~100 L/h，流水量每天应不少于培育水体的 3~6 倍。鲍鱼生长需要清新的海水和充足的溶氧，养殖池的溶氧量应维持在 5 mg/L 以上。

（六）酸碱度调节

鲍对水的 pH 的适应范围为 7.5~8.5，所以要密切注意池水的 pH 值变化，保证水中钙离子含量；同时鲍鱼对铜、汞离子的影响十分敏感，要注意防止重金属的影响。

（七）光照控制

鲍属于昼伏夜出型动物，喜欢黑暗。但在室内高密度养殖条件下，若常年黑暗（类似坑道养鲍），会使车间内产生较多的有害微生物。为避免这种不利因素，需经常定期进行日光暴晒消毒，一般每星期暴晒一次。暴晒的方法是晴朗的白天将遮光帘和窗帘全部敞开，同时对排水沟和走廊等进行清刷干净，让日光照射车间内各个角落。傍晚再将遮光帘合拢。通常白天车间内光照强度用遮光帘调节在 500~2 000 lx 为宜。

五、病害防治

随着养殖规模的扩大，鲍的病害如气泡病、脓包病、溃疡病、脓包病、肌肉萎缩症、烈壳病等也越来越多，给养殖户造成重大损失。针对日趋严重和变化多端的疾病，建议采取“预防为主、防治结合、防重于治”的原则，每隔一个月用相关药物消毒池水，定期在饲料中拌入药物加以预防。

六、收获

当杂色鲍的大小为 5~6 cm 时，皱纹盘鲍大小为 6~7 cm 时就可以起捕上市。从提高经济效益的角度来讲，在入冬之前进行采收比较合算，此时的鲍，个体肥满，而进入冬季之后，鲍的摄食量减少，基本上停止生长，体重趋于下降。鲍的强大的足部肌肉吸附力极大，要手工从附着物体上剥下来非常困难。过去人们常用棒状工具猛然撞击，或用铲状、平锥状工具铲撬等方法剥离鲍。这些方法极易造成鲍体的损伤，或者损坏鲍壳，或者损伤足面。鲍的足部一旦被损伤，几天内就会大批死亡，商品价值受到很大影响。为使收获的鲍完好无损，人们已研究出了使用高盐或低盐海水、酒精海水溶液等麻痹（麻醉）方法和电击法剥离鲍。其中酒精麻醉剥离和电击剥离法，在收获室内养殖和筏式养殖的鲍时被普遍使用。收获方法可用地笼、拖网等，并可参照鲍的收获方法。

第四节　鲍的其他养殖模式

鲍的养殖方法大体有筏式养殖、潮间带围池养殖、岩礁潮下带沉箱养殖、潮下带垒石蒙网养殖、陆上工厂化养殖、底播放流增殖等。

（一）筏式养殖

筏式养殖是利用类似于海带、扇贝等的浅海养殖筏架和鲍养殖网笼，装入鲍苗进行人工投饵养殖。其优点是养殖设施器材投资小，生产成本低，管理较为简便，扩大养殖规模受限较少等。其缺点在于养殖海区水环境难以控制，受温度盐度变化、海水污染及病害感染侵袭等的影响较大。遇上大的风浪，筏架和笼子易受损失。筏式养鲍可采取鲍藻间养的方法，即隔行或隔区实行贝藻间隔养殖的方法。本方法既可以达到贝藻养殖的生态互补的目的，又便于就近取饵投饵，

（二）潮间带围池养殖

青岛地区大规模开发了这种养鲍方式。其特点是在潮间带的低潮区围筑半封闭式池塘，在池内投放石块等构筑人工礁，或设置类似于沉箱式的网箱，

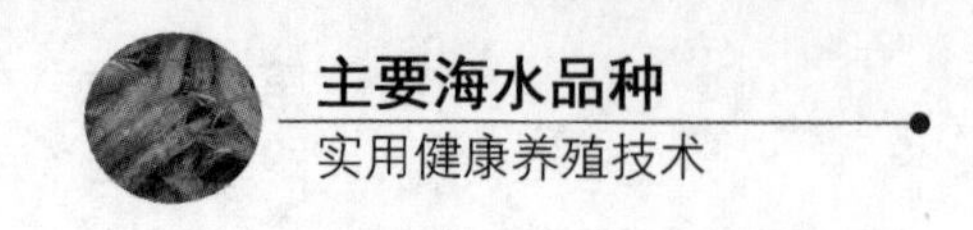

进行人工投饵养殖。所谓半封闭式，就是涨潮时水能漫过或自由进入池塘，落潮时池塘又能保存设定的水深，利用潮差进行水体交换。这种养鲍方式的优点是投资小，生产管理灵活方便，操作简单，安全性大，生产效益高。缺点是受潮差、气温等影响较大，适宜海区不广阔。

（三）潮下带垒石蒙网养殖

本方式的特点，是在地质稳定的潮下带堆垒石块构筑小型人工礁，礁外蒙上防逃网，网的顶部设有供放苗和投饵用的长网袖口，进行人工投饵养殖。此方式的优点是投资小且养殖效果好。缺点是养殖周期长（超过两年），石堆内沉积物及敌害不易清理，管理、检查和收获比较麻烦。

（四）底播放流增殖

鲍的周年移动范围不大，与游泳性动物放流的概念有别，这是一种粗放增养殖的方法。选择潮下带 3～20 m 深且大型海藻较丰富的岩礁或大块石海底，清除敌害生物，播放幼鲍，进行看护管理，也可在底质稳定的海区构筑人工礁，进行播苗增养殖。待鲍长到商品规格时收获。鲍在自然海区中生活，移动距离很小。壳长 10 cm 的皱纹盘鲍一昼夜活动的水平距离离起始点最远 80 m 左右，1 年后移动最远不足 200 m。由于这种移动范围小的特点，大大提高了放流回捕率。此方式的优点是生产成本极低，只要播放的鲍苗规格和密度适宜，生产效率会很高。缺点是受海域环境变化的影响较大，清除敌害生物较为困难。

另外，还有坑道养鲍、陆上露天水池养鲍、岩礁潮下带沉箱养鲍等养殖方法。

第五节　鲍的养殖实例

福州万发水产养殖公司是定海村的支柱企业，公司成立于2002年，经过10年发展，已经从当年5 000 m^2 的育苗工厂，扩展到了 2×10^4 m^2，成为福州市最大的鲍鱼育苗基地。万发这10年的发展，是定海村10年养鲍技术革新的缩影。

6台海水空调机分布在养殖基地的各个育苗室外。海水空调机流入育苗池的海水能终年保持22℃，这是鲍鱼育苗和生长的最佳温度。通过恒温控制，苗种上市时间从原来的清明前后提前到了1月。常年恒温也降低了鲍鱼苗的发病率，苗种质量和产量都有显著改善，每年利润能够提高20%~30%。

除了引进控温技术，当地渔民还自主发明新型网箱改进养鲍技术。过去用的鲍鱼网箱是抽屉式的，长宽高分别是0. 3 m×0. 45 m×1. 25 m。新型敞口式网箱长宽高分别是1. 3 m×1. 3 m×0. 3 m，搭配上敞口渔网，敞口式网箱养殖的鲍鱼量能抵得上抽屉式网箱的5~6倍。目前已经使用十多年的木质旧渔排正在渐渐退出定海湾等深线10 m以上的养殖海区。

第十五章
栉孔扇贝养殖

第一节　栉孔扇贝生物学特性

栉孔扇贝（图15-1）属软体动物门、瓣鳃纲、珍珠贝目、扇贝属，俗名干贝蛤、海扇，其养殖规模和产量都居世界第一位，目前是沿海发展经济的重要产业之一。正是由于扇贝具有较高的经济价值，世界上的许多沿海国家都大力发展扇贝的增养殖业。

图15-1　栉孔扇贝

一、形态特征及分布

栉孔扇贝的壳色变化较大，一般为紫褐色或橙红色，少数为淡棕褐色、紫色、黄色等。贝壳呈扇形，壳高略大于壳长。两壳基本等大，但左右壳的肋纹及耳的形状等不同。前耳与后耳比相较大，常能达到其 2 倍大小。左右壳的前后耳，除了右壳前耳呈长方形其他均呈三角形。右壳前耳的腹面有一凹陷，形成一孔既为足丝孔，在足丝孔的腹面、右壳上端边缘生有小形栉状齿 6~10 枚，足丝发达。贝壳表面有放射肋，其中左壳放射肋发达，肋纹有大小之分，其中主放射肋约 10 条（8~13 条），肋上生有棘状突起；其余的肋略细小，棘状突起不明显；右壳放射肋约为 30 条，主次肋肋纹差别不明显，棘状突起不明显。

贝壳内包被有软体部。软体部包括外套膜、闭壳肌、内脏团、足、鳃等部分。扇贝的外套膜有两叶，包被与内脏团及足、鳃之外。中央区薄而透明，围绕于闭壳肌周围；边缘厚，游离，外缘生有触手等感觉器官。左右两叶外套膜仅在背缘相连，其他部分分离。外套膜可分为 3 层：外层膜，贴近贝壳内面，白色，无触手。中层较厚，灰黄色，边缘上生有发达的触手和外套眼。外套触手分为两组，外侧的一组触手短小，数量多，排列紧密；内侧一组触手大而长，最大长度达 2. 5~3 cm。排列较为稀疏。外套眼小，圆形，黑色，闪蓝绿光泽。内层最发达，位于外套膜边缘，伸展成帷幕状，边缘上有一排小触手。

扇贝属于单柱型双壳类，前闭壳肌退化，仅保留后闭壳肌。后闭壳肌由两部分肌肉构成，靠近前背部的为横纹肌，作用是使双壳迅速关闭；靠后部的肌肉较小，为平滑肌，其作用是使贝壳持久关闭。人们经常食用的扇贝柱就是其后闭壳肌。

扇贝的足为圆柱形的肌肉质器官。伸展时略扁，末端窄，腹面中央有一条纵沟将其分为左右两瓣。沟的基部生有足丝，可从足丝孔伸出壳外。

栉孔扇贝自然分布于中国北方的辽宁和山东等浅海水域，以及朝鲜西部和日本近海，是我国北方沿海养殖的主要扇贝种类之一。

二、生活习性

栉孔扇贝的生存水温为-1.5～28℃，生长适温15～25℃，水温低于4℃基本不生长，水温超过25℃生长减缓。栉孔扇贝的自然繁殖水温为14～22℃。自然条件下扇贝大都生存在盐度较高的海域，对盐度变化的适应能力不是太强。适应的盐度范围在23～35。

栉孔扇贝为滤食性贝类，自然状态下以滤食海水中的浮游微藻类及少量有机碎屑为主。正常情况下其食物构成以浮游微藻类中的硅藻为主，其次为个体较小的鞭毛藻及其他微藻类。浮游动物中的桡足类、无脊椎动物的浮游幼虫、有机碎屑等在其食物中所占的比例一般都不大。其食物的种类经常受到海区浮游藻类的季节性变化以及食物丰度等因素的制约。

扇贝为附着型生活的贝类，以足丝附着于礁石等基质上，正常生活时，通常张开双壳，两片外套边缘上的触手自然伸展，如果遇到环境不合适，便自行切断足丝，脱离附着基，急剧地张闭贝壳，依靠贝壳快速张合所产生的水流推动力做短距离移动，遇到适宜环境后可以再分泌足丝附着。

三、生长与繁殖

栉孔扇贝为雌雄异体，自然状态下其群体的雌雄个体比例一般都接近1∶1，在老龄群体中该比例比较接近，而在幼龄群体中有可能出现较大差异，一般规律都是雄性个体比例高于雌性。

扇贝的性成熟年龄因种而异，栉孔扇贝满1龄开始成熟。水温被认为是影响扇贝性腺发育的最主要因子。栉孔扇贝每天的有效积温达到179.2℃时性腺发育成熟。

扇贝的生长速度随其年龄、季节、水温、饵料丰度、水环境的不同而不同，甚至个体间也可能存在一定差异，其中年龄和季节被认为是主要影响因子。在相同条件下，扇贝的生长速度与年龄有关，通常扇贝在1~2龄以前生长较快，随年龄的增加生长逐渐变慢，至老龄则生长非常缓慢，甚至基本不生长。栉孔扇贝当年底可生长达到3~4 cm，满2龄可达8~10 cm。自然海区扇贝的生长呈明显的季节性变化，其一般规律是春秋季节生长快，低水温季节生长慢。一年中栉孔扇贝有两个生长高峰期，自3—4月海区水温回升后，生长速度开始加快，7月前后进入生长高峰期；水温再升高，则生长速度减缓；高温期过后生长速度再度加快，秋季之后，随水温的下降生长又逐渐变慢，冬季低水温期生长缓慢，甚至停滞。

四、营养成分

栉孔扇贝是一类高蛋白、低脂肪的海产品，蛋白含量平均为110.8 mg/g，脂肪含量平均为37.8 mg/g。其软体部还含有多种机体必需的无机质和微量元素，具有较高的营养价值。栉孔扇贝含有大量牛磺酸、胆碱、多糖等具有药用价值的活性物质，经济价值较高，用扇贝闭壳肌制成的“干贝”深受人们的喜爱。

第二节 苗种培育

最初栉孔扇贝的生产是采捕野生贝，由于养殖用苗种得不到解决，该产业一直停滞不前。自1974年以后人工育苗、半人工采苗等技术得到了解决，该产业获得了巨大的发展，其产量1986—1996年提高了近42倍，1996年我国养殖扇贝产量约为1×10^6 t，其中75%~80%来源于栉孔扇贝。

一、自然海区人工采苗

（一）海区的选择

采苗区附近海区有自然亲贝，且海区水深流大，水质澄清无淡水注入，浮沙少，在采苗季节风浪较小，有利于幼虫附着生长。

（二）采苗器材和方法

采苗器材的选择既要考虑适于稚贝的附着，又要考虑附着基色深，表面粗糙，面积大，有利于多附苗。

采苗袋采用网目 0.6 mm 的聚乙烯纱网制成的 35 cm×45 cm 的网袋，袋内装 2~3 cm 乙烯废网片，或胶丝尼龙网片，扎口，直接绑扎在直径 12~13 cm 的棕绳或白莰绳上，袋的间距为 5~7 cm，每串绑 10 个袋。采苗袋采用筏式垂挂和斜平挂法，以垂挂法为宜。采苗袋内可装一两重卵石 2~3 个，串绳下端拴 1.5 kg 石坠一个，串绳上端系拴在两根海带吊绳上与浮埂成等腰三角形。绳距以 1.4~1.7 m 为宜，每亩架子挂袋 1 400~1 500 个。

（三）采苗袋投放时间及水层

自然海区人工采苗的附苗量多寡，投放采苗袋的时间是关键。投放过早，幼虫附着前附着茎已被浮泥和杂贝、附着生物占据，影响附苗量。投放过晚，则又失去附苗时机，采不到扇贝苗。因此要根据对应海区亲贝生殖腺指数的变化，推算出亲贝排卵、幼虫浮游和附着的时间投放附着基，还可以根据海区杂贝的生殖情况避开杂贝的附着高峰。采苗的水层涉及的因素很多，水深、浊度、流速、杂蛤、器材等都与采苗水层有直接关系，均要做周密的考虑。采苗袋投挂的适宜深度，应以附着前幼虫的垂直分布为依据。采苗水层多深合适与采苗数量、质量有直接关系。

（四）其他

刚附着的稚贝受到惊扰易脱落跑掉，因此对刚附着稚贝的采苗袋不要洗刷。并且需要进行适时分苗，以保证幼苗生长。

二、人工育苗

（一）亲贝的选择及促熟培育

在栉孔扇贝的生殖季节选择2龄左右的7~8 cm的个体作为亲贝，要求个体健壮，发育良好，外壳完整，无损伤。去掉壳上附着物，采用多层网笼养殖进行暂养1~2 d即可进行采卵育苗。

除此之外，也可以提前采集亲贝，经过一段时间的人工促熟培育，使亲贝完全成熟后再进行采卵育苗。促熟培育一般选择升温育苗，升温期间每天升温1℃。温度提高到亲贝产卵温度（15~17℃）后恒温培育。

暂养密度为80~100个/m^3。饵料主要有三角褐指藻、塔胞藻和扁藻等，日投喂含细胞量约25万个/mL，分多次投喂。亲贝促熟培育期间，由于水温低，饵料难以大量培养，因此可采用某些藻类的磨碎液用作替代饵料，此外，酵母粉、淀粉、鸡蛋黄和螺旋藻粉等也可用作代用饵料。每日全量换水1~2次，结合换水彻底清除池底的污物，连续充气以保证水质的稳定。要求溶解氧最低保持在4 mg/L以上。及时清理死贝，以免污染水质。

（二）催卵与孵化

取亲贝阴干3~4 h，借扇贝干燥开壳之际，将雌（性腺橘红色）、雄（性腺乳白色）分开，并加以标志。之后按1∶1或2∶1的雌雄比例放入催卵池中，亲贝总数为150~200个，然后放水冲激1~1.5 h，停水后提高水温2~4℃。亲贝通过这三步处理后，一般在15 min左右雄贝先排精而后诱导雌体排卵。

当发现雌贝排卵时应迅速拣出，分置于事先备有过滤海水的产卵槽（玻璃水槽）中，让其继续排卵。雌贝在催卵池中排卵有先有后，所以应特别注意观察雌贝排卵前的征兆，以减少卵子的浪费。

雌贝产完卵后，从产卵槽中捞出，然后从槽底吸取卵子于显微镜下检查卵子的成熟情况，再进行人工授精，要求在卵子周围有1~2个精子就可以了，无须洗卵，直接倒入选育池中。

栉孔扇贝的卵为沉性，为防止受精卵沉底堆积而影响孵化效果，每隔30~40 min上下搅动1次水体至担轮幼虫形成为止。孵化密度为50个/mL，过高时虹吸分池。孵化阶段加水改善水质至满池为止。

受精卵孵化成面盘幼虫后，利用其集聚上层的习性，用300目或260目筛娟做成的手推网，轻轻将表层的健康幼虫拖捞出来，分池培养。

（三）幼虫培育

幼虫培养密度为8~15个/mL，温度20℃左右。

自D型幼虫期应开始进行投饵。投喂的饵料种类主要有等鞭金藻、小球藻、塔胞藻和扁藻等，前期以投喂体积较小的金藻类为主，后期可加喂扁藻等个体较大的藻类，并且随幼虫的生长个体大的藻类的投喂比例可逐步增大。几种藻类混合投喂的效果要优于单一投喂。日投喂量D型幼虫初期为1万~1.5万个细胞/mL，壳顶期为1.5万~5万个细胞/mL，分3~6次投喂。投喂量要根据培育密度和幼体摄食情况及时进行调整，随幼体的长大投喂量也要相应增大。用于喂养幼虫的饵料入池前均用筛网涂去杂质，并调节pH值至8.0左右。

幼虫分池时，培育池水只注水 1/3 左右，分两次加满水，其后每天换水 2 次，每次 1/2 左右。4~5 d 倒池一次。倒池时注水量和加水方法与分池时同。光照一般控制在 500~800 lx 以下，暗光有利于幼体的均匀分布。当海水中重金属含量较高时，可加入 2~3 g/m^3的乙二胺四乙酸二钠（EDTA）进行络合。育苗过程中不得使用国家规定的禁止使用的药品。

（四）投放附着基

投放附着基的最佳时间是在幼虫出现眼点的比例达到 30%时。初见眼点幼虫进行最后一次倒池，并投放底层附着基，3 d 内挂表层附着基。

常用的附着基有棕帘和聚乙烯网片。棕帘是由长 12.5 m、直径 6~8 mm 红棕绳编成的，帘长约 0.5 m。使用前需要先后经淡水浸泡、碱水煮沸、0.1%~0.5%氢氧化钠海水浸泡 1~2 d 和反复捶打等工序，以彻底清除棕绳中的有害物质。投放量为 30~50 片/m^3。聚乙烯网片为 18 股或 24 股聚乙烯线编织成的，直径 5~10 mm。使用前也要经过 0.1%~0.5%氢氧化钠海水浸泡 24 h 等方法进行处理，以除去污物，此外还需进行打磨以提高附苗率。投放量为 2~2.5 kg/m^3。

（五）稚贝的中间育成

稚贝在室内培育至平均壳高 600 μm 左右即出池下海进行中间育成。出池时间最好选在天气好、风浪小的造成或傍晚进行，以避免运输及挂苗过程中的日光暴晒及下海后风浪的冲击，提高成活率。

中间育成笼为 0.7 m×0.4 m×0.4 m 网箱，其支架用直径 0.6 cm 圆钢焊成，并用塑料薄膜包裹保护，外罩以筛孔对角线为 600~700 μm 的聚乙烯罩。每箱分上下两层吊挂附着基 6 片，稚贝附着密度大的附着基用空白的附着基补足，使放养密度保持在每箱 10 万左右。封好后入海吊挂于 3 m 左右水层，最初 10 d 不洗刷外罩，以后 10 d 左右刷洗一次外罩。稚贝最小壳高 2 mm 以上时，育成箱外罩改用市售塑料窗纱，并降低放养密度为每箱 3 万左右。

第三节　筏式吊养技术

我国栉孔扇贝养殖的主要模式是筏式养殖。筏式养殖是我国北方沿海最常见的传统养殖方式之一，其优点是方法简单，养殖水层可调节，扇贝生长快，产品收获容易。此外，底播养殖也是扇贝养殖的一种重要模式，其成本低，约为筏式养殖成本的 1/3，但是这种方法使扇贝更容易被海星、蟹类、腹足动物及鱼类等捕食，目前我国的虾夷扇贝常采用这种养殖方式，而栉孔扇贝中比较少见。

一、养殖海区的选择

进行栉孔扇贝的筏式养殖要选择潮流通常、风浪小、浮泥少、水质优良、水深不少于 8 m 的海区，海水应温度适宜，盐度稳定，pH 值在 8.1~8.3，扇贝的天然饵料丰富，透明度 5 m 左右，敌害生物少。

二、养殖器材

栉孔扇贝养殖单位一般采用：聚乙烯浮橛绠，直径 1.8~2.0 cm（2 500~3 000 支单丝），浮绠长为 60 m，橛绠长度约为水深的 2.5~3 倍。聚乙烯吊绳为 240~300 支单丝，长度为 4~6 m，木橛长 1.5~2.0 m，顶部直径为 14~16 cm，养成笼为聚乙烯线 3 cm×4 cm 和 3 cm×5 cm 两种，每个养成笼为 8 层。网目可分为 0.5 cm、2.5 cm 和 3.5 cm 等多种，分别用于养殖 1 cm 的小苗、3 cm 的大苗及成贝。

三、养殖密度

栉孔扇贝的放养初期可每层放养30粒左右，随着扇贝的生长，在生物体体积增大后可进行换笼，以保证扇贝的顺利快速的生长。

四、调节养殖水层

栉孔扇贝换季养成需要越冬。因此，在冬季，如果海水温度低于5℃，需将扇贝笼沉到5 m以下较深的水层中进行养殖，以保证其安全越冬；温度回升后，再将扇贝笼提升，确保扇贝的饵料充足，生长迅速。

五、日常管理

日常管理应特别注意以下一些问题：

①检查养殖器具等的安全性，发现问题及时处理；

②每个月定时清洗网笼，以清除附着物，保证水流的畅通，维持扇贝食物的充足，促进其快速生长；

③定期倒笼；

④定期检测扇贝的生长情况，如发现异常现象，应尽快寻找原因，并解决问题。

第四篇　海藻养殖

第十六章
紫菜养殖

紫菜属于红藻门，原红藻纲，红毛菜科。藻体呈膜状，称为叶状体。紫色或褐绿色。形状随种类而异。叶状体由包埋于薄层胶质中的一层细胞组成，深褐、红色或紫色。紫菜固着器盘状，假根丝状。生长于浅海潮间带的岩石上。种类多，主要有条斑紫菜、坛紫菜、甘紫菜等。中国沿海地区已进行人工栽培。21 世纪初中国紫菜产量跃居世界第一位。紫菜富含蛋白质和碘、磷、钙等，供食用。同时紫菜还可以入药，制成中药，具有化痰软坚、清热利水、补肾养心的功效。

福建、浙南沿海多养殖坛紫菜，北方则以养殖条斑紫菜为主。

紫菜外形简单，由盘状固着器、柄和叶片 3 部分组成。叶片是由 1 层细胞（少数种类由 2 层或 3 层）构成的单一或具分叉的膜状体，其体长因种类不同而异，自数厘米至数米不等。含有叶绿素和胡萝卜素、叶黄素、藻红蛋白、藻蓝蛋白等色素，因其含量比例的差异，致使不同种类的紫菜呈现紫红、蓝绿、棕红、棕绿等。

紫菜的一生由较大的叶状体（配子体世代）和微小的丝状体（孢子体世代）两个形态截然不同的阶段组成。叶状体行有性生殖，由营养细胞分别转化成雌、雄性细胞，雌性细胞受精后经多次分裂形成果孢子，成熟后脱离藻体释放于海水中，随海水的流动而附着于具有石灰质的贝壳等基质上，萌发并钻入壳内生长。成长为丝状体。丝状体生长到一定程度产生壳孢子囊枝，进而分裂形成壳孢子。壳孢子放出后即附着于岩石或人工设置的木桩、网帘上直接萌发成叶状体。此外，某些种类的叶状体还可进行无性繁殖，由营养细胞转化为单孢子，放散附着后直接长成叶状体。单孢子在养殖生产上亦是重要苗源之一。

紫菜栽培整个过程可分为贝壳丝状体培育与叶状体养殖两个阶段。

第一节 紫菜基础生物学

一、分类地位与分布

紫菜属于红藻门、原红藻纲、红毛菜目、红毛菜科、紫菜属。

目前世界上已知的紫菜种类有 140 种左右。我国北起辽宁省，南至海南省沿海都有紫菜分布，现已记录定名的种类约 17 种。其中常见的种类有（图 16-1）：条斑紫菜、坛紫菜、华北半叶紫菜、少精紫菜、圆紫菜和铁钉紫菜等。其中，条斑紫菜和坛紫菜是我国两大主要栽培品种。

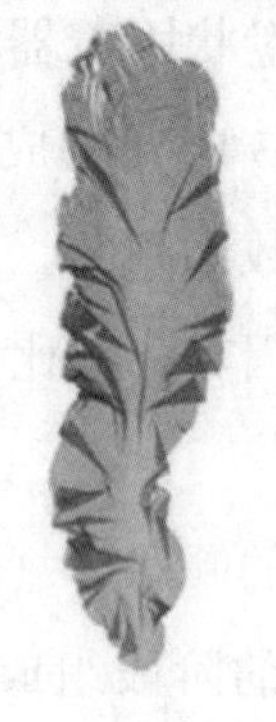
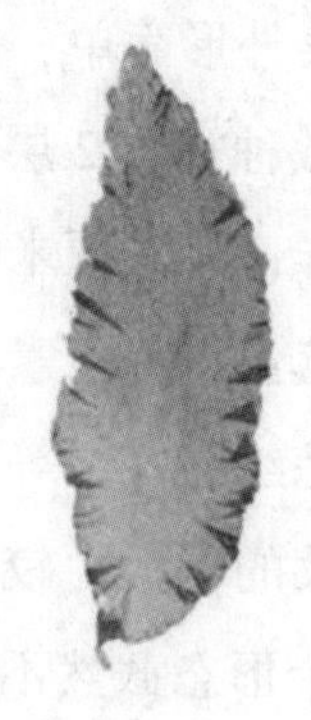

图 16-1 紫菜主要种类（引自百度）

二、形态构造

紫菜具有两个生活世代，即叶状体与丝状体。两个生活世代外观形态完全不同，内部构造也有显著差异。

叶状体：紫菜叶状体是栽培与收获的对象，其藻体形态为人们所熟悉。叶状体薄膜状，大体上可分为叶片、基部、固着器三部分，以基部细胞形成的假根丝固着在生长基质上。

丝状体：丝状体属栽培生产中的种苗，在自然界它钻入贝壳或钙质物体中生活，使人难以发现。紫菜丝状体很微小，由叶状体产生的果孢子直接萌发形成，它们通常生长在软体动物的贝壳内，形成点状或斑块状的藻落，这也是它最初被发现定名为壳斑藻的缘故。丝状体在人工培养的条件下，也可悬浮生长于海水中，形成“游离丝状体”或“自由丝状体”。

紫菜丝状体的生长发育过程具有几个明显不同阶段：丝状藻丝、孢子囊枝和壳孢子形成与放散 3 个阶段。

丝状藻丝：成熟释放的果孢子遇到含碳酸钙的基质便附着萌发并钻入，藻丝在贝壳中不断地生长延伸，最后一个果孢子可长成直径数毫米到 1 cm 的藻落。藻落之间互相重叠，使整个贝壳布满，并呈现紫黑色。

孢子囊枝：丝状藻丝生长到一定程度，其侧枝形成另一种较丝状藻丝明显增粗的分枝（俗称膨大细胞）。开始仅为一个细胞，以后细胞不断分裂，形成不规则分枝群。孢子囊枝细胞为单一星状色素体，未成熟的孢子囊枝细胞为长方形，而较为成熟的细胞长宽大致相等。

壳孢子形成与放散：秋季，孢子囊枝发育到一定阶段，相当一部分细胞成熟，开始分裂，细胞出现一分为二的现象（俗称双分），即形成了壳孢子。壳孢子刚放散逸出时为圆形，无细胞壁，色素体轴生星状；大小一般为 8~12.5 μm。放散后的壳孢子稍作变形运动，接着固着于附着基质上，经萌发，细胞不断分裂长成紫菜的叶状体。

三、生殖与生活史

紫菜的繁殖有两种形式：有性生殖与无性繁殖。有的种类既进行有性生殖又进行无性繁殖，如条斑紫菜；有的只进行有性生殖，而无无性繁殖，如坛紫菜。

（一）紫菜的生殖

1. 有性生殖

紫菜叶状体生长到繁殖期，藻体前端或边缘部分的营养细胞开始转化为雌性生殖器官果胞和雄性生殖细胞精子囊器。受精后的果胞形成果孢子囊，通常在叶状体的边缘逐渐向内侧扩大，呈红褐色和鲜红色。果孢子成熟后，脱离果孢子囊放散到海水中，随水漂流，遇到含碳酸钙的基质，即钻入长成丝状体。

2. 无性生殖

紫菜的无性生殖过程是：叶状体一部分营养细胞在一定条件下转化成为单孢子囊，每一个孢子囊只形成一个孢子即单孢子，单孢子的形状与果孢子相同，放散后附着在生长基质上再萌发生长成小紫菜。一般情况下，只在幼期或小紫菜期的个体能够大量形成和放散单孢子，且多数种类产生单孢子的盛期在秋至初冬时期。

（二）紫菜的生活史

在自然界里，紫菜藻体在秋天发生，叶状体经历了生长成熟后产生雌雄生殖细胞，即果胞和精子囊器，果胞受精分裂形成果孢子囊，于翌年的春夏交际时果孢子释放脱离藻体钻入含钙质的基质（贝壳等）萌发成丝状体，丝状体不断地生长，最终发育形成壳孢子囊，产生的壳孢子再萌发成紫菜叶状体幼苗。由此循环往复，代代相传。

第二节　养殖种类的特性

我国紫菜主要栽培品种为条斑紫菜和坛紫菜。江苏沿海的栽培品种为条斑紫菜。

一、条斑紫菜

产于浙江舟山群岛以北的东海、黄海和渤海沿岸。是我国长江以北地区的主要栽培种类，多生长在中低潮带的岩礁上，生长期为 11 月至翌年 6 月。藻体叶片状，薄而柔嫩，雌雄同株。因其成熟藻体上雌雄生殖细胞混生形成鲜明的条纹状为特征。质量优良，加工后的产品深受人们喜爱。藻体卵形或长卵形，体长一般 10~25 cm，人工栽培的藻体趋向大型化，一般为 50~70 cm，有时可达 1 m 以上。紫红、紫黑或紫褐色。藻体单层，厚 30~50 μm，栽培藻体多在 25~30 μm。藻体营养细胞可转化形成单孢子，叶状体幼期无性生殖能力强。

二、坛紫菜

是中国特有的一种可人工栽培的海藻，坛紫菜历史悠久，最早因福建省平潭县主岛海坛岛而得名，早在宋朝太平兴国三年就被列为贡品，目前福建、浙南沿海多有种植。藻体暗紫绿略带褐色，披针形、亚卵形或长卵形，长 12~30 cm 以上。基部心脏形、圆形或楔形，边缘稍有褶皱或无，具有稀疏的锯齿。藻体单层，局部双层。色素体单一或少数具双。基部细胞呈圆头形。雌雄异株，少数同株。

第三节　贝壳丝状体培养

紫菜养殖的整个过程可分为丝状体培育与叶状体养殖两个阶段。丝状体培育是通过人工采集果孢子，经培育丝状体形成壳孢子囊枝，最后形成壳孢子的过程。丝状体培育一般在育苗室内进行，分为贝壳丝状体培育和自由丝状体培育两种方式。

一、贝壳丝状体培育的基本设施

贝壳丝状体培养的基本设施有育苗室、培养池和沉淀池以及供排水系统。

（一）育苗室

室内育苗池的建造应选择在水质环境好，常年盐度为20~35（海水比重1.016~1.025）的海区近岸，按海上养殖规模所需种苗量决定而建育苗池的面积。培养室的大小、形式，主要决定生产规模并留有一定的余地，根据生产经验每平方米的丝状体培养面积可以供应1亩（180 m^2网帘）栽培紫菜面积来考虑培养室的大小。育苗池东西走向较为适宜，以天窗和侧窗采光，天窗面积约占培养池面积的1/3~1/2，再开些侧窗便于通风。室内光线要尽量均匀，避免直射光。天窗和侧窗使用毛玻璃的效果最好。光照条件的调整可以设置窗帘布，根据天气情况来调整光强。

（二）培养池

培养池以长方形为好。可分平面与挂养池两种。平养池只需20~30 cm深即可，贝壳平放池底。池与池之间最好有空洞相联系，便于后期流水循环的操作。挂养池深为60~70 cm，贝壳吊挂于池中。南方因为水温升高较快，立体池的大部分深度应设置在地平面以下，这样可以缓和池水受气温的影响。培养池的宽度主要以方便于操作以及充分利用培养室的面积为准则，立体池的宽度约为1.5 m左右。培养池底坡比约1%，以便于排水。

平面培养和立体培养丝状体各有其优缺点。平面培养丝状体受光均匀，成熟度均一，有利于壳孢子的形成，而且操作比较方便，节约人力与器材，因此北方多用这种方式。在南方，多用立体培养坛紫菜丝状体，这种方法从表面看培养的贝壳丝状体数量比同面积的平面培养的数量多，同时可以缓和水温的升高。但缺点是丝状体成熟度层间相差很大，管理操作比较麻烦，人力与器材消费较多。

如果是新建的育苗池，必须先充分浸泡去除碱性后才能使用。一般在老紫菜育苗室内，利用老的海水沉淀池蓄水进行丝状体培育时，pH值不会出现问题。但如果利用当年新建育苗池进行丝状体培育或利用新建的海水沉淀池蓄水培育时，池水极易泛碱，pH值常常升高，造成果孢子或自由丝状体采苗失败，贝壳丝状体生长缓慢甚至引起大量死亡。在育苗池建成后应用淡水浸泡30 d以上，期间换水三次。浸泡后水池中水的pH值要小于8，并进行消毒和清洗后方可使用。

（三）沉淀池

沉淀池为供沉淀、贮存海水之用。为使海水净化，要求黑暗沉淀1周后使用为好。以全部培养池一次用水量的2倍以上配备沉淀池，沉淀池应分为2~3个小池，以方便调配使用。沉淀池宜建在高处，可利用地势差自动供水。

有条件的单位可在沉淀池或培养池中增加控温设备，可使生产过程尤其是壳孢子放散过程不受外界气温的影响，避免冷空气来临时造成“流产”或持续高温而影响壳孢子放散。

二、采果孢子

（一）种藻选择与处理

为了获得优质高产的紫菜，种藻选择是关键之一。一般在栽培筏架上选择长形、个体大、色泽好、健康、晚熟的紫菜作为种藻。可以同时配合使用2~3个不同特性的优良品系，以防不同恶劣逆境出现。藻种清洗后尽快晾干，当含水量为20%~30%时可以放入冰箱冷冻保藏，当采果孢子时解冻使用。采条斑紫菜果孢子的时间，北方多在5月上、中旬。浙、闽采坛紫菜果孢子以2—3月为适宜，最迟不超过4月上旬，广东气温升高快，时间应该提前。采果孢子的合适时间以果孢子萌发合适温度为主要依据。

（二）贝壳准备

紫菜丝状体培养基质主要为文蛤壳和牡蛎壳，也有使用淡水珍珠蚌壳和扇贝壳。购置的贝壳需要用海水浸泡和清洗干净。有时需要用0.5%~1%漂白粉海水浸泡。每公顷的海上养殖面积需用育苗附着基文蛤壳6 000~9 000个。

我国北方条斑紫菜育苗普遍使用平面方式培养。先注入沉淀海水3~5 cm深，将洗净的贝壳呈鱼鳞状排列于育苗池中中，再注入海水至10~15 cm。南方坛紫菜育苗多常用立体方式培养。此方式需在贝壳上打洞，用绳将贝壳背面相靠串扎并吊挂在育苗池中，每串为16~20个贝壳。采果孢子可先平采后吊挂，也可直接吊挂于池中采果孢子。采苗1周后，可用软毛刷洗刷贝壳上的浮泥、硅藻，并换水。以后每半个月洗刷、换水一次。

采苗方法有立体采苗和平面采苗，目前多采用平面采苗。

采用平养方式时，把贝壳按次序呈鱼鳞状整齐地排在池底。如果是立体培养，先用尼龙线成对地按一定距离结扎成串。大壳每串4~5对，中壳每串6~7对，小壳每串8~9对，吊在竹竿下。采果孢子可以先平采后吊挂，也可以直接吊挂贝壳于池里喷果孢子于池中。平面采苗时，附着基平放在水池后加沉淀海水10 cm后准备采苗。

（三）制备果孢子水与投放体积计算

坛紫菜和条斑紫菜采果孢子的适宜水温分别为22~26℃和15~20℃。将经过冷冻或阴干的藻种放入盛有一定体积海水的大桶中，置于光线充足的地方，并每隔一定时间搅拌一次，促使果孢子放散。用显微镜检查果孢子放散情况，当孢子数量到达要求后，可将种藻取出，并用3~4层纱布滤去杂质，孢子水，即得果孢子水。经过计算后将果孢子水均匀喷在壳面上，即完成采苗。

果孢子采苗密度可根据具体采苗日期确定，条斑紫菜的果孢子采苗（丝状体切段接种）时间在4月中旬至5月上旬的，采苗密度一般在100~200个（段）/cm^2之间；5月中下旬采苗的密度可增至300~500个（段）/cm^2左右。确定采苗密度后，再根据每个育苗池面积计算出果孢子总投放数量，并根据果孢子水中果孢子的浓度计算出每个池子的果孢子水使用体积数。

果孢子液投放量（mL）= 池面积（cm^2）×投放密度（个数/cm^2）÷每毫升的果孢子数。

将果孢子水适当稀释后，用喷壶均匀洒在已排好的贝壳上。如果孢子水内孢子量不够，第一次喷洒后翌日再补洒一次。在光照度2 000 lx情况下，一般萌发率20%~60%，观察壳面萌发密度达20个/cm^2以上时，即可达到采苗要求。

丝状体的接种基本上沿用采果孢子的方法。接种用丝状体经食品粉碎机切割至长度300 μm左右为宜，充分稀释藻丝母液，按确定的接种密度计算出母液使用量，同样以喷洒的方法接种于贝壳上，接种后前3 d需注意降低培育室光照，利于丝状体下沉钻孔萌发。

果孢子的萌发率与种藻的健康程度、种藻保存是否得当、采果孢子时的水温、pH 值、盐度等环境条件有关。因此在采果孢子时应仔细加以考虑，确定合适的采苗投放密度。果孢子喷洒到贝壳上以后，10 d 左右进行镜检，计算萌发率，并确定是否需要补采。

三、贝壳丝状体的培育

喷洒果孢子水 10 h 以上，果孢子即开始钻入贝壳萌发形成丝状体，2 周后可肉眼见红色丝状体。丝状体发育可以分为果孢子萌发、丝状藻丝生长、壳孢子囊枝形成、壳孢子囊枝成熟、壳孢子放散等 5 个阶段，每个阶段的培养条件不尽相同。

生产上把育苗管理分为前期和后期。前期即丝状体生长发育期，包括果孢子萌发、丝状藻丝生长；后期为丝状体成熟期，包括孢子囊枝形成、壳孢子囊枝成熟、壳孢子放散等。对紫菜贝壳丝状体生长发育进行调控管理的过程，包括了由果孢子萌发到丝状藻丝生长、壳孢子形成与放散的整个过程。如果管理不善，将出现果孢子采苗萌发率低、病害蔓延、壳孢子囊枝形成过早或太少及壳孢子采苗不顺利等问题。

（一）丝状体生长发育的基本条件及日常管理

贝壳丝状体的生长发育是通过调节育苗室的光强与光时、施肥、洗刷换水等措施来进行调控的。要根据贝壳丝状体生长发育不同阶段的特点与发育进展制订相应调控措施。

1. 温度

（1）温度对果孢子萌发的影响

条斑紫菜的果孢子萌发的适宜温度为 15~20℃，以 20℃萌发率为最高，

20℃以上萌发率下降，水温升高到27~28℃时，果孢子就不能生存而死亡。坛紫菜的果孢子适宜萌发温度范围为20~25℃。

（2）温度对丝状体生长的影响

果孢子萌发为丝状体后，适宜生长的温度范围比较广。条斑紫菜丝状体在5~30℃范围内都能生长，但生长最适温度范围为20~25℃，15℃次之，10℃和30℃生长很慢。坛紫菜的营养藻丝生长温度范围为7~28℃，以15~28℃较适宜，以20~25℃为生长最适温度。如果超过30℃以上，藻丝部分死亡。但忍耐高温的程度比条斑紫菜高，能忍耐36~37℃的温度10 d左右，过了高温后仍能逐渐恢复。丝状体培育在自然温度下进行，如需要保温或降温一般通过开关门窗的办法来解决。

2. 光照

光照的强弱和光照时间的长短丝状体生长发育的各个阶段有着重要影响。一般温度和光照时间是随着季节而变化的，而光照度受人工调节和天气阴晴的影响比较大，因此光照度的调节对对丝状体生长发育具有重要意义。

（1）果孢子萌发的影响

果孢子萌发于光照时间的关系不是很密切。光照强度对果孢子萌发的影响比光照时间的影响大，在一定光强范围内，光照强的比光照弱的萌发率高，条斑紫菜果孢子的萌发率在750~6 000 lx（以日照最高光强计算）都比较高，在一定条件下以3 000 lx为适宜（郑宝福等，1979）。坛紫菜的果孢子萌发以1 000~1 500 lx为适宜光照。300 lx下萌发率降低。

（2）营养藻丝生长的影响

培养的光照时间长，藻丝生长快，分枝多；光时短，丝状体分枝少、生长慢。在自然光照条件下，按照自然太阳出没时间就可以满足生长的要求。适宜藻丝生长的强度，经研究，两种藻丝都在3 000 lx左右为适宜。

光照强度与长短对丝状体的生长发育具有明显的调控作用。光照的调控是调控丝状体生长的重要方法。但过强的光照和直射阳光对丝状体有强烈的伤害作用，直射光易引起丝状体的死亡。一般在初期为 2 000~3 000 lx 为宜，光照如超过 3 000 lx 会引起杂藻尤其是蓝藻的大量繁殖，增加洗刷的难度和工作量，影响藻丝的正常生长。由于培养池的光照并不均匀，每次洗刷时调换贝壳的位置，可以使贝壳丝状体生长不至于过于悬殊。如果接种贝壳早，采苗密度大而出现生长过快的情况，可通过降低光照强度来抑制藻丝的生长。反之，如果接种贝壳迟、采苗密度小或藻丝生长缓慢，可通过增强育苗室光照，增加洗刷、换水次数促使藻丝快速生长。

立体培养时，要适时将串吊的贝壳上下颠倒，以调整上下水层光照不匀的缺陷。光照调节要注意阴雨天与晴天转换时的适时调整，并防止强光或直射光的影响。

3. 换水与洗刷

定期洗刷贝壳、换水是丝状体培育期的主要工作。采果孢子后 2 周左右开始第一次洗刷换水，以后约 15~20 d 定期进行。若培养池有碱性问题，应增加换水次数，以确保丝状体生长不受影响。换水对丝状体的生长发育有较明显的促进作用，可作为调控丝状体生长的重要方法。

保持水质新鲜清洁，注意海水比重与 pH 值，是管理工作中非常重要的一环。培养用水除经过黑暗沉淀，还可采取在海水开始沉淀时使用二氧化氯等消毒剂进行消毒，以减少丝状体的病害发生。换水时应注意水温和海水比重与原有的海水相接近，以免因环境突然改变引起病害的发生与丝状体的死亡。此外，定期洗刷贝壳，同时要防止贝壳露出水面时间不能过长。清洗培养池时，可用 28%的漂白粉 100 mg/L 的消毒海水洗刷。也可直接用淡水冲洗贝壳丝状体和培养池，对防病也有一定效果。

4. 施肥

自然海水中的氮、磷常常为藻类生长的限制因子，在培养海水中添加氮、磷可促进紫菜丝状体的生长。在壳面出现藻落时开始施“半肥”。至藻丝布满壳面时改用“全肥”量，所谓“全肥”是指氮含量为 14 mg/L、磷含量为 3.1 mg/L，如使用 KNO_3 和 KH_2PO_4 作为氮源和磷源，它们全肥的用量分别是 101 g/m^3 和 13.5 g/m^3。如果自始至终均用半培养液，丝状体也能很好地生长发育。

培养坛紫菜丝状体，生产上在丝状体的不同阶段，施不同浓度的氮肥和磷肥。营养藻丝生长期，施氮肥 5 mg/L、施磷肥 0.5 mg/L；藻丝生长旺期，氮肥增加到 10~15 mg/L、磷肥增加到 2~3 mg/L；壳孢子囊枝形成期施加氮肥 10~20 mg/L、磷肥 2~5 mg/L，这样可以增加壳孢子囊枝数量。到壳孢子形成期，降低氮肥用量为 2~5 mg/L，增加磷肥用量 10~15 mg/L，这样不但可以促进壳孢子形成数量且加快形成速度。生产性培育对肥料的种类没有严格要求。

5. 其他因子

海水 pH 值一般为 8.0~8.2，正常海区的海水 pH 值较稳定，经过沉淀后可以正常使用。但有的生产单位由于条件所限使用池塘海水，应注意池塘海水因藻类大量繁殖引起 pH 值上升而影响培育效果。生产中还须密切注意新建的培育池，新建的培育池虽经充分浸泡处理，但在培育过程中仍会释放碱性物质，使池水 pH 值上升。可定期检测培养池水 pH 值，如发现池水 pH 值上升到 8.5 以上应采用勤换水的方法加以改善，如换水困难也可喷洒稀盐酸来中和碱性物质。如新建的培育池来不及充分浸泡处理，也可直接铺一层塑料薄膜隔开使用。

实践证明，海水的流动对丝状体的生长发育有一定的促进作用。对于那些因前期生长不良、采苗过迟或萌发密度较低的贝壳丝状体，采取勤加新鲜海水或适当流水促进藻丝生长，不失为一种可行的补救方法。

丝状体的耐干能力很弱。阴干 10 min，刚萌发的幼小丝状体即大部分死亡；阴干 30 min，则全部死亡；茂密生长的丝状体阴干 15 min，贝壳边缘部分丝状体枯死，阴干 5 h 则全部死亡。因此在洗刷、换水和运输贝壳丝状体的过程中要密切注意防止干燥。

（二）贝壳丝状体疾病的防治

高温、梅雨期是贝壳丝状体培育期间疾病的好发季节。通常贝壳上出现红斑或黄白斑，容易发病且传染较快。育苗室要保持良好的通风状态，开窗通风可以减降发病率。如果出现发病现象要及时视病情用淡水或低比重海水浸泡，结合流水或冲气，即可控制。另外培苗用海水必须充分黑暗沉淀。洗刷贝壳后过 3~4 d 再进行施肥都是防病的有效措施。

四、贝壳丝状体成熟与发育调控

贝壳丝状体成熟过程中要注意应用温度、光强、光时、流水、氮磷营养盐浓度等因子对壳孢子囊枝发育调控。否则容易造成壳孢子提前大量放散的“流产”事故或丝状体不成熟难以放散的现象。

（一）水温对贝壳丝状体成熟与发育的影响

1. 温度对壳孢子囊枝形成的影响

壳孢子囊枝的形成需要一定的温度条件。任国忠等（1979）的试验结果为，条斑紫菜形成壳孢子囊枝的温度范围约为 13~30℃，在 20~25℃范围内形成孢子囊细胞的数量比其他温度组多，在这一温度范围内大约需要至少 20 d 才能形成。

2. 温度对壳孢子形成的影响

形成壳孢子的温度范围，条斑紫菜为 13~25℃，其中以 17~23℃为适宜，

25~27℃条件下不能形成壳孢子，在10℃的条件下，不能形成壳孢子囊枝，所以也不能形成壳孢子。坛紫菜壳孢子形成的温度比条斑紫菜需要的温度高，形成壳孢子的温度范围为20~30℃，适宜温度为25~28℃而以27~28℃下形成的量为最多。

（二）光照对贝壳丝状体成熟与发育的影响

光照是后期丝状体培育管理中可以有效利用的调控条件之一。

1. 壳孢子囊枝形成时期光照的调整

营养藻丝生长达到高峰期以后，开始形成壳孢子囊枝，如果光照减弱光时缩短，可以促进它的形成。一般来说，进入9月自然日照时间已短于12 h，育苗室的光照条件使光补偿点以上的光时减缩为10 h左右，这已是孢子囊枝适宜发育的光照时间范围。除非因雨水冲刷，天窗遮光涂层脱落需及时处理，一般不必对光照作特别的减缩处理，过度减缩光容易造成“流产”，并不利于采苗季节壳孢子的持续大量放散。但在计划采苗前15~20 d，镜检丝状藻丝（营养藻丝）过多，可作缩光处理以抑制丝状藻丝的生长。

一般把光线控制在1 000~1 500 lx，并持续逐渐降至500 lx左右，光时减到10 h/d，可促进壳孢子囊枝的形成。如果在8月高温期前就形成大量的壳孢子囊枝，这些壳孢子囊枝往往不能大量形成壳孢子，而影响当年的生产。如果从7月初至8月初给予最高光强1 500 lx左右，8月初至9月初给予最高光强750 lx左右，这样就可在8月中、下旬大量形成壳孢子囊枝，并可在采苗季节得到大量放散的壳孢子。

2. 壳孢子形成时期光照的调整

条斑紫菜壳孢子形成的适宜光强为750 lx；坛紫菜为500~1 000 lx，低于100 lx或超过1 000 lx的形成量都比较少。此外短日照也是壳孢子形成的必要条件。条斑紫菜和坛紫菜的壳孢子在光时 8~10 h/d 时形成的比较多，而 14~24 h/d 的长日照不形成壳孢子。

从 8 月下旬至 9 月底，水温逐渐下降，光时缩短到 8~10 h/d，光强减弱可以大量形成壳孢子。壳孢子形成后，条斑紫菜贝壳丝状体由深紫红色变成鸽灰色，坛紫菜由深紫红色变成棕黄色，肉眼还可以看到有丛毛状的壳孢子囊枝生出壳外。这样的贝壳丝状体应避免摩擦，培养条件不要变动太大以免使壳孢子放散而影响生产计划。

（三）换水与流水对丝状体成熟与发育的影响

壳孢子形成或放散两个时期海水的流动有很重要的作用，对坛紫菜更为突出。日本的研究证明壳孢子形成时期需氧量比前面几个阶段多 2 倍，海水流动可能是对增加氧的供给起了积极作用。因此生产上要在采坛紫菜壳孢子之前下海刺激一夜，在采壳孢子时再进行冲水效果好。

换水是重要而又积极的调控丝状体成熟与发育的手段。一般来说，光、温是丝状体生长发育的两个主要调控因子，但在生产条件下它们随自然而变化，调控空间有限，并且属长效应调控，较难在短时间内产生调控效果。相比之下，培育池水的交换与运动对丝状体的生长发育有更为积极的促进作用，特别在光、温条件稳定的情况下，可在短时间内获得显著的调控结果。由于换水有较强的促熟作用，在后期管理中应结合镜检结果适当采用。其要点是：

①早熟种质、孢子囊枝形成量大且细胞膨大，在计划开采前 10~15 d 应避免多次换水，或作流水举措，特别不宜在 24℃以下作池水运动；

②孢子囊枝形成量偏少，细胞呈长形，在计划开采前 10~15 d 可作数次换水，并在 24℃以上或开采前一周视镜检结果采取流水措施；

③晚熟品系或孢子囊枝形成速度较慢，应在计划开采前 10~15 d 多作换水与流水，并根据镜检结果在临近开采的 3~5 d 昼夜流水；

④培育丝状体发生严重“流产”后，应重视换水的促生长、促成熟效应，避免因消极“保苗”举措给采苗效果带来负面影响。

（四）施肥

前已述及，可根据不同生长期按一定比例施用氮肥和磷肥。贝壳丝状体培育后期如果过早停施氮肥，降低光照，会抑制藻丝向孢子囊枝形成，藻丝过早枯萎，且容易“流产”，采苗时壳孢子放散高峰短。因此后期施肥时磷施全肥，氮（视贝壳长势）为半肥或全肥，可避免上述现象的出现。

（五）促进和抑制丝状体的成熟的技术措施

丝状体后期的生长发育有时和预期的不一定一致，需要采取措施抑制或促进丝状体的成熟。常用的技术手段概括如下：

1. 促进壳孢予形成与成熟的方法

（1）调整光照、温度促进丝状体成熟

如条斑紫菜丝状体在8月末仍未大量形成壳孢子囊枝，这时可采用减弱光强和缩短光时（光强500~1 000 lx，光时10~8 h）的方法，促使壳孢子囊大量形成。经过20余天，双分孢子的形成可达到高峰。缩光时期应使室内空气流通。

（2）施加磷肥促进丝状体成熟

当壳孢子囊枝开始出现，适当增施磷肥有促进丝状体成熟的效果。从坛紫菜试验的结果看，施加磷肥从2. 26~22. 6 mg/L的浓度范围，浓度高的比低的效果好。此方法对条斑紫菜丝状体也有一定效果。值得注意的是必须在丝状体生长良好的基础才行，否则不能收到预期的效果。

（3）下海促熟

对南方坛紫菜育苗常用此方法。当秋季采壳孢子的时间已到，丝状体不能如期成熟，可以把丝状体挂到海里促进成熟。壳孢子囊枝少的则挂两周以上，量多而成熟度差的则需挂 7~10 d，如果已经成为双分孢子，就不要下海挂养，以防壳孢子在海中自然放散。

（4）药物处理

在培养海水中可加入 1/10 万~1/20 万的吲哚乙酸或其他微量元素，据说也有促熟效果。

2. 抑制丝状体成熟的方法

由于丝状体成熟过早，或是当时的气候条件不适合采苗时采取的一种技术措施，使丝状体发育速度减缓。

常用的抑制丝状体成熟方法有：

（1）全日光照

恢复全日照，不再进行短日处理，同时要适当增加光强到 1 000~1 500 lx，这样可以抑制丝状体成熟。

（2）停止施磷肥

为了使丝状体成熟期推迟，可以停止施磷肥，也有抑制效果。

（3）低温处理丝状体

丝状体培育后期，池水温度正处在高温季节，此时成熟最快，如果在可能条件下降低培养温度，成熟期会推迟。

五、壳孢子的附网采苗

（一）采苗时间

采苗时间要根据苗的具体发育情况和养殖海区的海水温度状况来确定。坛紫菜的采苗时间一般以海水温度稳定在 28℃以下时才可以进行；条斑紫菜的采苗时间以海水温度稳定在 23℃以下时方可实施。

前已述及，确定采苗时间在生产上意义重大，太早或太迟都不合适。如果采苗太早，由于海水温度较高，容易发生烂苗症、赤腐病等，且易附绿藻等杂藻，导致减产和质量下降。如果采苗太迟，海水温度较低，不利于壳孢子的萌发和幼苗的生长，也不利于单孢子的放散和附着，导致采收期延迟而严重影响产量。因此，应综合考虑丝状体发育情况和海水温度状况等因素，适时确定采壳孢子的时间，这是保证紫菜高产稳产的重要措施。

（二）壳孢子的放散日周期性

壳孢子的放散具有明显的日周期性。在晴朗天气，壳孢子在天亮以后开始放散，在6：30—8：30达到高峰，下午的放散量很少，晚上基本上不放散。根据这一特点，生产上采壳孢子都在上午进行。

在阴雨天壳孢子的放散高峰往往推迟。在完全黑暗的条件下，壳孢子的放散被抑制，但一旦见光，壳孢子将大量集中放散。日本已把这一规律应用于生产上。

在自然条件下紫菜壳孢子的放散是每个大潮有一次放散高峰，这可能是由于大潮时水交换充分等各方面的因素形成的。室内人工培养的贝壳丝状体的壳孢子放散与潮汐的关系并不明显。

每天每个丝状体贝壳放散的壳孢子量，称之为日放散量。日放散量的多少与培养的丝状休的质量好坏，采壳孢子时的水温以及丝状体的生长密度等有密切关系。

在采苗季节内，条斑紫菜每天每个贝壳放散的壳孢子多者数百万，最高者接近2千万个，少的仅几千或几百个孢子，甚至不放散。因此在采苗季节来临时，水温降到23℃以后，每天应测定各培养池内丝状体贝壳的壳孢子日放散量。当有万级放散量出现时，就应开始用少量网帘试采壳孢子。当有10万级以上的日放散量时，就可以正式采孢子了。当有100万级以上的日放散量时，当天上午可以采多批网帘。

条斑紫菜和坛紫菜壳孢子的日放散量在采苗季节一般都可以形成放散高峰，但是大量放散时间的早晚主要与丝状体的培养技术和气候条件有关。壳孢子放散的延续时间很长，但后期放散的孢子的附着率和萌发率一般都较差，且为了争取网帘早下海有较高的产量，所以生产上一般只利用早、中期放散的壳孢子。

(三) 壳孢子放散与附着萌发的条件

1. 光照强度对壳孢子放散与附着的影响

中国科学院海洋研究所以条斑紫菜的壳孢子囊枝用正常光照培养后再分别在黑暗、500 lx、1 000 lx 的三组光照下，观察壳孢子的放散量，结果完全黑暗组其日放散量向后推迟，500 lx 和 1 000 lx 组日放散高峰无大差别，因而认为黑暗条件能影响壳孢子放散的日周期性。郑宝福（1980）的研究证明，条斑紫菜壳孢子放散要求的光强从 750~6 000 lx 范围内都适宜。

杨玲（2004）使用自由丝状体培育成熟使之直接放散壳孢子，壳孢子的放散在低光强和高光强条件下都较差，适宜光照条件下壳孢子放散量多而集中。

光照强度对壳孢子的附着影响很大，在采苗开始前，便要考虑光强的因素。一般来说，壳孢子采苗期间，要把育苗室里的采苗光强控制在 3 000 lx 以上。有的瓦房紫菜育苗室，或用于紫菜育苗的虾蟹育苗室等，光线强度差，导致质量稍差的壳孢子游离在水中不容易附着和萌发，有的壳孢子附在网帘上，但萌发速度慢，甚至几小时也不萌发。如果壳孢子放散高峰期正好碰上了阴雨天，壳孢子的有效利用率就更低了。如在方便通风、调光的透明塑料薄膜大棚里进行壳孢子采苗效果就比较好。

由于育苗池中上层网帘的光照良好，表面水流快，所以往往壳孢子附着得多；而下层网帘的情况相反，光照不足，水交换缓慢，壳孢子附着就少得多。为了解决这一矛盾，生产上采取经常翻转上下层网帘，使上下层网帘附苗尽量均匀。

另外，为了防止采苗期间丝状体长时间见不到光，造成形成的壳孢子色素淡、个体小、附着率低等情况。可以在下午结合出网、整理贝壳等措施，让贝壳丝状体见光培养 3~4 h。

2. 水温对壳孢子放散与附着的影响

壳孢子的放散需要在一定的温度条件下进行。任国忠（1979）的实验证明，条斑紫菜丝状体放散壳孢子的温度范围是 12. 5~22. 5℃，低于或高于这一范围都不放散，放散量最多的在 15~20℃，与壳孢子形成的温度一致。将放散壳孢子的贝壳移到 25℃的海水中就停止放散，说明 25℃是放散温度的上限。没有形成壳孢子囊枝的丝状体在 15~20℃的条件下大约经过 25~44 d 可以放散壳孢子，已形成壳孢子囊枝的丝状体在 15~20℃的条件下经过 6~7 d 就可以放散壳孢子，据此可以说明壳孢子囊枝的形成约需要 18~38 d，而壳孢子的形成与放散只需要 6~7 d。5℃、10℃和 23℃能抑制壳孢子的形成但不抑制壳孢子的放散；而 25℃既能抑制壳孢子的形成又能抑制壳孢子的放散。被抑制壳孢子放散的丝状体在 15~20℃的条件下只需要 2 d 就可以放散。

用自由丝状体采苗培养的贝壳丝状体，其壳孢子放散、附着的最适宜水温一般略低于用果孢子采苗培养的贝壳丝状体。

杨玲（2004）在实验室内可控条件下，用充气培养的条斑紫菜成熟的自由壳孢子囊枝作放散试验，在 5~20℃范围内，壳孢子均可以放散，温度越低，壳孢子开始放散得越早。但高峰期不明显，且放散的周期很长；20℃是最适宜的放散温度，放散的壳孢子数量多，放散集中。

坛紫菜壳孢子放散的适宜温度是 23~25℃。无论条斑紫菜或坛紫菜的壳孢子形成的适宜温度，都比壳孢子放散的适宜温度要高。因此在经过夏季转向秋季的丝状体的发育成熟与放散壳孢子，温度下降是必要条件。

右田清治（1972）的实验表明，在光照 3 000 lx 下，壳孢子以 20℃时附着最多，如果把 20℃时附着量定义为 100%，则壳孢子在 25℃时的附着率减少到 98%，15℃时减少到 57%，5℃时仅为 3%。但我国陈美琴（1985）、马家海等（1996）都证明 15℃时的附着率大于 25℃时的附着率。

在壳孢子采苗过程中，温差对壳孢子放散的影响很大。一般来说，在一定范围内温差下降幅度越大，壳孢子放散量越大，但这并不意味着采苗量多，因为温差越大（1.5℃以上）刺激放散的壳孢子畸形越多，壳孢子附着能力差。每天注意天气，防止冷空气突然南下，造成育苗水温下降幅度太大。采苗期间，水温稍有回升，壳孢子放散量就减少，所以采苗期间我们要尽量防止水温的回升。在一般情况下，采苗期间沉淀池的水温比育苗池的水温偏高，此时育苗池的水应尽量不要频繁更换，换水影响次日甚至几天的壳孢子放散量，当贝壳脏而采苗不顺利时才可以换水，或者为了防止阴雨天的壳孢子大量放散，造成壳孢子的流失，通过换水提高苗池的水温，阴雨天换水最好在凌晨 4：00—5：00 进行。

采苗时间早，海水温度偏高，不但影响壳孢子下海后的出苗率，也是浒苔等附着性藻类大量繁殖期，容易造成大量杂藻附着，降低苗网质量。同时高水温也是致病的重要因素。采苗时间过迟，水温偏低，幼苗生长缓慢，将明显降低产量。在江苏省南部沿海，适宜的采苗时间是 9 月下旬至 10 月中旬以前，水温在 16~22℃。从生产实践看，紫菜幼苗下海以后的生长速度与采苗时间的早晚有着密切的关系，10 月上旬前下海的幼苗 60 d 可采收，10 月上旬至中旬下海的幼苗约 70~80 d 采收，10 月中旬或以后下海的幼苗则须 90 d 左右才能采收。

3. 流水对壳孢子放散与附着的影响

海水的流动对壳孢子的形成与放散具有重要作用，丝状体在产生壳孢子囊但尚没有形成壳孢子以前一般培养在静止海水条件下，几个阶段都能顺利进行，但在壳孢子形成或放散两个时期，海水的流动有很重要的作用，对坛紫菜更为突出。日本研究壳孢子形成时期需氧量比前面几个阶段多2倍，海水流动可能是对增加氧的供给起了积极作用。因此生产上要在采坛紫菜壳孢子之前下海刺激一夜，在采壳孢子时再进行冲水，放散的效果就比较好。

在自由丝状体形成壳孢子囊枝后，海水流动不但可促进壳孢子的形成与放散，而且可以避免壳孢子囊枝产生空泡现象，促使原生质浓厚饱满，提高壳孢子的利用率。

紫菜壳孢子的比重比海水略大，在静止的情况下是沉淀于池底或容器底部的。自然条件下，由于波浪潮流等的影响，可以帮助紫菜壳孢子散布到各处，并且增加与基质接触的机会，得以附着。冲水在育苗过程中具有重要作用。在室内人工采孢子就必须增设动力条件，不断搅动海水，通过冲水可以将沉积在池底壳孢子搅起，使壳孢子与网帘充分接触、附着、萌发，同时流水可以刺激壳孢子成熟、放散，缩短壳孢子的采苗时间。一般说水流越畅通采孢子的效果越好。冲水也可以将贝壳上的浮泥等附着物洗刷干净，有利于放散的壳孢子脱离贝壳表面。

在生产上，冲水可以选择不同型号的水泵进行。在冲水的时间掌握上，为了促使壳孢子集中大量放散，在采苗前2~3 d，在通风降温的同时，夜间要用水泵进行流水刺激。

每天正常采苗时间是6：00—11：00。具体的采苗时间要根据壳孢子的放散量及天气情况而定，放散高峰时，冲水时间最多可以延长到15：00；当阴雨天时，早上的冲水时间可以推迟至9：00以后。

下海刺激是坛紫菜全人工采孢子的一个技术措施。下海刺激虽然效果好，但大面积生产时，劳动强度大，又影响贝壳的健康，加之在海上受潮汐风浪的影响，贝壳丝状体受到摩擦损伤甚至大批丢失，很多单位进行室内流水刺激也可以获得比较好的效果。

4. 海水比重对壳孢子放散与附着萌发的影响

比重影响壳孢子囊枝的形成与壳孢子的形成，进而影响壳孢子的放散。试验证明适合于条斑紫菜与坛紫菜两种丝状体各阶段的比重基本相同，约在1.020~1.025，若比重低于1.015或高于1.028时，对壳孢子的放散有不利影响。在适宜的比重范围内，比重越高，壳孢子附着效果越好，壳孢子有效利用率越高。

右田清治（1972）报告，在温度为17℃，光照3 000 lx下，壳孢子在比重1.019时附着率最高，其次是1.025的86%，在1.010 5时为63%，1.010时为35%。

马家海和蔡守清（1996）试验不同比重条件下，壳孢子萌发情况，把正常条件下附着的壳孢子移入不同比重的海水中，使之萌发，3 d后检查它们的萌发量，结果表明，1.020~1.025的萌发率最高，达65%~70%，1.015时为49%，1.010时仅为22%。在采苗季节如果恰逢雨季，养殖海区会出现低比重的情况，将严重影响壳孢子萌发，应予以重视。

5. 壳孢子附着的持续时间

壳孢子放散后的附着速度很快，一般放散高峰以后紧接着就出现附着高峰，但壳孢子究竟有多少时间可以保持附着能力呢？中国科学院海洋研究所曾对条斑紫菜壳孢子附着力进行过试验，认为壳孢子离开丝状体4 h内，仍能保持附着的能力。通常认为坛紫菜壳孢子在24~25℃下保持的附着力要超过18~20 h的附着力时间。马家海和蔡守清（1996）的试验结果表明，虽然放散数小时后壳孢子有一定的附着萌发能力，但其附着能力明显下降。24 h后基本失去附着能力。

（四）促进和抑制壳孢子放散的技术措施

1. 促进壳孢子放散的方法

（1）降温、换水

降温处理对促进条斑紫菜壳孢子放散有明显效果；处理时将水温从 24℃以上降至 20℃，如果水温已经在 21℃以下时，则要求比原来水温降低 5℃。一般光照在 3 000 lx 以上，降温 4~5 d 后可使壳孢子大量放散。

采取降温结合流水效果更好。降温过程中不断更换新鲜海水，越是换水效果越好，但换水水温应与降温温度相近，否则效果不明显。

（2）流水刺激

在室内安装水泵等动力装置，搅动海水，把贝壳放在池内接受海水流动刺激，一般成熟度好的第一天就可以大量放散，流水刺激时，期间更换新鲜海水效果更好。

（3）下海刺激

是刺激坛紫菜壳孢子的放散行之有效的手段。把坛紫菜的贝壳丝状体装入网袋内，傍晚挂到有潮流通畅在退潮后又不干出的地方，经过从当天晚上到次日早上 6：00 海水的冲击，取回后放入池中进行流水采苗，可以获得大量壳孢子。下海刺激的时间长短、潮流大小，以及大潮小潮皆有一定关系。

此法的缺点是，搬运贝壳需耗费大量劳力，而且有挂放贝壳设备及安全等具体问题。

2. 抑制壳孢于放散的方法

抑制壳孢子放散的方法约有以下几种：

（1）黑暗处理

把成熟的贝壳丝状体，放在塑料桶内，装满海水，盖上不透光的盖子，使桶内完全黑暗，放在通风阴凉处，在 15 d 内，壳孢子放散和附着几乎不受影响。

（2）不干燥脱水处理

将贝壳丝状体放在塑料袋内，加入少量海水，将袋口扎紧后放在有盖的桶内，置于通风的阴凉处，5 d 内抑制解除后，仍可以大量放散壳孢子，但不稳定。

有人认为此方法中每天应放散的壳孢子由于周围没有海水而不放出，遇到海水后才大量放散。或是由于壳孢子急剧成熟所致。

（3）低温处理

把贝壳丝状体放在塑料桶内，装满海水，加盖，放在 2.7℃的冷库中冷藏。在 15 d 内解除抑制后，壳孢子放散和附着似乎不受影响。如解除低温后再黑暗 1~2 d 后，则采苗效果更好。

（五）采壳孢子的方法

采壳孢子的方法有通气式搅拌（气泡式）、冲水式、流水式、回转式、日本直播式、泼孢子水式等，其中冲水式、流水式、回转式用得较多。

1. 通气搅拌式

又称气泡式。这种方法是用空气压缩机向采苗池中的通气管压进空气，造成自上而下的气泡从而推动海水的搅拌，使壳孢子能均匀地附着于网上。

2. 冲水式

条斑紫菜采壳孢子多用此法，具体做法是先把网帘铺好，保持较浅的池水，池内放一定比例的贝壳丝状体。冲水时将冲水泵在池中到处冲水，借以将壳孢子全面搅动，上午进行，每冲一遍可停一段时间再冲，到中午停止冲水，完成本日采苗工作。

3. 流水式

设备用固定池的一端的电动叶轮搅动池水，造成一定方向的水流，壳孢子随水流而附着于网上。应注意池水不可过深，网帘多少要适度，以免影响壳孢子附着。

4. 回转式

这是日本多采用的一种方法，在采苗池上设有一定大小的转轮，并缠上要采苗的网帘。贝壳丝状体放在池底。采孢子电动转轮原位转动，使上面网帘接触池水的孢子（由摆放池底的贝壳丝状体），使孢子附着在网上，到一定时间进行镜检，认为达到附着密度，即可停止采苗，另换新网进行再采苗。

5. 日本直播式

分全封闭式与半封闭式，即将贝壳丝状体放入袋中，把 50~60 张网盖在贝壳网袋内，然后将网与袋放入已放置于海中框架中的聚乙烯袋中，将一端开口加以绑扎封闭，在封闭前加入营养液，并放入检查线，3~5 d 后取出检查线镜检，100 倍视野下有 5 个孢子附着并成萌发体，即达到生产的要求。可将网帘取出，重叠挂到浮架上进行出苗培养。另外，也有半封闭式采苗，不封闭袋口，海水可以流动更新，采到孢子比较健康，但设备比全封闭式简单，缺点是容易附着杂藻。

6. 泼孢子水法

坛紫菜采苗曾经用过这种方法，就是把采苗的网帘置于海中的框架中，数层在一起，利用已放散的孢子水均匀地撒在网上。缺点是网帘层数附苗不均匀，而且受天气影响大，这种方法仅有坛紫菜使用过。

（六）采壳孢子的密度与检查

1. 采孢子密度

影响紫菜生产量高低的因素很多，采壳孢子密度大小是产量高低重要因素。

条斑紫菜因具有无性繁殖，紫菜幼苗能放散单孢子。随着幼苗的生长，单孢子放散量不断增加，一个壳孢子萌发成的小叶状体周围可以有成百的幼苗生长，这些都是单孢子萌发的。我们可以根据条斑紫菜这种特点来决定合适采孢子密度。北方生产上认为出苗量达到能覆盖全部网线的程度，紫菜生产才能高产，这种采壳孢子密度称为“全苗”。以全苗作为合理密度的标准。根据试验，低倍镜下（10×10）壳孢子密度在10个/视野的都能达到正常的出苗要求，而在3个/视野的便出苗不足。因此条斑紫菜的附苗密度在8~15个/视野，基本上可以满足生产要求。不过有些条斑紫菜品系的单孢子放散量小，就应适当提高采壳孢子密度。生产上也不是采壳孢子密度越大越好，一方面浪费苗源；另一方面采苗密度过大容易造成病害。

坛紫菜很少产生单孢子，因此生产上所要求的附孢子密度应和条斑紫菜有所不同。生产中以每亩投放壳孢子的数量来作为标准，由3亿~10亿个壳孢子的苗量，皆可达到生产要求。

2. 附苗密度的检查

附苗密度可以采用筛绢法、纱头法和绳段法的方法来检查。筛绢法是在采壳孢子时夹在网帘之间，作为取样检查之用。求出每平方厘米筛绢上附着孢子的数量。因筛绢为尼龙做成，和网帘的材质存在差异，故附苗的条件和密度也会不同，有时差异很大，所以采用此法须结合纱头法和绳段法校正后使用。南通地区多采用纱头法，即剪取网帘绳上散开的纱头，在显微镜下计数。对于机织的网帘很少有散开的纱头，故多采用绳段法。绳段法是直接剪取网帘绳的一段约2 cm长度在显微镜下检查，此方法会破坏网帘。以上方法虽不一致，但在计算时均要以附着伸长的孢子为数，游离的孢子不计入内。

在壳孢子采苗的高峰期，当网帘上的伸长的壳孢子密度达到或超过采苗要求时，即可出池。也可停止一段时间的冲水，将出池的网帘放在原采苗池暂养15 min以上，待网帘上的壳孢子基本拉长后再出池。

（七）壳孢子苗网暂养与运输

出池的网帘如不能及时下海张挂，要进行暂养。暂养时将采好苗的网帘放入盛有洁净海水的露天或有较好光照的室内池中，海水要漫过网帘。网帘以散开暂养为好，这样可以使网帘受光较均匀。池中的海水最好保持流动，以提供壳孢子苗充足的营养。暂养的网帘应尽快下海，如因风浪等原因耽搁，也不应暂养超过 3 d。每天要翻动暂养网帘，防止局部受光不足而影响壳孢子苗的存活。

采好孢子苗的网帘运输到海上张挂时，应用布帘等物遮盖，防止雨淋和日晒。如运输时间长，还应喷洒海水保持网帘湿润。

第四节　叶状体养殖

叶状体海上栽培工作就是将幼苗培养成海藻成体到收获阶段，主要包括栽培海区的选择筏架结构设置与布局、网帘下海与出苗管理、成叶期栽培与管理等。成叶期栽培有两种方式，一种是秋苗网栽培，另一种是冷藏网栽培。所谓冷藏网栽培是指将全苗网阴干后放入冷库中冷藏起来，待适当时机出库进行养殖的方式。秋苗网栽培是指将全苗网直接在海区栽培的方式。

叶期栽培具体的工作内容包括分苗、水层调节、施肥、养成管理和收获等。

一、养殖海区的条件

栽培海区的选择要注意海区的方位、风浪、底质、坡度、水质、潮流以及潮位等各个因素，每一个海区都有自己的优点和缺点，要经过仔细地调查了解和小规模试养，才能全面了解养殖海区的特点。

（一）方位和风浪

叶状体生长需要一定的风浪，在保证养殖筏架安全的前提下，冬春季选择有西北风、东北风的海区。风浪小、潮流不畅的内湾，不适宜大面积养殖紫菜。风浪太大，虽然海水流动畅通，但易摧毁浮架、破坏器材使紫菜生长半途遭到损失。

（二）底质和坡度

底质是影响紫菜生长的因素之一，同时也影响到人工打桩、下筏、管理、收割等工作。底质与浮筏设置有关。半浮动筏只能在适合打桩、下砣，不易损坏这些器材的底质，如沙质、泥沙质，甚至泥质海底和砾石质海底进行。底质太软有两个缺点，一是在低潮干出时活动不便，此外泥质底涨潮后水质混浊，网上附泥多，对出苗有一定影响。在选择海区时以泥沙底质或硬泥底为好。底质以泥为主的海区不仅便于安排筏架，还可以调节海水里营养成分，吸附海水中的氮磷等肥料，当海水中营养成分贫乏时，可以释放营养成分，对紫菜叶状体生长有利。岩礁底质不易打桩和设置筏子器材。全浮动筏式可在与海带栽培相同的海区进行。同时，对于栽培海区要求平坦、坡度小，这种海区可以增加养殖面积，紫菜生长均匀。

（三）水质

栽培海区的营养盐是一个重要因素。考察一个海区的营养盐时，可以采样分析海水中的 NO_3-N、NH_4-N 与 PO_4-P 等主要营养盐类。一般来说海水中含氮量低于 50 mg/m^{3}为贫瘠海区，100 mg/m^{3}左右为中肥海区，200 mg/m^{3}以上为肥沃海区。肥沃海区的紫菜生长快，叶片大，色泽深且有光泽。在自然海区中，钾、钙及其他微量元素一般都能满足需要。根据众多的实践证明，有适量淡水汇入的海区紫菜生长较好，但对于那些紫菜养殖密集的海区，在紫菜生长旺盛的季节，仍有缺肥的可能性。如没有分析水质的条件，也可以察看当地海区生长的绿藻类的浒苔、石莼的颜色，在栽培海带的海区可以看海带的颜色。如果绿藻类颜色深绿，海带呈深褐色，说明水质肥沃；如果绿藻类淡黄绿色，海带呈黄色，紫菜也呈黄绿色，说明该海区的水质贫瘠。如海水肥度不足可以采取施肥措施。

栽培海区的海水应有一定的混浊度为好。海水过于清澈反而不利于紫菜生长，在强烈的阳光下容易发生光氧化现象，使紫菜产生生理性代谢障碍。

在海区选择时也要考虑沿海工业污染所带来的影响，如酸、碱性物质、重金属污染物以及农药等有机污染物的排放。有的有害物质可能对紫菜的生长带来影响，有的则可能在藻体内富集而使产品失去食用价值。据测定，如果海区的 COD 较长时间超过 3 mg/L 就对紫菜产生危害，如 COD 超过 4 mg/L 则该海区就不能进行紫菜栽培。

不同种类的紫菜在不同生长阶段对海水温度要求也不一样。条斑紫菜成叶期适宜生长的海水温度较低，为 3~8℃，温度上升会加快成体生长，导致提前衰老，而且易发病。此外，温度下降出现冰冻也会使叶状体严重受损，对栽培筏架也会产生严重威胁。因此，冬季温度较高的南方海区和常见冰冻的北方海区都不宜养殖条斑紫菜。

（四）潮流

潮流对紫菜的生长有明显的影响，海水的流动可不断为紫菜补充海水中的营养盐，带走代谢废物。潮流畅通的海区紫菜生长快、硅藻不易附着、紫菜质量好、可收割次数多，因此产量也高。海水流动对维持紫菜健康的生理状态也极为重要。海水流动不畅，紫菜叶状体易被硅藻附着，藻体提早老化以致影响产量和质量。流速小海水交换不足，紫菜就不能吸收足够的营养盐并及时排泄废物，紫菜的生长受到抑制，并常使紫菜发生各种病害。病烂的发生往往在小潮汛，风平浪静温度上升的时候，栽培区的中心部位水流最小，是疾病的易发部位，发病也最严重。养殖密度过大往往导致水流不畅，使养殖产量降低，病害多发。一般认为流速为 10~30 cm/s 为宜。营养盐丰富的海区流速 10 cm/s 可以满足需要，营养盐较贫瘠的海区流速需达到 30 cm/s。但潮流太大会使筏架不易浮起，影响光合作用。朝东、北海区由于其风浪较大，水体交换快，一般比朝南海区和内港海区的水流要好，但这些海区对筏架的安全性要求比较高。

（五）潮位

条斑紫菜和坛紫菜在自然条件下都是生长在潮间带的海藻，潮位不同，其出苗、生长以及产量都有明显差异。因此设置筏架时，潮位高低是一个重要的参数。栽培区潮位要选得适中，过高、过低都会影响紫菜生长、影响产量和质量。潮位太高，紫菜附苗少，见苗迟，生长慢，单产低；潮位太低，敌害生物多，不利于半人工采苗，易附杂藻，提前衰老，管理、收割也不方便。选择合适潮位的方法有两种：凡在大潮汐，养殖帘（离滩面 35 cm）干露时间 2~4.5 h 均可选用。另一种是以小潮干潮线为标准。把最后排养殖帘设在小潮线上下，冬季小潮有 1~2 d 不干露，最上一排网帘设在离小潮线以上 2/3 的中潮带。前者可以插竹实地测量，后者可按农历初八、二十三最低潮线作准。根据条斑紫菜与坛紫菜的自然分布情况，比较合适的潮位是大潮时干露 2.5~4.5 h 的潮区为最好。坛紫菜耐干性强，选择滩位可适当高些；条斑紫菜耐干性差，养殖潮位应低些。在潮位选择时还应综合考虑因季节不同潮位的差异，在我国沿海冬季的潮差较春季要大。

（六）天气

由于紫菜叶状体的为露天生长，天气条件对其影响很大。紫菜属于好光性、适应高光强的藻类。在适当温度下，长日照能促进叶状体成熟，光线越强生长越快。因此雨、雾、阴等天气对紫菜生长不利。同时台风等恶劣天气也会破坏生长。

1. 降雨量

过大、过小的降雨量不仅影响到养殖海区盐度的变化，也是造成紫菜病害的诱发因子，直接影响到紫菜的品质。

2. 连续阴雨天气

连续阴雨天气对需要干露的出苗期尤为不利，长时间得不到干露会使网帘上其他藻类繁生，干扰和抑制紫菜出苗，甚至使出苗失败。阴雨天时间过长的话，对紫菜生长发育影响相当大，造成病害和影响品质。

3. 雾天

雾天会影响到紫菜叶状体对光照的接受，也影响紫菜干露，更重要的是雾天环境污染加剧，雾中含有较多的二氧化硫，对紫菜危害严重，可引起紫菜癌肿。

4. 台风

台风、气旋等恶劣天气，会直接影响到紫菜叶状体养殖设施，如断缆绳、拔桩、网帘倾翻、割断紫菜叶片等。

二、叶状体栽培的方式

紫菜的栽培方式概括起来可分为菜坛栽培、支柱式栽培、半浮动筏式栽培、全浮动筏式栽培。

（一）菜坛栽培

利用自然海区的岩礁，增殖一些自然生长的紫菜，这些岩礁叫做“菜坛”。这种自然增殖的生产方式称为菜坛栽培，过去在尚未进行人工栽培时，是我国生产商品紫菜的主要方式。由于菜坛面积有限，孢子供给受自然海况的影响，波动性很大，生产的发展受到很大的限制。

（二）支柱式栽培

支柱式栽培在日本是一种重要的生产方式，是一种将网帘吊挂在深插于海区的毛竹上，随潮水涨落而漂浮和干露的紫菜养殖方式。它具有扩大养殖海区、减轻晒网、调网和收菜的劳动强度等优点。养殖场地的底质要求以沙泥或泥沙底和硬泥涂为主，潮位为大潮干露 4 h 至大潮干潮线水深 2 m 为宜。其他养殖管理同传统半浮动式养殖。收割时可以待退潮后下涂收割，也可以在涨潮时利用船只收割，进行全天候作业，从而提高了劳动效率。

（三）半浮动筏式栽培

在我国北方和南方广泛采用该种方式，半浮动筏的筏架兼有支柱式和全浮动筏式的特点，即在涨潮时可以使整个筏子漂浮在水面，而在退潮后筏架又可用短支架支撑于海滩上，使网干露在空气中。由于在低潮时能够干露，因而硅藻等杂藻生长少，对紫菜早期出苗特别有利，而且具有使紫菜生长快、质量好、生长期延长的优点。每平方米网帘可生产干紫菜 500~1 000 g。但此方式只能在潮间带的中潮位附近实施，栽培面积受到很大限制。

（四）全浮动筏式栽培

这种方法就是在离岸较远、退潮后不干露的海区进行栽培的一种方式。日本称为“浮流养殖”。养殖海区在干潮线以下的浅海，不管是涨潮还是落潮，紫菜养殖的网帘始终浮在海水的表面。如果出苗好，管理得当，产量和半浮动筏式相近。但由于网帘不干露，对叶状体的健康生长和对抑制杂藻的繁生不利。这种形式最大的优点是不受潮间带的限制，发展潜力很大。

三、栽培筏架的结构和布局

紫菜养殖筏架由网帘和浮动筏两个部分组成，前者是紫菜附苗生长的基质，后者是张挂网帘的架子，并兼有浮动的作用。筏架的设置应根据滩涂状况、风浪大小、潮位高低来确定。

（一）网帘

网帘由网纲和网片组成。网纲较粗一般使用直径4~6 mm的聚乙烯绳做成。网片由网绳（线）编织而成。在化纤材料中以维尼纶和尼龙的附苗效果为好，但尼龙价格较高，所以网绳一般由易附苗的维尼纶和抗拉强度好的聚乙烯单丝混捻而成。现在也开发出了树脂网，即在聚乙烯等网绳上涂上一层极易附苗的树脂，可以显著提高壳孢子和单孢子的利用率。日本在树脂中加入某些微量营养成分，在养殖过程中缓慢释放，可以提高紫菜品质，减少病害发生。网绳的粗细一般视抗风浪的需要而定，与紫菜产量的关系不大。网目的大小以30 cm为宜，网目太小可能导致附苗过多，叶状体相互遮挡，潮流不畅，产量反而下降。网目过大则不利于提高产量。

网帘的规格各地并不一致，主要有以下几种：①方形网：有1.5 m×1.5 m，2 m×2 m等规格；②长方形网：有1.2 m×5 m，1.5 m×2 m，1.5 m×6 m，1.5 m×12 m，2 m×8 m，2 m×4 m等规格，工厂化生产的网帘多为9 m×1.6 m，18 m×1.6 m等；③养殖坛紫菜条帘有0.75 m×2 m，1 m×2 m等规格。日本、韩国用的网帘规格大多为18.2 m×1.2 m，18.2 m×1.6 m。

新编成的网帘须在清水中充分浸泡和洗涤，以除去有毒的物质，否则会影响附苗。使用过的旧网帘，应堆积在土坑内使残留的藻体和杂藻等自然烂掉，洗净晾干再用。

（二）筏架

栽培筏架根据栽培方式可分为以下 3 种类型。

1. 半浮动筏

半浮动筏架一般由桩（橛）、桩（橛）缆、浮筏和浮绠组成。养殖海区中筏架的设置方向应于潮流方向一致或基本一致，这样有利于水体交换和提高筏架的抗浪能力。

桩（橛）：根据底质特点选用，如是沙或沙泥底质，如江苏南通、盐城地区多采用芦苇把固定；如是泥沙或淤泥底质多采用木桩或竹桩。也有采用石砣和铁锚的。

桩（橛）缆：用于固定浮动筏，一般每台筏架有 4 条或 6 条桩缆，与浮绠连在一起。其长度根据当地海区潮位的高低来确定，与最高潮差的比例为 5∶1 左右，以确保大潮汛期筏架全部漂浮于水面。东海海域的最大潮差多 4. 5~6 m，所以桩缆的长度大约为 18~24 m。桩缆与浮绠的粗细应视水流的快慢、风浪的大小、筏架负荷量来确定，一般为直径 16~18 mm 的聚乙烯绳。

浮绠：每台筏架有 2 条或 3 条浮绠，其长度视挂网帘多少而定，一般不超过 100 m。挂网帘太多则有拔桩、断绠的危险，浮绠太长也容易在大风时造成筏架翻倒。这方面的教训较多。

筏架：有浮竹和支脚组成，浮竹的长度 2. 4 m 到数米不等，支脚高 50~70 cm。网帘缚于浮竹和浮绠上保持张开状态。支脚在退潮后使筏架支撑在滩涂上，使紫菜网帘得到干露。每排筏架的两端多采用双架，以增加稳定性和浮力。也有在两端增设浮子，以保证满潮时两端的网帘浮近水面，不致影响紫菜的光合作用。

2. 支柱浮动筏

支柱式栽培与传统半浮动式养殖设施结构的主要差别在于：后者有高

50 cm 左右木支脚，用以干潮时支撑网帘不致着泥，而前者不用支脚架，以整枝毛竹或塑料杆代替，插杆上端缚扎吊绳，每根插杆与浮竹或浮绠相吊连，呈斜拉索状，在干潮时使网帘悬空。每台两端用桩梗打桩固定。插竹一般直径 10~15 cm，长度视潮差大小而定，一般为 5~10 m，其中 1.5~2 m 打入海涂。帘架放置时应把海区分为若干个小区，各小区最好按品字形排列。用桩绳加固插竹，用浮绳与吊绳连接网帘与毛竹，吊绳长度可以调节，以便根据不同海区、潮位、时间、养殖季节与晒网需要调整网帘干露时间。

3. 全浮动筏架

是用于潮间带以下的深水海区的栽培方式。由于潮间带的面积有限，采用此方式可以大大扩展紫菜栽培面积。没有脚架，只有浮筏，详细结构与海带栽培的浮筏相似，这种栽培法日本称为“浮流养殖”。是日本紫菜栽培三项新技术之一。在日本和韩国浮流养殖已占紫菜栽培面积的 2/3。他们还采用适合浮流养殖的紫菜新品种、冷藏网技术、酸处理等措施来克服浮流养殖的不足。我国也有部分海区采用此方式，但因此方式长期不能干出导致藻体易附生硅藻、中后期藻体老化品质下降等问题没有很好解决，限制了它的发展。为此增设和改进筏架的干出装置，推广冷藏网技术等措施值得进一步探索。

有的还设有三角架式、翻转式、平流式等干露装置，可以定期将网帘提升至水面以上露空晒网，晒完后再放入水中。

（1）三角架式

最早是青岛第二海水养殖试验场于 1973—1974 年间试制的。由两条浮绠构成的筏架，筏架浮绠长 60 m，桩缆长 27 m（可根据当地潮差调节），每台筏架用直径 27 cm 的浮子 32 个，直径 3 cm、长 1.6 m 的浮竹 62 支。桩间距应适当放长，以利于操作。紫菜网帘长 12 m，宽 2 m，网目 27 cm，网帘的中部增设一条网绳。每台筏架张挂网帘 5 张，网帘和两边浮绠间空隙宽度为 40~

50 cm，两条浮绠之间，每隔 4 m 有一带钩的长绳，位置在网帘下方靠玻璃浮子处。为防止网帘中部下沉，在网帘中部的网绳上，还可以加几个小浮子操作时依次拉紧带铁钩的拉绳把小钩挂在浮绠上。在两条浮绠靠拢的过程中，将浮竹和网帘向上提起形成三角形使网帘出水干露。结束时只要取下挂钩，筏架即恢复原状。

（2）翻转式

在宁波一带比较成熟，其结构主要由两条浮绠形成一行（浮绠长 80~90 m），可挂网帘 4 张，浮绠中每隔 2 m 固定一条直径 3~4 cm、长 2 m 的竹竿，可使浮绠、网帘水平展开。竹竿两头各固定一个浮子，浮子呈实心圆柱状，直径 30~40 cm，高 60~80 cm，用泡沫塑料制成。平时浮绠、网帘、竹竿均浸在水中，浮子在水面上操作时，把浮架翻转，浮子在下，托起浮纲、网帘和竹竿离水，使紫菜和网帘干露。结束时，重新把浮架翻转过来即可。

（3）平流式

平流式养殖方式结构接近翻转式，主要由两条浮绠形成一行，把网帘有秩序地固定在浮绠中间，网帘与浮绠间距保留在 20~30 cm。在两条浮绠上适当布置浮子 25~30 个。浮子呈实心圆柱状，用泡沫塑料制成。平时网帘和浮梗一直浮在水面。该方式不设干露装置，只需每水采收紫菜完毕后，把网帘运到岸上干露 1~2 d，然后重新挂到海区，直到下一水紫菜采收。

四、出苗期管理

紫菜叶状体出现于秋末冬初，直至翌年春末消失。因此，叶状体适应于较低温度。如条斑紫菜在 0.5~18℃均能生长；坛紫菜适温还要高些。当海区水温超过 20℃，紫菜叶片就发生腐烂。紫菜生长在中高潮线，是一种喜光性的红藻。光强在 5 000 lx 以下，随着光强的增加，生长加快；若超过 5 000 lx，光合作用反而受抑制。每日光照 3~9 h 即可。紫菜叶片耐干性极强，生长在岩礁与网帘上的紫菜，退潮后即使被太阳晒干发脆，涨潮后仍能正常生活，一般每潮水干出 2 h 为好。紫菜喜欢生长在潮流畅通，有一定风浪的肥沃海区，在 1.010~1.025 比重的海水中均可生活，在缺氮肥的海区，紫菜色淡无光，叶片细长。

（一）苗网的张挂

壳孢子网帘经暂养运输到海区后应及时张挂。张挂应在涨潮前进行，以 3~5 张网重叠张挂在筏架上，苗网不能太多重叠，网帘拉平、吊紧。如果网帘张挂后，距离涨潮时间较长，还必须在网帘上喷洒海水，防止网帘干燥，影响壳孢子苗的成活率。重叠张挂的好处是：一是集中张挂，占用少量筏架，使前期工作量小，且便于苗期管理；二是对于具有单孢子的条斑紫菜来说，这样有利于单孢子的集中附着，提高单孢子的利用率。经过具干露条件的海上出苗装置出苗后，使苗长成 2~5 cm 小紫菜（也即形成全苗网）后再放养到养殖海区养殖。

（二）干出管理

从网帘下海到出现肉眼可见大小的幼苗为止，这一期间称为紫菜的出苗期。用半浮动筏式栽培的条斑紫菜 10~20 d 见苗，苗帘上采苗密度越高，见苗时间越短，反之，则越长。而坛紫菜见苗时间较短，一般 10 d 左右能见苗。由壳孢子长到 1~3 cm 的苗，条斑紫菜需 30~45 d，而坛紫菜最多需 20 d。这段时间应加强管理，力争做到早出苗，出壮苗，出全苗。对于潮间带的半浮动筏式的出苗筏架而言，选择合适的潮位尤为重要。一般潮位不同出苗的情况也不同。潮位在大潮时干出 4.5 h 是适于紫菜出苗的潮位。

干出的方式有：半浮动筏式、支柱式（插杆式）和浮流式。半浮动筏式和支柱式利用潮差来实现干出，其中支柱式还可以人工调节干出时间的长短，出苗快且效果好。

浮流式的干出装置有好几种，常见的有翻板式、三角架式、管岛式、浮圈式、V形育苗浮动筏等，其干出时间不受潮汐的影响，可根据幼苗大小及天气状况而定。从萌发到幼苗肉眼可见的大小时每 2~3 d 干露 1~1.5 h；幼苗长大后，每隔 3~4 d 干露一次每次干 1~2 h；在分网张挂前可选择晴朗天气干露 3~5 h，以消除或减轻杂藻的影响。

为了使幼苗出苗早，日本也使用一种紫菜网酸处理剂，含有无机营养盐的成分，不但有消灭杂藻的作用，而且有施肥促长之功效。

其他的管理工作还有清除浮泥与杂藻，必要时可用人工泼水或机械方法去除网帘上的浮泥，促进紫菜苗的生长和条斑紫菜单孢子的放散。对于网帘上附着严重的杂藻，在潮间带不能干露清除的情况下，目前可采用的办法是取上岸晒网一天，然后重新放回海区，可起到一定的效果。

网帘下海后 20 d（坛紫菜为 15 d）仍不见苗或苗数量很少，则要及时镜检，若发现苗网苗量严重不足，则要及时补采单孢子苗或干脆清洗晒干，重新到苗厂采苗，以免延误养殖季节。

五、成菜期管理

紫菜从见苗以后就进入栽培阶段，这一时期管理得好，产量可以增加，如果管理不当，会使产量受到影响，主要的管理工作概括有稳固筏架、疏散网帘、不同潮位网帘的对调、施肥等。

（一）筏架管理

白天退潮后，管理人员必须下海巡视，尤其是遇到风浪，更要加强防范。

1. 检查帘架

结扎修理松散、破损的帘架，重新编排被风浪挤在一堆的竹架与网帘；

修理或调换帘脚；纠正高低不平的帘架，使它保持在一个平面上。

2. 检查固定装置

检查竹、木桩或石砣是否移动，桩绠和浮绠有无磨损与断裂，发现问题及时调换加固。

3. 调整行距

经过一段时间风浪、潮流的冲击，绠索伸长，相邻行帘容易发生碰撞或翻架，要收紧浮绠，保持原有行距。

4. 防范风浪

养成阶段沿海常有8~9级大风，采苗早的还会遇到台风侵袭，应每天收听气象预报，注意天气变化，做好防护工作。风浪过大，有拔桩毁架危险，可采取加固帘架或放松浮绠等方法防风抗浪，也可把帘架抬到避风处，但要保持帘子润湿，待大风过后再搬下海。出苗与养成阶段污泥沉积，易造成紫菜萌发困难和腐烂脱落，所以要在涨潮时经常冲洗帘子，保持帘子干净。

（二）疏散网帘

网帘下海后，大多数采用数网重叠进行培育。见苗以后，藻体逐渐长大，如不及时疏散网帘，幼苗互相摩擦、遮光、争肥，这样不但影响幼苗生长，且会掉苗。这时应把网帘进行疏散，单网张挂。坛紫菜目前一般采用单网张挂出苗。

（三）不同潮位网帘的对调

不同的干露时间对不同时期的紫菜生长有很大影响，亦即藻体生长的适宜潮位不是固定不变的。北方条斑紫菜在支柱式栽培条件下，自12月至翌年2月上旬叶面积为0.6~0.7 cm^2 的小紫菜，生长最适潮位由出苗阶段的1.5~

1.9 m潮位下移到0.8 m和1.1 m潮位。随着藻体的不断长大，到二三月，最适生长潮位又上移到1.1 m和1.5 m左右。到3月下旬最适生长潮位是1.8 m和2.1 m。

不同生长期的紫菜对温度、干露时间及抗杂藻能力有所不同。在生产上先把采好壳孢子的网帘挂到每潮汛（半个月）有5~8 d干露，每天干出时间2~3 h的低、中潮位培养。其见苗时间早，出苗齐，当紫菜生长到3~6 cm时，日生长速度快，下海后经50~60 d栽培就可进行第一次采收紫菜（坛紫菜35~40 d）。这时低潮位的产量往往比高潮位的产量多，经采收1~2次后，低潮位的网帘由于干露不够，藻体上易生杂藻使藻体老化，以后以中潮位的最好，高潮位次之。为了提高低潮位网帘的产量，最好把低潮位的网帘与高潮位的互相对调，或把一些低潮位网帘移到高潮位的新架子上，这样可以取得良好的效果。

（四）施肥

南方海水含氮量比较高，水质比较肥沃，一般不施肥可以进行生产。但实践证明，施肥可以减轻病变的发生，可以促进紫菜的生产，增加光泽，提高质量。在生产上以施氮肥为主，主要使用尿素、硫酸铵、氯化铵等。可选择在紫菜快速生长期用0.5%~1%的肥液，人工均匀喷洒到栽培海区中。为减少肥料流失，尽可能把肥料海水直接喷洒到紫菜网帘上。我国海洋中的海水一般含磷量均在10 mg/m^3以上，基本能满足紫菜生长需要。但海区中的氮含量多少则因海区而异。当氮缺乏时，紫菜颜色呈棕黄绿色，在显微镜下观察液泡很大，藻体生长缓慢，如不施肥则产量受到影响。尤其是当幼苗生长快速期，因气温回升，南风天气，藻体很容易发生绿变。如不及时施肥，严重时紫菜会脱落流失，轻则生长停滞影响生产，在这种情况下施肥是最有效的抢救方法。现在生产几乎不需要施肥，若极个别海区需施肥，其方法如下：

1. 喷洒法

将肥粒配制成的0.5%~1%的海水溶液，喷洒到筏架网帘上。喷洒时间在来潮前1 h左右进行效果较好。

2. 挂袋法

用长形的塑料袋，装上化肥后挂在浮竹上，让其溶解逐渐扩散，供紫菜吸收。

3. 浸泡法

将配好的0.1%左右的肥料溶液，放在较大的容器或船舱内，把紫菜网帘放在肥料容易中浸泡30 min左右，然后将网帘重新挂到筏架上。

六、紫菜采收

大面积养殖紫菜，收菜是一件工作量很大的经常性工作，要妥善安排，勤收、及时收。

（一）采收原则

合理收菜既是提高产量的重要措施之一，又是保持原藻鲜嫩的重要手段。紫菜生长到一定长度后要老成，此时表层甘露糖胶、细胞间半乳糖胶分散，其中有一种不溶于水的物质会使藻体变硬，降低原藻质量。另外如不及时收菜，则藻体太长，易被风浪打断流失。

紫菜采收还必须从保持网帘的再生产能力出发，做到合理采收。采收时的藻体长度应根据栽培海区的环境条件来决定。在风浪较大的海区，当藻体长达到15~20 cm时，就应采收。在风浪较小的栽培海区，藻体长度可适当长些再采收，但也不宜过长，否则会降低原藻的质量。紫菜采收后留下的长度，应掌握在5~7 cm。在前期可留长些，后期则留短一些。当网帘上的紫菜已被太阳或风吹干时，应停止采收，以避免在采收过程中将黏附在一起的小紫菜拔掉，影响网帘再生能力。

采收紫菜还应密切注意天气预报，做到晴天多收，阴雨天少收，大风前及时抢收。收获的紫菜应当天加工，如不能及时加工，可用海水将紫菜洗净，摊放在通风阴凉处，待天晴再加工。

（二）采收时间

正常情况下条斑紫菜的第一次采收时间，约在采壳孢子后 50~60 d，11 月下旬至 12 月上旬，当网帘上紫菜藻体长至 15~20 cm 时可以采收第一水菜。以后视水温和藻体生长速度，每隔 15~20 d 采收下一水菜。坛紫菜第一次采收时间在采苗后 40~50 d，一般 10 月底至 11 月初，以后每隔 20 d 左右可进行第二、三次采收。一般来说，浙江养殖的条斑紫菜可采收 4~5 次，坛紫菜可采收 5~7 次。江苏养殖的条斑紫菜可采收 10 次左右。

由于半浮动筏式栽培采收紫菜的时间因潮水涨落而定，在潮位较低的海区，小潮时难以手工采收，而适合机械作业。全浮动筏式全部采用机械式采收，一般不受潮水的限制。

在整个栽培季节，紫菜可采收多次。随着采收次数的增加，紫菜的颜色、光泽、味道逐渐变差，硬度也增加。第一水采收的紫菜幼嫩且柔软，继续采收下去，质量就逐渐变差。蛋白质、氨基酸的含量在第一水最高，以后逐渐减少。碳水化合物、游离糖则正好相反，随着采收次数的增加而增加。

（三）采收方法

1. 手工采收

手工采收是只适用于半浮动筏式的采收方法。手工采收劳动强度大，效率低，同时易造成紫菜根部和幼苗的损伤，对紫菜后续生长产生不利影响。

目前这种采收方式逐渐被机械式采收所代替。手工采收主要有采摘法和剪收法两种。

采摘法是将用手工将紫菜整株拔除。剪收法则是用剪刀剪取藻体大部分，留下一定长度，继续生长。采收第一水菜时，使用剪刀剪收法可以有效保护小苗。藻体采收后留下的长度要求在5~8 cm，如水温高可留短些，水温偏低应留长些，确保第二水菜能迅速生长。开始1~2次，因藻体薄嫩细长，可留长些（约10 cm），使有较大的叶片吸收营养，迅速生长；以后可留下7 cm。留得太长，影响本次收割的产量；留得太短，则影响后续生长。条斑紫菜手工采收一般采取采摘法，由于条斑紫菜不断放散单孢子，紫菜数量不断增加，采取采摘法，拔大留小，有利于增加产量。但当网帘上的紫菜生长不茂盛时，也采用剪收法。坛紫菜也一般采用采摘法。有条件的可采用机器收割。若坛紫菜苗太密，需稀疏时，可采摘一部分。因为坛紫菜没有单孢子，如果拔多了势必影响以后产量，所以为了提高产量，采壳孢子的密度均比较大。但密度太大易产生烂菜现象，所以初期可用采摘法使其稀疏一些。第二水之后采用剪收的方法。总的说来，采取轻收、勤收、及时收的措施，一般均能获得较高的产量和质量较好的原藻。

2. 泵吸采收

利用泵的吸引力驱动水中的转子，通过装在上面的刀具进行收割紫菜的方法。然后把紫菜与海水一起吸上来，经过清洗后收入船仓。主要应用在全浮动养殖紫菜采收中，也可用在涨潮时采收半浮动养殖紫菜。这种方法有明显的不足，劳动负荷重，作业时大量吸进海水，效率低下，目前此种采收方式使用很少。

3. 机械船型紫菜收割机

机械船型紫菜收割机的主要原理是利用滚刀进行采收，滚刀装在圆筒外侧，数量3~4片，圆筒固定在轴上，当动力机械或液压马达驱动转轴时，滚刀上的刀片随之旋转并触及网帘上的紫菜，当滚刀的转速达到一定时，便可将网帘上的紫菜采收下来。利用这种方式采收紫菜，叶状体只被切断一处，细胞的损伤较轻，采收作业性能稳定。但是，机械船型紫菜收割机采收，需要准备专门的船，收割时也需要有把网帘抬高起来的设施；采收速度不仅需要一定的劳动的强度，也要操作人员熟练操作；更重要的是，由于滚刀在工作时高速旋转，小船在海浪状况下摇摆，操作人员具有一定的危险性。

4. 高速采摘船

在20世纪80年代开发出高速采摘船，适用于全浮式养殖紫菜的采收中。主要通过船顶架设一根不锈钢导管，船体前沿装置一台液压控制式的紫菜收割机，紫菜收割机可轴带驱动，也可自带动力驱动，船尾设有船用马力机械。高速采摘船能自动地将采收下来的紫菜收集于船舱，这种方法收割速度快，但成本高。

七、采收后的冷藏保鲜

（一）紫菜采收后冷藏保鲜的重要性

紫菜采收后，其藻体仍为活体，同样进行着新陈代谢需要消耗大量的氧气，紫菜采收后一两天之内仍在进行呼吸作用。因此，在自然条件下，通常24 h之内必须进行加工处理。

紫菜是季节性生产，在大量采收的丰收季节，由于加工设备有限，大量紫菜采收后堆积可能来不及加工，由于附着细菌的繁殖和酶的作用，堆积紫菜内部温度升高，引起藻体死亡，继而腐败变质。另外采收时菜体的切断面和伤口会慢慢溃烂，对淡水的抵抗力就减弱下来。因此，如果把采收来的紫菜随意乱堆乱放，会造成鲜菜很快变质甚至腐烂。

对采收后的紫菜进行冷藏保鲜，能有效地改变紫菜地性状，大大延长紫菜在加工前地保鲜时间，防止腐败，保证紫菜加工前地质量，并可合理有效地调节人力、物力，充分发挥加工机械地效能。

要在凉菜间里用竹帘等架设凉菜架，把采收回来暂不能加工的鲜菜薄薄地铺在架上。而后剔除泥沙、杂物等。

实验表明，加制冷剂使原藻内部的温度降至5℃下保存3~6 h，加工后制品的质量均较好，保存24 h以上则质量明显下降。

（二）冷藏保鲜工艺流程

图16-1为紫菜冷藏保鲜工艺流程图：

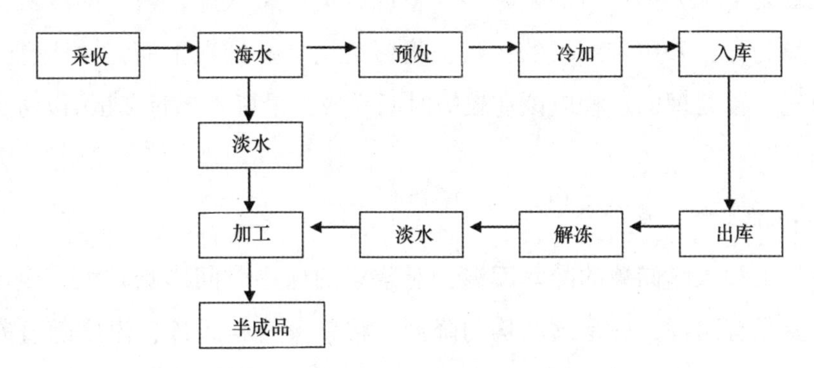

图16-1　紫菜冷藏保鲜工艺流程图

1. 海水清洗

直接采收后的紫菜含有大量的泥沙和部分杂藻，对冷藏和加工不利，需要进行清洗处理。由于紫菜为海产品，对淡水较敏感，接触淡水后的紫菜原藻，盐分会大量流失，腐烂过程加快，不利于保存。通常把采收下来的紫菜先用海水清洗，并用人工分拣的方式进行处理。在紫菜加工厂通常设有圆槽式清洗池或串联流动的清洗池。

圆槽式清洗池为直径3~5 m的混凝土水池，中心有一个电动搅拌器，上方设有一个分流口，底部为圆锥形结构，中心设有排污口。紫菜原藻放入清洗池后随着搅拌器的旋转，紫菜漂浮于上方，泥沙沉淀于池底，清洗后的紫菜通过上方分流口流出。底部的泥沙通过排污口定时排放，保持水质的清洁。

串联流动清洗池由多个矩形小方池串联一排，每个小方池之间通过分流口连接，搅拌器为卧式螺旋杆，每一小方池的紫菜流出口为下一小方池的紫菜的流入口，保证紫菜实现多道清洗，提高清洁度。沉淀的泥沙通过每一小方池的下方排污口排出。

2. 预处理

主要是手工分拣残留的杂藻，并整理分盘以备入库。紫菜的冷藏保鲜以平铺分盘为佳，采用带网格的托盘，将紫菜均匀平铺在上面，并注意上下的通风换气。预处理的过程应该在较短时间完成，最好不超过2 h，以防止紫菜质量的下降。

3. 冷加工和入库储藏

冷加工和入库储藏的冷库库温，对紫菜的保存时间影响较大。冷加工的方法主要是有两种，一是逐渐均匀降温，将紫菜直接入库，温度随着库温逐步下降，由外及内，且紫菜采取分盘存放。该方法简单有效，成本低，但需要占用大量的库容，主要使用在短时间保存的紫菜。二是速冻冷藏，将整理成盘的紫菜首先经过速冻预处理，在极短的时间内将紫菜的温度从环境温度降至冷藏温度，然后再分盘存放。这种方法对紫菜内部损伤较小，可保存较长的时间，且适宜堆放，节约库容。但成本较高，需要配置速冻盘等速冻设备。

4. 出库整理和解冻

冷藏保鲜的紫菜加工前需要进行出库整理和解冻，解冻可以采取逐步升温和直接升温两种方法。逐渐升温法是根据紫菜加工的时间和日程安排，合理调度紫菜出库的时间和数量，逐步从低温库区向高温库区转移，直至达到环境温度。这种方法过程持续的时间长，管理和运输的成本较高。直接快速升温法是直接将紫菜从冷库种取出置于环境温度下，自然升温。

5. 淡水清洗

淡水清洗是紫菜加工前的最后一道工序，用于除去紫菜表面多余的盐分和有机矿物质。如果是全自动紫菜加工机加工的话，淡水清洗通常作为加工机的组成部分，采用漂洗的方法，淡水清洗池使用流动的淡水，淡水管路的连接采用串、并联方式，使得部分水流实现内循环，这样既可以保证紫菜充分的清洁，又可以节约淡水资源。

第五节　紫菜病敌害与防治

一、常见敌害与防治

（一）硅藻附着

紫菜上硅藻附着严重，会引起紫菜生长受阻，造成极大的经济损失。同时硅藻附着后还往往并发其他病害，极大地影响紫菜栽培生产，在日本把硅藻附着症列为紫菜的主要病症之一。

采苗期间，网帘上有硅藻如直链硅藻、弯杆硅藻等附着，群众叫它“油泥”。它直接影响壳孢子的附着和萌发，适当的干露或每隔 4~5 d 冲洗一次帘子，能减轻硅藻的危害。如附着过多，可把帘子抬上岸晒一天。

在紫菜叶状体栽培中，硅藻一开始大部分附着在叶状体的边缘，形成一簇簇深褐色的斑点，针杆藻、弯杆藻等通过分泌黏质丝黏着在紫菜上的，短纹楔形藻则借助壳面基部分泌出来的黏质柄粘着在紫菜藻体上，黏质柄往往形成分枝，这样每簇胶质柄上就有很多个锲形藻，形成了一个群体。在硅藻大量附生的紫菜叶状体上，胶质柄密集附着，细菌大量繁殖，导致紫菜细胞色素消退，光合作用受阻，生长也变得十分缓慢，甚至停止，紫菜的采收也随之大幅度地减产。日本曾用二氧化锗和多种除草剂除硅藻，但是使用这些药剂来处理紫菜既存在着食品卫生的问题。又会涉及经济核算。而后，也有人提出采用机械的方法在实际应用上也有待于进一步研究解决。紫菜生长后期，有舟形硅藻大量繁殖，附生在紫菜藻体上，加工后菜饼成灰白色，影响质量。适当提高养殖潮位，可以减轻危害。

可用酸碱法和干燥法去除硅藻。紫菜的细胞壁比较密集，透过性较低，即使遇到酸、碱的作用，细胞内部不会有显著的变化，但是硅藻的细胞壁透过性很高，渗透性难以调整，因而往往对酸、碱的忍耐力就远较紫菜要弱得多。在自然界，紫菜是一种生长在潮间带的海藻，具有极强的耐干旱的能力，适度的干燥对紫菜不仅没有不良影响，反而促进它的健全生长与发育。但干燥对附着的硅藻的影响很大，连续干燥 6 d，每天干燥 4 h，最后充气培养 20 min，硅藻脱落率达 99. 58%。

（二）绿藻伴生

绿藻滋生对紫菜的危害很大。去除杂藻是生产质量好的紫菜的一个关键。紫菜养殖，一般是利用干出来驱除杂藻。但是，在外海进行浮流养殖的紫菜，由于不容易干出，要防治杂藻就要花费更多的劳力和时间。用低温冷藏和酸处理能够去除绿藻，浒苔、石莼、礁膜等绿藻常常与紫菜附着生长在一起，既影响紫菜的养殖质量，也影响紫菜的成品质量。其中浒苔最为常见。浒苔俗名青菜或青苔，是紫菜养殖的主要敌害。浒苔的生长潮位与紫菜相当，在紫菜采苗后的出苗期如果遇到高水温，这是浒苔往往大量附在网帘，紫菜加工时要花费大量人力和时间剔除浒苔，这样不仅提高了成本，也难以保证紫菜的质量。另外，由于浒苔的生长速度比紫菜幼苗要快得多，浒苔在9月下旬出现，11月至翌年2月是生长旺季，浒苔的大量生长会抑制紫菜单孢子苗的生长，导致紫菜大面积失收。

绿藻的防治要从丝状藻丝阶段开始。果孢子采苗前，清除育苗池内积水。以石灰水浸泡池底和清洗池埂，并暴晒池子，以杀灭育苗池中的绿藻。果孢子采苗时，所用海水经过15 d黑暗沉淀。在养殖区要利用浒苔不耐干的特性，当其在网帘上肉眼刚刚可以辨别时，将网帘干出晒帘或冷冻，可以起到很好的效果。晒帘办法，选择晴朗北风天气，小苗时晒半天到1 d，苗1 cm以上的可以晒2 d。如果效果不明显，可以继续干燥处理，在晴天，把网解下放到陆地上晒网。冷冻也是一种有效的方法。将杂生绿藻的网帘收下，脱水后放入冷冻待内，置于-20℃冷库冷冻10 d以上，可获得好的杀灭效果。酸处理是另一种处理方法。采用天然食品中含有的有机酸配制，如柠檬酸、苹果酸等。由于浒苔细胞壁透过性高，渗透性难以调整，酸处理后容易死亡。在生产上一般用1%的柠檬酸，将苗网浸0.5~1 h，可以收到效果。但是在酸处理要务必谨慎，如果大量使用，容易造成海区酸污染，使鱼、虾、贝等生长造成损害。

（三）鱼类掠食

在冬季的晴好天气，海上风平浪静，海面上会有成群的鲷科和鲻科鱼类向紫菜栽培海区袭来，能大量吞食紫菜，对紫菜幼苗的危害更加严重。鱼类较多的海区养殖紫菜，应加强监视，特别在采苗后10 d左右，可在养殖区周围装置网片，减少鱼群进入，也可组织捕捞除之。

（四）石油污染

渔区常有大量机帆船停泊和行驶，使帘架受到油污污染。采苗期造成采苗失败，养成期影响紫菜生长，降低产品质量。应发动群众做好废柴油、废机油、机舱污水处理工作，已污染的帘子，如2~3 d内有大风浪，可利用风浪冲走油污。风平浪静天气则利用退潮海水冲洗帘子。

二、紫菜病害发生原因

紫菜病害大致可以分为三种类型：一种是由病原菌的侵袭引起的，如分别由紫菜的腐霉菌、壶状菌及变形菌引起的赤腐病、壶状菌病及绿斑病等；一种是由于环境条件不适宜而引起的紫菜生理失调所造成的病害，如常见的缺氮绿变病，由网帘受光不足、海水交换不足及海水比重偏低引起的白腐病、烂苗病、孔烂病等；还有一种是由海水污染引起的，如某些化学有毒物质的含量过高或赤潮所致的病害，如缩曲症、癌肿病等。

紫菜病害发生中，水质贫瘠、潮流不通、水体污染、温度不适、致病菌大量繁殖以及养殖管理不当等因素是引发紫菜病害的重要原因。因此，紫菜病害发生的发生与蔓延，不仅与海况条件有关，而且与苗种品质老化、养殖管理等极为密切。

（一）海况条件不利

主要有温度、潮汐差和降雨量。

1. 温度

温度影响紫菜病害的发生有三种情况：一是作为直接的病因，如通潮后干露的紫菜直接受温度的影响；二是作为助长因素，加剧病害的发展，如环境温度刚好适合致病菌的繁殖，而此时藻体本身又抗病能力弱，那么，就会导致紫菜的病烂的发展；三是温度影响环境条件，间接地成为病害的因素，如每年的11月或12月，紫菜处于生长旺期，海上又无风浪，海区水温回升，水体交换很差，使二氧化碳及营养盐不能满足藻体生长的需要，造成藻体生理失调，导致紫菜生活力减弱，为病害的发生造成内在因素。

2. 潮汐差

潮汐差直接影响紫菜的干出时间，干出时间过长或过短不仅影响紫菜发病的生长，而且也是紫菜发病的原因之一。如在低潮区，因干露时间短，所以，在低潮区紫菜白烂病和绿变病的发病比潮位高的海区重。

3. 降雨量

降雨量直接影响海水的比重，降雨量小，海水比重高；降雨量大，海水比重低，一些致病微生物适合于低盐度下生长繁殖，因此，在降雨量大的季节，紫菜易发生病烂。

（二）培密度过高

栽培密度过高，台筏设置密、条帘布局密、附苗密度大等会严重阻碍海区潮流的畅通，水体得不到充分交换，使水中营养盐严重缺乏，破坏了紫菜正常的生长环境，沉积在叶状体表面的淤泥杂质得不到海水的冲刷，造成叶状体溃烂，容易引起病害的蔓延。应注意海区的栽培密度必须合理，注意筏距、台距等海区布局，防止过密的倾向。

（三）种质退化及苗种质量下降

如果育苗一直沿用本地种菜，这样“近亲结合”的后代，会导致种质退化，产品质量差；同时紫菜本身抗病能力减弱，适应环境能力差。因此，解决的紫菜种质退化问题，选育出适合海区的抗病、优质、高产的地方性新品种，可以提高抗病能力，增加产品的产量和质量。

（四）盲目提早壳孢子采苗时间

壳孢子采苗时间被人为盲目提前，有可能造成病害丛生，减产或绝收现象。其原因主要有：一是水温高、光照强的危害；二是无风无浪的危害。如坛紫菜是属喜浪性海藻，生态环境离不开风浪，但立秋、处暑前后，南方高温、风平浪静的气候居多，台架浮在水表层或干露时，受强光直射、暴晒，经常造成条帘阳面死苗现象；三是敌害生物的危害。立秋、处暑前后，正是早秋浮游生物繁殖高峰期，潮间带的微生物、单胞藻等杂藻、病菌丛生蔓延，一旦占据了附着基，即导致采苗失败，或覆盖于紫菜幼体上使之窒息死亡。

因此要根据气象预报情况，加强育苗室规范管理，在适宜的时间采苗。如坛紫菜采苗时间在白露至秋分大潮水期间进行为宜，因为这期间常有冷空气南下，伴有阴雨天气，气温骤降，水温也随之从26℃左右降至20℃左右，光照适中，雨量偏小，同时由于季风不断，风浪及海流带来充足营养盐和溶解气体，这样的环境条件十分有利于壳孢子的放散、附着和萌发，因而采苗时应尽量避免遇到高温等恶劣天气，以免影响紫菜的正常生长。

三、紫菜叶状体病害及防治

（一）紫菜白烂病

紫菜的病害主要是紫菜的病烂问题，特别当10月、11月的秋天“小阳春”期，气温恒定不降，紫菜病烂情况更加严重。主要症状为藻体变软，失去弹性，色泽变浊，由原来的褐色变为绿色至淡白色，以后逐渐断落，随水流走。紫菜大面积病烂原因较为复杂，据分析，与气候异常、养殖密度过大过早采苗等有主要关系。另外，还与养殖区域潮流畅通情况、水质等相关。

紫菜的病烂和环境条件有着密切的关系，受自然条件的左右。如气候的变化可导致一些病害的发生和蔓延。另外，养殖技术及养殖方式上，如采壳孢子时间过早，采苗方法不对，养殖密度过高等也会导致病害的发生与发展。

紫菜发生大面积病烂后，防治比较困难，目前尚无有效的防治手段和措施，所以要实行以防为主的方针，而进一步的防治措施有待以后继续摸索和研究，目前主要是采苗环节和养殖环节，养殖关的预防措施有：

1. 晒网

把已发病网帘运上岸晒太阳 1 d，再室内阴干 1 d，挂回海区。

2. 冲帘

海区涂泥附着于藻体上，若时间过长，也会造成烂菜，可每隔几天冲洒网帘，把帘上过多浮泥冲去，对防病有一定的效果。

3. 施药、施肥

杀毒矾 1 200 mg/L 溶液，在潮水退后喷洒紫菜网帘，尿素 0.3%溶液喷洒网帘。

4. 合理布局疏散养殖密度

紫菜养殖区密度过高，破坏了海区本身的生态平衡也是造成烂菜的因子。对有条件的海区，适当疏散网帘，可防止病烂的蔓延；对一些密集区紫菜，建议疏散部分网帘到较高潮区养殖，增加干露机会，可增强抗病力。

5. 应用冷藏网

在秋季“小阳春”紫菜发病高峰期把紫菜网帘放入冷库内保存，避过高温期后再放回海区放养。

（二）赤腐病

赤腐病是由腐霉病菌引起的。紫菜腐霉的丝状菌丝侵袭并穿透紫菜细胞，导致细胞色素溶出，细胞萎缩，最后死亡。紫菜腐霉发育到一定阶段，在菌丝末端形成孢子囊，孢子囊成熟后，形成排放管，放出游孢子，游孢子可以再次侵袭紫菜细胞。在一定条件下，紫菜腐霉可以进行有性生殖，通过藏精器与藏卵器结合，形成卵孢子，卵孢子沉入海底，在条件适宜时可再次萌发（丁怀宇，2006）。发病的叶状体上出现圆形的红锈色斑点病，之后，这些病斑快速扩大，互相愈合形成5~20 mm的红锈圆斑。然后，这些病斑由绿黄色变成淡黄色，病斑中央部分逐渐褪色，病斑的边缘部分有一轮红色的环，这轮环的存在说明病情在发展中，波及整个紫菜叶面，已脱色的病斑逐渐腐败脱落，如果病变扩展到藻体基部时，紫菜藻体就脱落流失。病势进程迅猛的话，在发病后的2~3 d就变成空网。如果病势受到控制，则藻体上会留下许多大小不一的空洞、缺口，藻体则仍然残留在网帘上。发病的初期一般开始于大型藻体，随着病势的加快，小藻体或幼苗都可能波及。

防治的方法有干燥法、冷藏网法和药物治疗三种。干燥法是利用腐霉病菌不耐干燥，把网帘高吊或进行晒网，这种方法在发病初期有一定的效果。冷藏法亦可除去部分病菌，冷冻7~10 d可使腐霉病菌致死。在发病期，可将采摘过的网帘经脱水阴干后，短期冷冻1周左右。在发病严重期，可考虑把网帘一起收入冷库暂放，待发病过后，再出库下海张挂。使用冷藏网可以阻止病害的蔓延，并能提高紫菜品质。药物治疗主要用酸碱性表面活化剂、非离子表面活化剂等杀死菌丝。如用多种有机酸混合而成的药剂，处理浓度1%，浸网时间20 min，可有效抑制病菌生长。

（三）壶状菌病

壶状菌病是由壶状菌寄生而引起的紫菜叶状体疾病，发病时出现叶状体停止生长、细胞溃烂、藻体变短等症状。壶状菌病在我国尚未发现。发病时肉眼不易察觉，病较重时叶状体褪色且前部边缘出现黄色病斑，一旦发病不易控制。把低盐度发病的苗网移到高盐度的海区进行栽培，或将网帘高挂或低挂都很难抑制该病的发生和蔓延。应该预防为主，及早治疗。预防措施主要防止过度密植，注意通流，出苗期药充分干出，培育出健康的苗网。在发病的初期，把紫菜苗网送入冷库冷藏，以阻止海区内壶状菌游孢子传染的可能性。在成叶期，如果发现有患病网帘，及时收割，同时不要采摘患病藻体作为种菜采果孢子或者培育自由丝状体。

（四）绿斑病

绿斑病在紫菜整个栽培期间都可能发生。一般在高水温，特别使降雨或采收后极易发生。这种病害多数发生在营养丰富的内湾或有机物废水多的外海性海区。病害由丝状细菌等引起，多见于幼叶或成叶阶段，在很小的幼叶或幼苗阶段几乎看不见。该病在发病初期，主要是在叶状体上部出现直径1 mm 的红色或淡红色的小斑。小斑呈半球状，在叶状体表面隆起，先是脆弱而易破裂，而后形成绿色的小斑。发生在叶状体内侧的病斑，在病情继续发展时形成鲜绿色的圆斑，当病情严重时病变部分周围出现宽1 mm 到数毫米的鲜绿色带，内部呈白色。若发生在叶状体边缘则病变部分呈半圆形，许多半圆形相互连在一起，叶状体边缘变白，其内侧呈缺口状，颜色鲜绿。在幼叶期，病变部分大量发生在叶状体边缘时，有时也可看见残留的健康部分呈剑状。发病前及时下降水层并施肥，可防止或减缓绿变病的蔓延。可增加干露时间来防治该病。

（五）白腐病

白腐病主要发生在早期幼叶状体，特别是在低潮位的生长快的叶状体发病严重。该病的起因在于叶状体在白天干潮时仍浸在水中，由于干出不足、水流不畅及光照不足等导致紫菜生理障碍，一般认为是一种生理病。发病初期叶状体尖端变红，后由黄绿变白，从尖端叶缘部分开始解体溃烂，经过2~3周时间便发展到固着器，整个叶状体坏死。预防的办法是：筏架和网帘的密度要适当，排放不要过密；网帘不要松弛，要绷紧；保证足够的干出时间，及时采收，保持紫菜受光良好，确保水流畅通等可抑制此病。一旦出现白腐病，可短期冷库冷藏，待环境好转后再出库栽培。

（六）缩曲症

正常的条斑紫菜叶状体呈披针形、长卵形，中、后期一般表现为亚卵形或卵形，紫红色或略带蓝绿色，表面光滑，具光泽。发病初期，叶片上有很多细小的斑状或山脉状突起，藻体难以展平，呈泡泡纱状，表面粗糙不平。严重时藻体呈木耳状，无光泽，弹性很差，固着力明显减弱，最终紫菜流失。缩曲症的病因目前还不清楚，右田清治（1971）曾指出其发病的原因很可能是工业污水或其他化学因子或细菌引起的，由于这些环境因子的诱导，紫菜细胞分裂发生异常，细胞形成多层，排列混乱，持续下去叶片就形成缩曲。从海区的栽培紫菜发病情况来看，10—11 月的幼苗和成菜期藻体基本上没有发现或者很难发现患病的藻体。随着紫菜的生长，一些藻体颜色转暗紫红色，光泽变差，呈现出缩曲症的初期症状。之后，发病的个体逐渐增多，与正常紫菜呈现混生状态，到了紫菜生长季节的中、后期，发病紫菜成簇成堆，此时藻体往往为亚卵形或卵形。从海区的分布情况可见，偏高潮位的筏架上的紫菜发病较之低潮位的严重；每一筏架上的向光面比背光面的藻体患病严重；每张网帘上四周网框上的紫菜发病较中间下垂部分来得严重，若中央部分开始流失，网框四周的患病紫菜已流失殆尽（马家海，1999）。因此，光照过强、潮位过高的海区发病率较高，遇到暖冬季节和污染严重的海区也较多发，因而可以认为海况环境条件是缩曲症的诱发因子之一；另外，在正常的实验室培养条件，也有极少量的紫菜产生了缩曲症的典型症状，因而可以认为紫菜存在着个体差异、本身可能也具有潜在的发病机制。

（七）癌肿病

癌肿病发病初期，叶状体两面产生小突起，以后波及整个叶面，叶状体皱缩、色黄带黑、无光泽、呈厚皮革状。此病多由工厂废水排放使海水中含有毒物质引起，无任何防治方法，只能通过消除海区污染源或避免在这些海区进行栽培。

（八）绿变病

紫菜藻体变软，弹性差，光泽消失，色素变绿，严重者变为黄绿色，最后变为白色，死亡流失。可能是养殖海区氮肥骤减造成的。该病发生在“寒露”至“大雪”期间，多在小潮汛期，海面风平浪静，海水透明度大，光照增强，常刮南风或西南风，水温回升等整个海况条件较差的情况下发生。预防方法有：施加氮肥，采用海上喷肥、浸泡施肥等方法效果很好；或者沉台，降低筏架水层，减弱光合作用强度；也可以移位：将低潮位的网帘移向高潮位，增加干露时间。

（九）色落症

色落症是一种常见的生理性病害，主要发生在贫瘠、高比重的海区。在天气晴朗、光强、无风的小潮，海区温度回升很快或持续不降，此时尽管紫菜生理作用旺盛，但海区营养成分急剧消耗，而补给跟不上，往往最易出现这种病症（梁丽和马家海，2006）。患病藻体光泽很差，初期紫菜颜色接近紫棕色或黄绿色，最后接近黄白色。患病海区的网帘上有不同程度的脱苗现象。患病藻体阴干或制成紫菜片时，为草席色。

发生色落症的原因时多方面的，最主要的是海水种营养盐缺乏，各种色素含量较低所造成。由于氮、磷及其他营养盐不足，氨基酸及蛋白质的合成受到抑制，以致几乎不能合成色素，光合作用明显降低。只要及时进行施肥或者移至肥区，症状一般都能很快消失，从而恢复正常生长。如果患病时间过长，或不及时采取措施，将会导致紫菜质量下降和歉收，严重影响经济效益。

四、紫菜丝状体病害及防治

丝状体培育时间很长，整个培育时间近半年，往往容易出现各样病害。丝状体病害大致主要有三大类，一由传染性病原所致的黄斑病、泥红病；一类由于环境条件不适所引起的，传染性病原所引起的病害，如绿变病；还有一类是由于丝状体贝壳自身理化变化而引起的病症，如白雾病、鲨皮病等。

（一）黄斑病

是丝状体培育种最常见也是最严重的一种病害，病原体是一种好盐性病菌。当光线偏强，盐度上升，温度升高或环境多变时易发生此病。发病时先在贝壳边缘或磨损处的壳面上生出 2~5 mm 的黄色针状小斑，以后逐渐增多和扩大，互相连成大斑，大黄斑边缘变红，中心发白，可导致紫菜丝状体全部死亡，危害极大。

由于该病的传染性极强，应在发病初期尽早采取措施。防治措施包括，对培养紫菜丝状体的海水要做到充分黑暗沉淀，光线、盐度要在适宜范围内；保持室内池水清洁，及时消毒，同时避免贝壳表面丝状体受伤。治疗用低比重海水（1.005）浸泡 2~5 d，也可用全淡水浸泡，使黄斑变成白斑；或用 2 mg/L 高锰酸钾液浸泡 15 h。

（二）泥红病

此病出现于高水温期，由微生物引起。发病初期丝状体成片出现红砖色

(又称红砖病),不久转为橙色和黄白色。患病贝壳的壳面黏滑,有特殊的腐臭,培养的海水也稍带白浊。最初发生在鱼苗池的边缘和角落,很快蔓延到池的中央,继而遍布全池。在酷暑高水温的情况下,往往短时间内造成整池贝壳丝状体的大量死亡。

预防措施主要是通过保持培养池的明亮和良好通风。治疗方法有:①将患病贝壳丝状体置于有海水的容器种,使贝壳表面受光,日晒 20~30 min,然后换新水;②在大量发病时,用 100 g/m^3 漂白粉液冲洗贝壳,并将育苗池用漂白粉消毒,然后换新水;③把患病贝壳丝状体放入 1.005 低比重水浸泡 2 d。

(三) 白圈病

此病由微生物引起,初期不易察觉,有时在整个贝壳出现好几处白圈后才发现。主要病症为白圈不相重叠,相交处有明显的界线,并杂有黄色小斑点。未发病的丝状体仍能形成和放散壳孢子,发病和治愈的早的贝壳丝状体仍可长满藻丝。防治和治疗方法:①用 2~5 mg/L 漂白粉液浸泡 20 min;②日晒 15 min(贝壳放在水中)。

(四) 龟裂病

又称龟甲病,发病时贝壳丝状体好像覆上一层灰色或灰黑色的东西,仔细辨认后可分辨处 1~2 根白线,而后可见贝壳部分或整个壳面白色龟纹,龟纹处丝状体死亡、纹间丝状体色淡。该病由微生物引起,在育苗过程中,此病主要发生在高温期间。对育苗结果影响不大;如果使用黑暗沉淀海水进行育苗,能够减少此病的发生。

(五) 鲨皮病

鲨皮病是育苗室中常见的一种病害。外表色黑、生长茂盛的丝状体贝壳

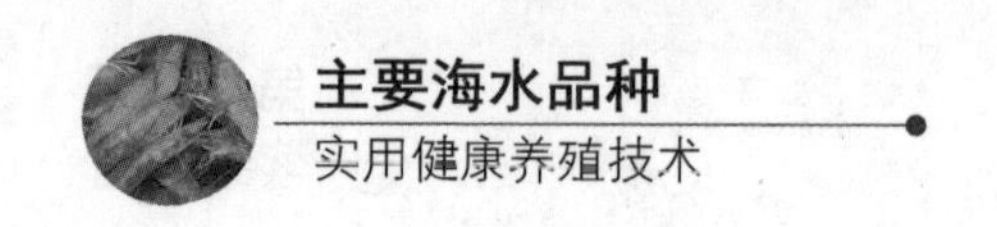

很容易发生鲨皮病病。病症表现为病壳表面粗糙，色泽消失，形同鲨皮。光线过强的地方以及不换水时容易发生此病。这种病时由于碳酸钙在贝壳表面附着造成的。控制果孢子密度，控制光照强度和施肥的用氮量，使藻丝不过度生长，可以有效避免鲨皮病的发生。

（六）白雾病

白雾病是育苗室中常见的一种病害。其主要症状使丝状体贝壳的表面覆盖着一层白色的雾状物，白雾病对育苗效果影响不大，当水温下降后，白雾病会自然消失。

第六节　冷藏网技术

冷藏网技术是把幼苗出齐的紫菜苗网从海上收回放到中储存起来，待需要时出库张挂在海上栽培，使幼苗生长，用于收获新的优质紫菜的方法。在病害易发时期，将苗网放入冷库中冷藏渡过栽培海区病害易发时期，待海况环境稳定，再将冷藏后的紫菜苗网出库下海张挂。使紫菜正常生长，可以达到减害避灾，稳定紫菜生产的目的。应用冷藏网技术是避开高温、防止病烂和抑制绿藻繁生的重要措施。

一、入库冷藏

（一）入库幼苗规格

条斑紫菜的幼苗具有较强的耐冻性，从采孢子苗后 20~40 d，紫菜幼苗的长度可达到 0.5~4 cm，单孢子苗也不断增多，这时就可以实施冷冻了。在入库幼苗规格的选择上，除了耐冻性考虑外，更重要的是出库后最适合的栽培时间。紫菜苗太小，如小于 1 cm，虽然可以早些入库，但是幼苗出库后到采收需要较长的时间，对生产不利。紫菜苗太大，如大于 5 cm 的成叶再冷藏，在冷藏过程中的干燥、收网等操作中容易损伤叶体。

当然，如果海区环境、水质条件发生异常变化，以及病害发生等情况，对入库幼苗规不必太拘泥其大小，要尽快冷藏入库。

（二）干燥

从海上经过风干后带上陆地的紫菜，含有很多水分。如果直接进行冷藏，紫菜周围和其细胞内会形成很多结晶冰，这些结晶冰会给紫菜细胞造成损伤，影响紫菜细胞的正常生长。因此，在紫菜苗网入冷库之前，必须使紫菜苗网充分干燥，再把干燥的紫菜苗网放入尼龙袋密封保存，然后才能冷藏。

一般来说，除去紫菜表面的附着水后，紫菜的含水率约为 90%左右，其中 55%左右是自由水，余下的 35%中，真正为维持细胞生存所必须的结合水约为 15%左右。因此，冷藏紫菜的干燥是在充分考虑到结合水的基础上干燥到含水率达到 20%～40%。冷冻前含水量高于 40%时，复苏后细胞外观虽然正常，但酶解后存活率低，发育迟缓；冷冻前含水量低于 30%时，复苏后在叶状体上可见成片细胞死亡，色素弥散，形成红色斑块。酶解后细胞死亡率高。

干燥的方法是在尽可能短的时间内风干。具体操作是，在海区退潮时，先行干燥，或者将湿的未经风干的苗网带上岸，先用离心脱水，然后在阴干处风干。在低温风大的天气，4～5 h 后，含水率约为 30%左右。一般可用肉眼估计紫菜的含水率。叶状体表面可见盐的结晶，光泽好，手拉一下像橡皮筋样具有弹性的话，含水率在 20%～40%。

（三）密封

冷库中的冷凝器能将库内空气中的水分凝结成冰雪，因而库内非常干燥，如果直接把紫菜网放入库内冷藏，紫菜就会进一步干燥，如果过分干燥的话，紫菜将因失去维持生命所必需的水分而死亡。因此，为了使紫菜能保持适当的干燥程度，必须将紫菜网装进聚乙烯薄膜袋，扎口密封进行冷藏。

在冷藏袋放入冷库后，含水率低的冷藏袋，聚乙烯薄膜是透明的，很容易辨别出袋中紫菜网的状况；含水率高的冷藏袋，聚乙烯薄膜的内侧会有凝水的结晶，成为不透明状态，很难看清楚紫菜网的状况。

（四）冷藏温度

紫菜干燥后，细胞的原生质充分浓缩使冰点下降。在-33～-34℃的低温速冻时，紫菜的整个细胞都呈现冰晶。在-20～-30℃冷藏时，紫菜的成活率高达90%以上，即使长时间保存，也能保持高的成活率。因此，以-20℃快速冷冻最为理想。冷冻快速，紫菜细胞在冷冻期间的干燥和变化就少，紫菜细胞内外形成冰晶颗粒数量多，且形状小而均匀，不易损伤细胞。

二、出库下海张挂

冷藏网出库入海，主要是根据生产计划、海况和紫菜生长等而定。刚出库下海的冷藏紫菜颜色近锈红色，且带有点腥味。但是在海上挂网数小时后，颜色立即恢复正常，光泽也很亮，此后冷藏紫菜的生长、繁殖等生活机能与普通秋苗网紫菜无差异。

冷藏网技术成败的关键还在于冷藏网出库后放入海水中栽培的时间。在常温下出库后放置的时间不应太长，一旦解冻就要尽快挂到海区，最迟应在3~4 h以内挂完毕。冷藏网在密封袋内取出后，应先放入海水中浸泡，待紫菜吸收海水自行散开后，再开始挂网。

紫菜幼苗在冷藏中消耗了相当多的能量，因此出库挂网后最好避免抑制生长的干出，挂网后4~5 d，紫菜逐渐适应栽培海区的环境后，再调整水层。

三、冷藏网的应用

冷藏网技术既有助于避开病害发生期，又可用冷藏网帘替换紫菜质量下降的网帘，使生产的紫菜保持幼嫩。冷藏网技术最早是日本20世纪90年代在生产上应用。我国在20世纪70年代初也开始进行试验，生产实践证明也行之有效。但是，在大规模推广应用上还有一定的障碍。

首先采用冷藏网技术需要增加采壳孢子苗、备用网帘和冷库设备等方面的费用，成本较高。另外，我国紫菜栽培方法多为办浮动筏式栽培法，秋苗网紫菜的老化不如全浮动筏式栽培法明显，而且冷藏网出库时间的推迟，采收次数和产量相对就要减少，如果生产上没有碰到烂苗、大规模病害等，利用冷藏网作为换网的生产意义就不明显。但如果海区水质环境恶化及病害发生，冷藏网从长远考虑仍应作发展方向。

第七节　条斑紫菜的养殖实例

以连云港市连岛西山养殖区某养殖户为例。采用支柱式栽培方式，潮位为大潮干露4 h至大潮干潮线水深2 m为宜。紫菜养殖筏架由网帘和浮动筏两个部分组成。

网帘的规格9 m×1.7 m，新编成的网帘在清水中充分浸泡和洗涤，以除去有毒的物质。使用过的旧网帘，堆积在土坑内使残留的藻体和杂藻等自然烂掉，洗净晾干再用。

养殖框架每个挂网帘33亩（每亩以180 m^2计），框架用桩梗打桩固定。插竹一般直径10~15 cm，长度视潮差大小而定，实际采用13 m毛竹，其中1.5~2 m打入海涂，用桩绳加固插竹，用浮绳与吊绳连接网帘与毛竹，吊绳长度可以调节，以便根据不同海区、潮位、时间、养殖季节与晒网需要调整

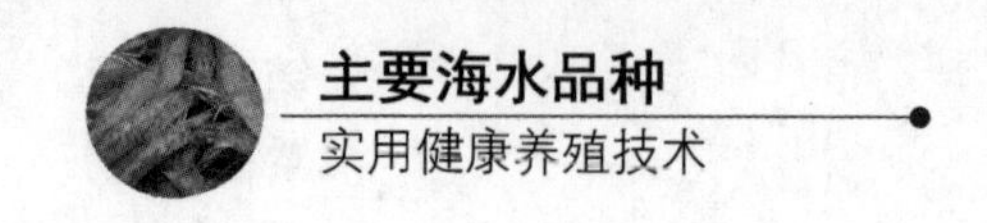

网帘干露时间。

10月1—10日，从育苗场将附着壳孢子的网帘经暂养运输到海区后应及时张挂。以4张网重叠张挂在筏架上，网帘拉平、吊紧。

干出根据幼苗大小及天气状况而定。从萌发到幼苗肉眼可见的大小时每2~3 d干露1~1.5 h；幼苗长大后，每隔3~4 d干露一次每次干1~2 h；在分网张挂前可选择晴朗天气干露3~5 h。

待小苗达到1~2 cm时进行分网，将网帘单层张挂。分网从11月3—15日期间进行。

分网后当藻体长达到15~25 cm时，就安排采收。用机械船型紫菜收割机进行采收。紫菜采收后留下的长度，掌握在5~8 cm。

至4月18日最后一次采收，一共采收了8次，33亩的养殖区共计采收鲜菜15 060 kg，加工成干品44.5万张，产值11.6万元。

第十七章
裙带菜养殖

裙带菜属褐藻门，褐子纲、海带目、翅藻科、裙带菜属。属海藻类的植物，叶绿呈羽状裂片，叶片较海带薄，外形像大破葵扇，也像裙带，故取其名。裙带菜在我国宋代的《本草》上称莱莙莛，音变成裙带菜。分淡干、咸干两种。裙带菜是褐藻植物海带科的海草，誉为海中蔬菜。裙带菜是一种味道鲜美、营养丰富、经济价值比较高的食用海藻。研究表明，它具有降血压和增强血管舒张性的作用。裙带菜在我国还没有作为食品普及，但在朝鲜和日本已被广泛食用，且食用方法多种多样。

裙带菜含有有众多营养成分。据分析，裙带莱干品中含 11.26%粗蛋白、0.32%粗脂肪、37.81%碳水化合物，18.93%灰分和 31.35%水分。其中，灰分中含有多种矿物质，藻体中还含有一些维生素。

裙带菜人工养殖最早采用的增产方法主要是人工移植天然苗和投石采苗，产量有限，随着海带人工养殖和育苗技术的逐渐成熟，养殖工人和科学工作者对裙带菜的人工育苗和人工养殖进行了一系列的试验。目前裙带菜大范围养殖，已成为沿海地区人们的迫切期望。特别是我国沿海地区裙带菜养殖条件优越，而且，裙带菜养殖又具有投资少、收益快、生长期短，还可以与海带间养等优点。所以发展群带菜养殖，既能帮助沿海地区发展生产，增加收入，又能满足国内外市场发展的需要。

第一节　裙带菜的生物学

一、形态和构造

目前发现的裙带菜有三种，即裙带菜、薄叶裙带菜和绿裙带菜。我国种植的是裙带菜，这种裙带菜在长成后，外表像破的芭蕉叶扇，也像裙带，因此称裙带菜，其外形如图 17-1 所示。

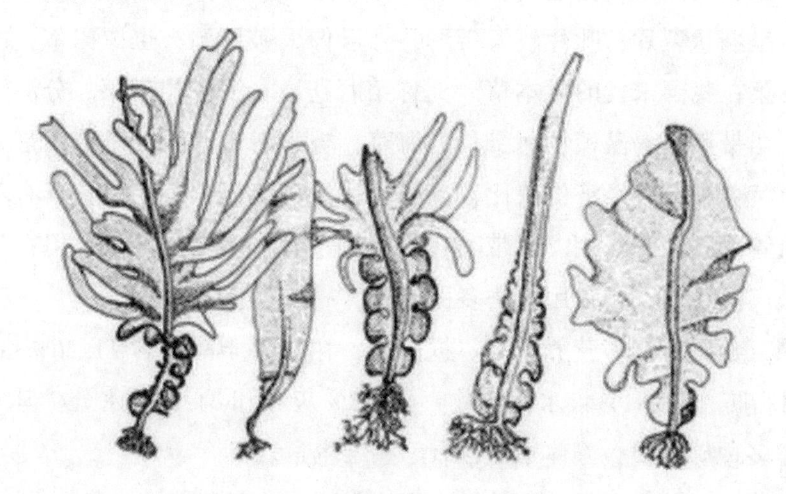

图 17-1　裙带菜外形（引自百度）

成熟的群带菜通常长 1~1.5 m，大的可达 2 m，宽 0.6~1 m。裙带菜在幼苗时期，与海带的幼苗很相似，成熟的裙带菜则与海带有显著的区别。一株完整的裙带菜在形态上可以分为叶片、柄和固着器（即假根）三部分。裙带菜的固着器呈叉状分枝，尖端略粗大，用以固着在岩礁或其他可附着的基层上。柄扁平，其腹背隆起而稍圆，其边缘又有狭窄的龙骨。藻体成熟后，龙骨部逐渐扩大，在生长速度上远远超过柄部本身而构成褶皱。龙骨在柄的两侧相对生长、最后将柄部完全包裹，这些结构就是裙带菜的孢子叶，俗称耳朵。

初生的叶的没有裂纹、为单叶，叶片以基部为生长点。生长部分的在适宜条件下不断分裂，细胞数目不断增加，当叶片长到一定大小，自生长部两侧生出栉齿状突起，突起不断增大，最终叶片变成羽状，外廓披针形。叶片中央有一条纵行的扁平隆起中肋，直达叶的顶端。

裙带菜的内部结构与海带相似，也分三层，最外面一层为表皮层，其次为皮层，细胞呈圆形或长圆形，组织较为疏松。中为髓部，细胞成丝或树枝状。叶片上遍布许多黑色的黏液腺开口。黏液腺是一种椭圆形或圆锥形的单一囊体，一端露出藻体，其他部分都在表皮的下方，自表面看，像无数微小圆孔星散在叶片上。腺体内含物为一种无色透明的颗粒，很容易变成黏液而渗出体外。藻体干燥后，这种内含物呈暗褐色。此外，在整个藻体上除柄部孢子叶外，又丛生了许多藻毛。

二、生殖和生活史

裙带菜与海带相似，存在世代交替的生活史。在有性生殖过程中，藻体是配子体，能够产生精子和卵子，精子和卵子通过受精而形成合子（受精卵）。经过分裂最终长成的孢子体的藻体。无性生殖过程中，藻体成熟时，释放单孢子。

在每年3—4月的时候，裙带菜柄的两侧生出袍子叶，随后在孢子叶表面上形成孢子囊群，每个孢子囊里含许多孢子。5—6月孢子囊成熟后放出孢子。裙带菜的孢子呈梨形，长8~9 μm、宽5~6 μm，侧面有二根鞭毛，一长一短，能在水中游泳，孢子游泳不久即附着。附着后，孢子失去鞭毛、呈球形。随后球形的孢子伸出萌发管，细胞质逐渐渐向上移动，萌发管也就相继胀大为球形，其后就开始细胞分裂而形成雌雄配子体。配子体很小，只能在显微镜下看到，雄配子含有一个精子，颜色呈淡青色。雌配子体则较大，由少数细胞组成。通常有一个细胞变成卵囊，卵囊里有一个卵细胞。成熟时卵被挤到卵囊外，等待受精。经过受精，形成合子，在此发育成多细胞的孢子体，这就是通常所称的裙带菜。

裙带菜是一年生的褐藻，在黄海区的自然环境中，一般在 11 月小裙带菜开始发生，至翌年 5—7 月放出孢子后，自叶片尖端腐烂脱落，结束它的一生。

三、生态习性

从植物分类讲，裙带菜属于昆布目。一般来说，昆布目的海藻大都是生长在寒流地区，海带就是明显的例子。但是裙带菜却是少数例外，它能忍受较高水温，因此受暖流影响的海区，生长很好。我国浙江、辽宁、山东沿海都有分布。在日本除受来自白令海大寒流影响的北海道东岸外。其他各地沿岸多有生产。在朝鲜沿岸以及满江及其半岛南端釜山一带分布较多。

裙带菜一般生于外海沿岸的岩礁上。淡水流入较多的海区则很稀少，生长的海区、水深因地而异。在北方，多生长于较浅的海区，在南方暖水区，生长于较深的海区。山东胶州湾产的裙带菜，以干潮线附近 5 m 左右的地方，以 3 m 左右的地方生长较为繁茂。由于生长地区的不同，大大影响了裙带菜形状上的变化进而形成两种类型，即北方型与南方型。大连与山东地区所见到的裙带菜都属北方型，而舟山群岛天然生长的裙带菜则属于南方型。从它的特征来看，北方型体形较为细长，羽状裂片的映刻接近中肋（即较深），柄较长，孢子叶生于柄的基部，距叶片有相当的距离。南方型与北方型恰恰相反，即羽状裂片缺刻浅，柄较短，孢子叶接近叶部。南方型与北方型裙带菜的比较如表 17-1 所示，但有人认为叶片类型的产生与水的深度、透明度及生长的密度有关。因此同一海区，可能两种类型都有，青岛的裙带菜就有这种情况。

表 17-1　南方型和北方型裙带菜的比较

类型	南方型裙带菜	北方型裙带菜
大小	小型	大型
柄的长度	短	长
叶片分裂深度	浅	深
叶片分裂数	多	少
孢子叶的位置	与叶片相连	在柄的下部
孢子叶折皱数	少	多
生产地带	浅处	深处流强的地方

凡是分苗早、较稀疏，水层较浅的海区，往往出现南方型。与此相反，则往往出现北方型。由此可以看出裙带菜类型与环境的密切的联系。外界环境不仅影响着裙带菜的形状，而且影响到它的整个生长发育过程。其整个生长发育过程的各个时期对外界环境条件的要求也有所不同。光照、水温、营养、水流等都是裙带菜生长发育的基本条件，因此在幼苗培养时要掌握如下条件：

光照：裙带菜幼苗，对光照强度要求幅度较宽。一般配子体阶段以 1 000~5 000 lx，为最适光照，而 2 000~5 000 lx 为孢子体前期的最适光照，幼孢子体生长后期以 3 000~5 000 lx 较适宜。

水温：游动孢子萌发及配子体形成的适宜温度是 17~24℃，配子体发育适温是 17~24℃、最适温度是 20~21℃。

袍子体生长适温为 15~21℃。最适温为 15~18℃。

营养：在裙带菜养殖中，一般需要施肥。配子体和孢子体前期，施肥量为氮：磷=4：0.4。随着幼苗个体长大及代谢产物增多，营养盐可酌情增加到氮：磷=5：0.55。实践证明，这样的施肥量是足够的。

在育苗室里培育裙带菜幼苗期间，必须注意海水水质。育苗海水必须经过过滤除去浮游动物、泥沙杂质。为了不断带走幼苗的代谢废物，加速幼苗的新陈代谢作用，池内应保持水源畅通。随着幼前的生长要注意加大流速，避免病害的发生。

裙带菜对风浪和潮流的适应与海带有些相似，自然生长的裙带菜，多分布在风浪较大，潮流比较畅通的海区；人工养殖的裙带菜在其相似的条件下，风浪较大、潮流畅通的海区，藻体生长快、个体大。

第二节　裙带菜的养殖

一、人工育苗

当前裙带菜人工育苗分为两种：一种是低温育苗，一种是室温育苗。低温育苗是采用低温培育海带夏苗的方法来培育裙带菜幼菜。采苗时间以6月中旬为宜，由孢子体度夏。室温育苗是在自然海水的条件下培育裙带菜幼苗，一般7月中旬采苗，由配子体度夏。这种培育方法简单易行、无需降温设备，只要海水经过沉淀、过滤，在人工控制自然光的条件下就可以进行育苗。这种方法适合沿海地区，能自己解决苗源，便于发展生产。下面主要介绍室温育苗的情况（低温育苗方法基本上与培育海带夏苗相同，不做具体介绍）。

（一）育苗室的建造

首先要选好地点。育苗室应选择在无工厂污水流入、海水澄清、紧靠海岸、涨落潮均能抽水和离河口较远的地方。

育苗室：育苗室应以东西走向为好，这可使室内接受的光线多为侧源漫射光以符合裙带菜生态的要求，育苗室内的池子，要求有利于温度的恒定、便于调光、进水排水方便。池子的深度约 50 cm、池底的坡度为 0.5%左右。为了保证光照和通风的需要、天窗面积最好占房顶总面积 1/3，边窗面积最好占墙壁总面积的 1/4~1/3，同时天窗要尽量放低，接近水池。屋顶应挂有草帘和塑料帘，边窗挂塑料帘。这样，容易调节光照强度，可以满足裙带菜在室内培育期间对光照条件的要求，同时也有利于夜间通风降温。

沉淀池：沉淀池是体积为育苗池体积一半的水泥池，应建在育苗室的临近处，池面上要加盖，海水用抽水机抽入池内。这样海水经过沉淀，可将泥沙杂质沉淀下来，同时因光线不足，浮游生物也会有所减少。海水应趁早晨水温较低的时间抽入池内为好。

过滤池：一般用自流过滤池，每平方米流量是 10 T/h 左右。建筑面积一般为育苗池的 1.5%，过滤池内部需要适量的沙和小石子，其构造与培育海带夏苗时过滤池相同。

（二）育苗器的处理

当前育苗主要用红棕绳编成的网帘，红棕绳在育苗前要进行处理。处理的方法一般要经过以下过程：下捶→浸泡→湿捶→煮沸→洗刷→晒干→编网→燎毛→煮沸→洗刷→晒干等几道工序。实践证明，棕绳要浸泡 30 d 左右，煮沸每次要在 12 h 以上。干湿捶要捶到棕须发软。洗刷要彻底，达到清水为宜，燎毛要把棕毛燎掉为止。这样可清除掉棕绳上的泥沙杂质和可溶件的有机物质，目的是要保证幼苗发生均匀，附着牢固。网帘的规格，应按育苗他的结构而定。

在日本除去棕绳外，也有用维尼纶短纤维 20 支纱、36 股或 45 股编成的网帘，同时也用牡蛎壳、竹皮等采苗。从效果来看还是棕绳比较好。

（三）采苗

1. 采苗日期的确定

从实验知道，孢子从孢子叶放散出来的时期，水温是 14～22℃，所以必须在这一时期采苗。在青岛和烟台地区，裙带菜的自然成熟期是 5—7 月，6 月中旬为繁殖盛期。低温采苗在 6 月中旬为适宜，采苗的适宜温度是 14～18℃。室温育苗，采苗时间应在 7 月中旬，水温上升到 22℃左右为宜，最好能在 20℃左右采苗。提前采苗，虽然有较多较好的种菜，即成熟的孢子体，但这样做，必须在度夏前产生孢子体，于是幼苗在室内培养的时间较长，个体又大，容易引起个体大量死亡，而且增加育苗成本。由于海中的种菜不易保存，采苗太晚也不行。

2. 裙带菜种菜的选择、运输

种菜要求体形完整、发育正常、肉质较厚、浓茶褐色或黑褐色、黏液多（这表示孢子还没有放散）、个体大、孢子囊群藻体显著隆起的藻体。若孢子叶为黄褐色，而又无黏液。手摸有硬的感觉时，是孢子已经放散了，这种裙带菜不能用来采苗。种菜来源有两种，一是人工留种，二是采捞海底自然生长的裙带菜。

种菜选择好后，先在海上洗去浮泥和其他附着物，去掉叶、柄和假根，将孢子叶（耳朵）夹在肤绢上或用铁丝将孢子叶串起来拴在海上暂养，在操作过程中，要迅速，不要露出水面以免干燥刺激引起孢子放散。所用种菜的数量应根据孢子叶的大小、孢子囊的发育情况和孢子放散的多少而定。在一般的情况下，每平方米育苗池要用 10 棵种菜。在日本，是按育苗绳的长度来计算所用孢子叶的量，一般是 100 m 长的棕绳用成熟的孢子叶 100 g 为标准。

如果当地无种菜，需要长途运输时，在运输中应以湿润，冰块降温，夜间运输较好。应设法使种菜周围气温始终保持在26℃以下，以避免孢子大量放散死亡。短途运输也必须注意气温的影响，一般待夜间气温下降到26℃以下时运输较好。

3. 种菜的阴干刺激

种菜刺激的目的是迫使孢子在短时间内集中放散，同时阴干对去除杂藻也有一定作用。所谓刺激就是将放在海里暂养的种菜（孢子叶）取回来，用过滤海水冲洗干净后，进行阴干，阴干后孢子囊脱水。到孢子叶再度下水时，孢子囊就吸水膨胀、使囊壁破裂，这样就可达到集中而大量放散孢子的目的。阴干刺激的时间应根据孢子叶的成熟度或在显微镜下检查孢子的放散量而定。在低倍镜下（100倍）下，一个视野有30~50个活泼孢子时，即可停止刺激准备放散，一般在2~4 h。阴干刺激时的气温不宜超过26℃。阴干刺激应选择通风良好的地方，否则效果不好。如果孢子叶变成绿色或黑色，这说明刺激的时间过长了，孢子叶内部失去了大量水分，这时的孢子叶不能使用。

4. 采苗方法

将刺激好的孢子叶，放在已经降温的池水里，让孢子进行放散（所用的过滤海水在日本要进行盐素灭菌，这种方法是将次氯酸钠溶液加入海水中使浓度为1/5 000，搅拌放置后，再在1 L海水中加45 g硫代硫酸钠，过一些时间后再使用）。放散5 min后吸取少量海水，在低倍镜下检查，每个视野平均有10个以上的活泼孢子时，可以马上开始在池底铺一层种菜，而后每隔2~3层网帘夹放1层种菜，先后共铺4~6层网帘（因为孢子本身具有游动能力，所以很快就可以分散到池内各处）在孢子放散过程中，还必须不断地搅拌水体，以达附着均匀的目的。孢子大量放散时，池内的海水呈褐色，孢子叶放散后，差不多30 min内大量放散。附着密度一般在高倍镜下（675倍）每个视野平均见到10~20个附着牢固的孢子为宜。一般经过4~6 h，孢子基本全部附着，即可结束采苗，而把育苗器移到池中培养。如果没有显微镜，根据日本的经验是按照如下时间进行：采苗开始（孢子叶放入海水中）10~15 min，放育苗器 20~30 min，取出孢子叶 30 min，这样就可以达到采苗目的。

（四）幼苗培养所要求的基本条件

裙带菜采苗（即采孢子）后，在室内水池中进行培养到出库下海暂养前，需要 2~3 个月的时间。在这段时间里，必须满足以下几种基本条件才能达到育苗成功的目的：

1. 水温

配子体在水温 25℃时还可以生长，水温再上升就停止生长变为休眠状态。当水温下降时，配子体再开始生长，水温下降到 20℃时，即成熟。经过 3~4 d，就有大量的小孢子体形成，所以不需要降温设备，也可以达到育苗的目的。

2. 光照

光是育好苗的必需条件，也是决定水温升降的重要因素，同时还是防止杂藻生长的很好措施，因此，必须控制好。

前期光照强度应在 1 000~3 000 lx，中期应在 500~1 000 lx，后期应在 4 000 lx（各期划分主要是根据温度的变化而定，下面做说明）。

3. 营养

应根据不同育苗时期，幼苗的需要量和换水多少施加肥料，所用肥料有硝酸钠和磷酸氢二钠，也可适当加些微量元素。

4. 水质

要求水质清洁，并且能够流动。

5. 清除附着物

育苗帘必须经常洗刷，否则影响裙带菜正常的生长发育。

（五）幼苗培养管理

幼苗在培养中必须根据幼苗所要求的基本条件严加控制，充分满足其要求，才可能达到成功育苗的目的。因为幼苗在培养中各个时期的要求有所不同，所以将整个育苗期分为三期进行管理。

1. 前期

从采苗后到孢子萌发为配子体期，23℃以下。这时温度应控制在20℃以下，配子体生长良好，光照强度应在1 000~3 000 lx，水温低时光线强较好，上下网帘应进行调换。

常温育苗时，有时为了抑制其生长，光照强度减弱，应控制在300~1 000 lx，水温应尽量设法降低。为在整个育苗过程中使育苗池水温比较恒定而不至于因气温影响而使池水温度超出27℃，一般要注意在每天气温比较低的时候换水和抽水。当白天室外气温低于室内气温时，应打开背光面的门窗，夜间要将窗全部打开，以通风降温。在通风冷却过程中，必要时可同时加遮光帘。

控制和调节光照强度的方法有两种：一是调节天窗和边门草帘和塑料帘，如海阳县养殖场从采苗到8月上旬，晴天时，自上午7：00挂双帘（一层草帘，一层塑料帘），向光面的门窗8：00—12：00挂双帘。背光面的门窗；在晴天时，天窗自7：00—16：00挂塑料帘，阴天不挂，9月上旬直至出库，靠门面不挂帘。在天晴时，天窗向光面自10：00—15：00挂单层塑料帘，阴天不挂帘。二是调节网帘位置，将光强处和光弱处的网帘在洗刷网帘的同时，进行轮换，以促进幼苗均匀生长。

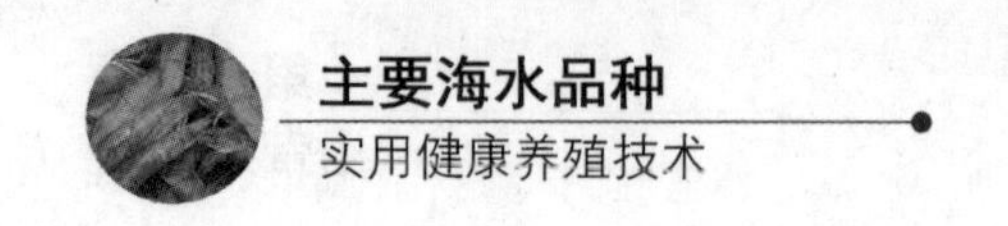

在这一时期不需每天全部换水和过多的施肥。施肥时应在 1 L 海水中加入硝酸钠 0.1 g，磷酸二氢钠 0.02 g 比较适合。

2. 中期

水温上升到 24℃时，因为配子体成为休眠状态，必须防止配子体死亡和脱落率升高。

低温育苗时，水温应控制在 24℃以下。室温育苗应尽量控制不超过 28℃。这时由于水温上升和通风，所以海水的比重增加，对配子体生长有影响，因此，可用一些淡水或冲淡的海水来补充其蒸发量。

因为在高水温换水时，休眠的配子体容易脱落，所以尽量不要在高水温时换水，如果要换水必须慢慢地移动网帘。

光照应随水温的上升而逐渐减弱，在 25~26℃时，应在 500~1 000 lx，27℃以上时要降到 200~500 lx。

施肥量应有所增加，一般在 1 L 海水中加 0.3 g 硝酸钠、0.03 g 磷酸二氢钠。

3. 后期

这一时期是水温下降，配子体开始迅速生长，或配子体已成熟并萌发成幼孢子体时期。

低温培养时水温应保持在 17~18℃，当幼孢子体达到肉眼可见时，水温可略微下降至 15~16℃，出库前再略提高一两度。

室温培养时，水温下降到 23℃以下，配子体解除了休眠状态，开始生长。20℃以下配子体成熟并开始受精，萌发为幼孢子体。所以在水温还没有下降时，光照强度应调节到 4 000 lx，在水温下降到 23℃以下时施肥次数应增加，这一时间换水次数要增多。有流水设备时，应使水连续流动。在换水和连续流水不方便的情况下（根据杂生物的附着及水温情况）应尽早的把网帘挂到海里，这对孢子体的生长是有好处的。

自然光地下育苗室培养方法，山东海洋学院于1969—1971年做了初步试验，培育出大量裙带菜幼苗。其特点是育苗室、沉淀池和过滤池都建在地下。育苗室底距离地面约4 m，育苗室的上面为屋脊式的玻璃顶，两边并开天窗，以流通空气。育苗池长4 m、宽1.2 m、高0.5 m，以白瓷砖铺成，共2个。沉淀池上面要覆盖，以免污染和防止杂藻孢子的繁生。海水是利用早晨水温较低时用水泵打入沉淀池内，使其沉淀冷却，然后再经过滤使用。过滤池及贮水池均设于地下室。

地下育苗池的水温和气温都比自然海水温度和气温低而且较稳定，一般育苗室内水温比自然海水温度降低2℃左右，室内气温比室外气温降低3~4℃。光照条件一般在300~1 500 lx。在每天8：00—16：00时，晴天时，应在玻璃顶覆盖塑料帘和苇帘，阴天和其他时间应把帘打开，这样可以控制光照强度。在不下雨和室外气温较低时，天窗及门都须打开，以流通空气，换水量和营养条件都如同上述。

这种方法的优点是可以使海水温度降低，更好地达到育苗目的，其缺点是光照条件不易控制、特别是在育苗后期，光照条件显得较差，如果后期能加上日光灯更好。

二、幼苗下海培养

9月下旬海水温度下降为23℃以下，幼苗长至3~5 mm或全部进入孢子体时，可将网帘移到海中培养。由于海上温度条件适宜，如光照、水流等都优于水池中的条件。因此幼孢子体下海后10 d左右，与水池中相比生长速度明显增加。

幼苗下海培养海区的条件，要求风浪较小，流水通畅，水质较肥，杂藻和其他动植物敌害较少的海区较好。培养架子的规格与海带夏苗培养架子相同，有利于施肥工作。

网帘下海后，苗长至5 mm以上时，应马上拆帘，同时进行一次倒置，以促使幼苗均匀生长。

在幼苗下海培养过程中，一定要做好洗刷、调节水层和施肥等项工作。网帘洗刷一般每天进行2次，洗刷方法是把网帘对叠起来，苗面向外，用手提着网帘的两端在水中猛力摆动数次，借水的冲击，洗去杂藻和浮泥，幼苗长到1~2 cm时，洗刷次数可适当减少，但要不断摘除大型的动植物。网帘下海后所挂水层，应根探各海区透明度情况而确定。

一般的情况下，初期水层挂于当地海区透明度深度的1/4比较适宜。幼苗长到1 cm左右时，水层可提到透明度深度的1/6~1/5。

要及时施肥，本着细而勤的原则，以挂袋为主，泼挂结合，施肥量根据海区的肥瘦而定。

三、人工养殖

裙带菜的养殖方法，有海底增殖和筏式养殖两种，筏式养殖又有单养和间养两种形式。

（一）海底增殖

裙带菜我国原来就有，对高温的抵抗力比海带高，在我国向北海区都适于繁殖生长。在嵊泗列岛、旅大、青岛、烟台等海区海底已有大量自然繁殖的裙带菜。为使裙带菜在海底繁殖的更丰感，可采用以下几种方法：

1. 清礁

在有裙带菜繁殖的海区，用人力或机械清除岩石表面附着的杂藻，帮助裙带菜扩大其附着面积。但要注意裙带菜和杂藻的繁殖时期，清除时期过早，裙带菜的孢子还没有放散，其他杂藻先附着，就占领了地盘。清除过晚，则裙带菜放散孢子时期过去，失去了工作意义。为了补足这一点，最好在消除后再设置裙带菜的种菜，进行采苗养殖，效果较好。

2. 投石

这种方法对裙带菜繁殖来说，是较老而又最通行的方法。即在已有裙带菜繁殖的海区，选择适合裙带菜附着的岩石下即成。在无裙带菜繁殖的海区，则应先进行移植种菜后，再行投石。为了保证效果，最好将成熟的裙带菜孢子叶夹在绳索上，再缠在石头上投下去。投的深度则随海区而不同，要率先划定投石范围。投石时间，应根据各地裙带菜放散孢子的盛期而定，过早过晚都不利。此外，也可将裙带菜孢子采到石块上进行采孢子投石。

3. 移殖增产

在原无裙带菜繁殖海区，也可以移植裙带菜开展养殖。从我国北部情况看，如移植幼苗则需在 11 月左右，移植成熟的裙带菜需在 5—6 月进行。如需要长途运输时，应将裙带菜上端叶部割掉，只运输孢子叶。运输到移植地后，不宜单棵分散，最好一簇一簇集中放于海中。此时必须争先在移植区将孢子放散所能达到的范围测量好。簇与簇的距离，应根据各海区的情况而定，如海区的大小、潮流的方向，孢子放散的远近等，各海区都是不一样的，因此必须因地制宜。孢子叶的运输最好保持低温（5～10℃），孢子叶上可用湿物掩盖。

在有些海区的干潮线以上的浅海地带，在裙带菜发生初期，常常有许多裙带菜的幼苗，一般这些浅水的幼苗，往往发生早、生长快，但其中由于退潮后露出水面时间过长冬季寒冷天常会将幼苗冻死，因此这些幼苗是可以拔取用于幼苗移植。把这些幼苗用苗绳夹起来，可进行人工筏式养育或投入海底，这些苗也是供应外海幼苗和繁殖能力较差的海区的重要来源。

(二) 筏式养殖

裙带菜筏式养殖目前有两种方式，一是单养，这种养法与海带筏式养殖方法基本一致。二是间养，即在两行海带养殖架子当中插一趟临时架子的方法，目前许多生产单位多采取此法，要进行裙带菜筏式养殖，须做好如下几项工作。

1. 分苗

分苗时间与分苗标准：一般在 11 月中旬，较大的裙带菜幼苗可达到 15 cm，这时即可开始分苗，分苗工作一般进行到 12 月底。

分苗标准：初期以 8~12 cm，中期和后期以 10~15 cm 比较适宜。

剔苗与夹苗方法：在幼苗比较小时，应采用单株剥苗，在幼苗较大且幼苗足够多的情况，可用小把剔苗方法。剔苗时必须注意保留根部，无根部的不能用，以免影响出苗率。

裙带菜夹苗必须夹根留柄。夹的过大，柄部不能生根，被夹的柄部往往在里面烂掉或磨断。夹的过小，幼苗容易脱落，影响放苗密度。当日剔苗要当日夹完，并当日挂于海上，不要过夜。在运苗时，要尽量避免干燥。

2. 夹苗密度

裙带菜藻体宽、柄部粗，因此分苗密度要比海带疏些，苗距为 5~7 cm 夹一棵，亩放苗量 8 000~10 000 棵为宜。

3. 架子设置

在架子设置前应先选择好海区，海区条件应与海带养殖所要求的条件一致。在养殖海带的海区或养殖海带的地区都可以养殖裙带菜，尤其冬季风浪较小，海水较清的海区更适宜裙带菜生长。

裙带菜的架子设置基本上与海带的筏式设置一样，如裙带菜作为单养时，可以考虑行距缩小些。与海带间养时，只是在两行海带架子中间增设一行临时架子，作为裙带菜养殖用。临时架子的浮绠可利日本养殖的海带旧浮绠，以降低成本。

海带为什么可以与裙带菜间养呢？这是因为裙带菜具有生长轻快、收割较早的特点，一般在3月就可以收割了。在3月以前海带个体较小，需光量较少，所以在裙带菜生长过程中，对海带生长影响不大。

到海带个体已大，需光需流增多时，裙带菜已开始收割上岸。所以群带菜与海带间养是比较行之有效的方法。目前有不少生产单位采取此法，其成本低又不须扩大海区。

4. 放养形式

可根据各海区的不同情况而定。在海水浑浊、透明度较小时、可采取斜平养比较适宜。如果海水较清、透明度较大时，采取斜养比较适宜，也可先垂后平。总之必须根据各海区的不同情况灵活掌握，在临收前半个月，以垂养比较好。这样对增加菜体颜色，减少藻体老化均有好处。

5. 调节水层

裙带菜与其他藻类需要在一定的光照条件下才能正常的生长发育。裙带菜由于光线的变化还可以引起形态的改变，这一点必须引起注意。群带菜南北方两种类型主要与光线温度及水层深浅等条件有关，在水层过深、光线偏弱时，柄部长，叶体狭窄，产量低。水层过浅、光线偏强时，柄部短．叶体较大，产量高，但色泽较差，尖端衰退较大、叶体老化，往往达不到高产品标准。所以必须根据当地海区透明度变化情况来调节水层。调节水层的幅度，垂养应掌握在透明度深度的1/4左右即可，平养应适当加深。

6. 合理施肥

施肥量要根据各地海区水质的肥瘦情况而定，肥区少施肥，瘦区多施肥。烟台地区当前提高肥效的方法有三种：

①不同时期采用不同的施肥量。分苗后期到12月底，是裙带菜生长的第一个适温期，这时期施肥一般占施肥总量的40%，1月、2月是低温期，一般占施肥总量的20%~30%；3月以后，又是裙带菜生长的适温期，一般占施肥总量的30%~40%。这样就能把有限的肥料，施在最需要的时期。

②采取挂袋与泼肥相结合的方法比较好，在进行中挂袋要做到少装勤换、间隔轮挂，而泼肥要做到勤、细、均泼，这样可以充分发挥肥效和减少肥料流失。

③利用裙带菜初期个体小、需要光量少的特点，采取密挂培养集中施肥的方法，即一亩养4亩，同时4亩的化肥，放在一亩的海里。实践表明，这种方法是提高肥效、促使裙带菜加快生长较好的方法。在藻体达到50 cm左右时，必须及时进行稀疏，否则裙带菜会因光线不足而影响生长。

四、收割加工

（一）收割

收割时间的确定应根据其生长期和生长发育情况而定，不宜过早和过晚。过早，虽然藻体鲜嫩，色泽好，质量高，但由于藻体老化，色淡黄，尖端衰退较重，质量不符合要求。所以要做到适时收割。一般应掌握在裙带菜柄部两侧生长出一定大小孢子叶为适宜。时间在3月中旬前后结束，至4月中旬以前收割结束。这样既保证了质量标准，又发挥了裙带菜的生长潜力。

在收割前后，应注意提高裙带菜的色泽和防止裙带菜叶片附着很多浮泥杂藻。解决的方法，根据烟台地区的经验是，在收割的1周左右，用0.2%浓度的硫酸钡，每天浸泡一次，每次浸泡 10 min 可以提高裙带菜的色泽，同时平养裙带菜改为斜养。另外在收割的同时将裙带菜进行充分洗刷，以达到消除裙带菜叶片附着的浮泥杂藻。

（二）加工（一）

裙带菜加工方法，目前在我国主要是采用淡干、冷冻和盐干等方法。

1. 淡干法

裙带菜收割上岸时，不要放在泥沙地上，要用条筐等工具抬上岸。然后，整绳或单棵吊挂在事先准备好搭架的铁丝上，再将藻体摊开，用小刀将中肋劈一道或二道，劈的长度应以中肋长度而定，一般劈中肋的 1/2～1/3。单棵晒，应从柄部下端割下，留着孢子叶，进行挂晒。

淡干应选择好的天气进行，利用太阳的暴晒，快干，保证菜体具有良好色泽。如果天气好，又是西北风，一天可以晒两次菜，第一次晒到六七成干时，摘下来铺在席子上进行翻晒，而第二次又继续拧晒。

当天的干菜晒不大干的菜，要分别入库存放。不太干的菜第二天单棵晾晒。

2. 冷冻法

将鲜菜洗净后，除去根柄烂梢，每 10 cm 截成一块，放在沸水中浸烫，使藻体呈全绿色，捞出后放在菜盘里，入库冷冻，而后包装出库即可。

3. 盐干法

如果在天气不好不能进行淡干的，可采取盐干法，即将裙带菜均匀撒盐约 20%～30%腌起来，待一个星期以后再晒干包装。

（三）加工（二）

下面介绍日本目前在裙带菜加工方面所采用的几种方法，仅供参考。

1. 素干法

这种方法与我国淡干法基本相同。

2. 热水拔法

将裙带菜洗净后，将中肋劈开，放入煮沸的淡水中，慢慢搅动，待藻体完全变绿时，马上取出来放入冷水中，再从冷水中取出后进行挂晒，直到晒干为止，用这种方法处理的裙带菜质量好，但出菜率低。

3. 细丝裙带菜

将裙带菜用淡水洗数次后，挂在绳上晒半干时，沿柄两侧用锥子或小刀纵向切成数条来充分晒干。晒干后再铺在席子上或苇帘上浇水，给予适当的湿气，然后上面再盖上席子，轻轻加压，闷压 3~7 h，等全部变柔软时，用手拧后再挂到绳子上晒，等接近干时，再浇水，给予湿气、闷热，风干，这样叶的表面出现白霜时再充分干燥即可。

4. 揉裙带菜

裙带菜用海水洗，晴天时挂在绳上晒 2~3 h，待表面干燥后，从绳上取下来，像揉茶那样在席子上揉，再挂到绳上干燥。表面干燥后，再取下来揉，这样反复 5~6 次，干燥达七八成时，再铺到席子上充分晒干即可。

5. 盐揉裙带菜（盐藏菜）

将裙带菜一边加盐，一边用手在工作台上揉后再晒干包装贮藏。用盐量 20%~30%。

第三节　裙带菜的养殖实例

裙带菜的养殖早在 1990 年前后为 200 000~320 500 t 的湿重，是 1980 年的 2~3 倍，在 2014 年全国种植总面积达到 7 693 hm^2，收获 203 099 t 的裙带菜。目前在我国主要采用浮筏平养法的裙带菜养殖。以2016年为例：山东日照利用大连海域的裙带菜做单克隆和定向选育结合，挑选优良种株，在山东日照40亩的实验区进行裙带菜养殖。6月25日选择孢子囊叶大小均匀、形态相似、深褐色的藻体作为种菜进行育苗。

9月20日幼苗出库，出库时，幼苗的平均长度为200 μm。采用垂养的方式海上暂养。9月29日，肉眼可见的0.1 cm幼苗；下海暂养15 d左右，长度0.3~0.5 cm；10月15日，将幼苗夹到养殖绳上下海养殖。苗绳剪成3~5 cm小段，夹在8 m长的养殖绳中，每簇苗间距30~40 cm，夹好苗后的养殖绳子，转移海中水平悬挂筏架之间养殖，养殖绳间距1.5 m，水深1 m。根据水深和海流情况30~100台单筏构成一个筏区。筏区之间留出40~50 m航道。

2016年2月13日，一根绳子上的裙带菜接近30 kg，每亩按照266根绳算，后期每根绳上裙带菜接近37.5 kg，亩产达到10 000 kg左右，最迟5月可以采收完，最终产量达六七百吨。总产值达270万元左右，养殖收益效果显著。

日本是裙带菜销售的主要市场。在日本裙带菜养殖并不能不足以满足国内市场，在过去的20年里，日本的裙带菜大量从中国和韩国进口。日本的裙带菜的年消费量已经达到（35~400）×10^4 t，其中60%和20%分别从中国和韩国进口。裙带菜产品的质量主要取决于其厚度和硬度，其通过培养和加工条件（新鲜绿色是人们最喜欢的），储存质量（例如颜料的稳定性，弹性等）和不存在异物。裙带菜的产品可以分为三种主要的产品形式，包括冷冻的孢子叶，熟化和盐渍的叶片和中脉。这三种形式进一步加工成许多其他种类的速食食品。

在日本，有各种商业裙带菜产品，包括脱水或干燥，调味和速食裙菜食品。大多数脱水产品是传统类型，如Suboshi和Haiboshi裙带菜。与在阳光下干燥而不进行灰分处理的Suboshi裙带菜相比，Haiboshi裙带菜在35℃下在黑暗中储存 50 d 可以保持其鲜艳的绿色。此外，干燥的产品在储存期间保持具有适度弹性的良好的香味很长时间。已经开发了用于裙带加工的其他技术，包括盐化、煮盐和干切的裙带菜产品。以其良好的外观（新鲜的绿色）和良好的储存质量为特征，干燥的裙带菜在市场上作为速食加工食品被广泛消耗。因此，裙带菜在未来有广阔的市场前景。

第十八章
龙须菜养殖

龙须菜又名江蓠、凤菜等，隶属于红藻门、真红藻纲、杉藻目、江蓠科、江蓠属，是一种重要产琼胶的红藻。龙须菜新鲜的藻体具有独特的风味和营养保健功能，可用作鲍鱼的饵料，或者加工成海洋蔬菜作为风味产品。龙须菜具有较强的产氧和吸收氮磷的能力，可用于净化养殖废水、修复近岸富营养化海域环境及治理赤潮。因此，从海洋环境方面来讲，大型海藻龙须菜具有较好的开发及应用前景。

龙须菜具有生长周期短，养殖成本低、易于养殖管理、产品销路好等特点。近年人们对龙须菜的大量种植，其产量的迅速增加，人们对其生物及药用价值产生了浓厚的兴趣，目前人们正在加速开展对它的研究与开发。目前龙须菜在我国广东、福建、浙江、山东、辽宁等地大量养殖，以成为继海带、紫菜、裙带菜之后的第四大栽培海藻。

第一节　龙须菜的生物学

一、形态特征

龙须菜的藻体（图 18-1），呈直立圆柱状，长度一般为 20～50 cm，最长的可达 1 m 以上，鲜藻呈紫红色或者棕红色，其颜色会随着生长时间的不同、营养状态的不同、光照状况的不同以及埋藏于沙中与否而有一定的差别。藻体含水量较大，在75%~80%，对强光和干燥的耐受力较低，经过干燥后藻体变成黑色，也可以找到带黄色或绿色的藻体，藻体一般为丛生，龙须菜的分支较多，一般为三级分枝，有些会在三级分枝上出现四级分枝，藻体横截面积直径一般为0.5~2 mm。龙须菜的盘状固着器固定在石块上，藻枝附着在沙滩上生长。

图 18-1　龙须菜

二、生活习性

龙须菜原产地（山东省和辽宁省）的生长季节为每年的夏（6—7 月）、秋（10—11 月）两季，每季生长时间 1 个多月，也有资料报道，中国黄海的龙须菜每年有 2 次生长旺盛的季节，分别是 6 月和 10 月，每次持续时间约 50 d，30 d 后可以采集到性成熟的藻体。在福建南部海区引种成功后，生长时间延长到每年 11 月至翌年 5 月，可进行 3 次收获，产量和经济效益均有较大提高。龙须菜的生长适宜温度为 10~25℃，在水温 0~25℃均可以生长，但是在低温时藻体生长缓慢或停止生长，高温时藻体容易发生糜烂现象。在夏季高温或冬季低温时，露在沙外的部分死亡，但藏在沙内的部分存活，因此在适宜温度季节时迅速生长藻枝，完成生活史。

三、生态及分布

龙须菜为温带性海藻，分布于中国的黄海，以及日本、美国、加拿大西海岸、南非等国家纬度相近的海岸，甚至于在热带国家委内瑞拉也有分布。在我国产于山东半岛沿海，是重要的产琼胶海藻。野生的龙须菜生在向阳、海水洁净的低潮带到潮下带的岩石上。

四、龙须菜的生活史及繁殖方式

龙须菜的生活史为等世代型，有三个不同的世代，即孢子体、配子体和果孢子体。四分孢子体成熟后，经减数分裂产生单倍的四分孢子，发育成雌雄配子体。雌配子体性成熟，产生果胞；雄配子体性成熟，产生精子，受精后形成合子，发育成果孢子体。成熟后产生几百个果孢子。果孢子发育成四分孢子体，二倍体的四分孢子体和单倍的配子体的幼体在外部形态上非常相似，一般很难区分，但在性成熟后，雄配子体藻枝上会形成精子囊，受精的雌配子体藻枝上会出现突出的圆形或圆锥形果孢子囊，四分孢子体藻枝上会分布有深红色十字形分裂的四分孢子囊，通过肉眼观察或是切片镜检可以将三个世代加以区分。

在适宜的条件下，龙须菜可以在5~6个月完成生活史，成熟后的四分孢子体，由皮层细胞形成许多四分孢子囊，每个孢子囊中有四个经减数分裂产生的四分孢子，四分孢子放散后，发育成雌、雄配子体，雌、雄配子体的比例约为1：1。雌配子体性成熟后形成果胞，熊配子体性成熟后表皮细胞形成精子囊，大量精子从中释放并游离到雌配子体上，生殖细胞结合后形成合子，就会在雌配子体的藻体表面发育出凸起的囊果，即形成果孢子体。一个果孢子囊能产生几百个果孢子，果孢子放散后，发育成四分孢子体。如此完成四分孢子体、配子体和果孢子体这三个世代的交替。

尽管对龙须菜生活史有一定的认识，但目前关于世代交替问题上仍存在许多疑问，有些江蓠的生活史却与上述典型生活史有出入。龙须菜的细胞具有全能性，切断组织经过培养科产生新枝和固着器，形成完整植株，成为无性繁殖系，为龙须菜的人工养殖提供苗种来源。

五、化学成分

有专家对南澳海域龙须菜的营养成分及其红星多糖的组成进行了分析，结果表明：龙须菜的粗蛋白、总糖、粗脂肪、粗纤维、灰分含量分别为19.14%、43.76%、0.5%、4.8%、28.77%，并富含人体八种必需氨基酸和牛磺酸及铁、锌等微量元素，其中钾含量较高，有利于改善人体的钾钠离子平衡，对高血压和心脏病病人有益；同时，龙须菜是很好的食物纤维素源，含量达到50%以上，其中85%为水溶性食用纤维，主要包括琼胶和黏性多糖等成分。食用纤维在人体内具有重要的生理功能，有利于肠胃的蠕动，防止便秘，能清除肠道的有害物质。

第二节　龙须菜养殖

一、龙须菜栽培产业的发展过程

龙须菜在原产地的生长季节为每年的春、秋两季，生长期短，自然资源量较少。经中国科学院海洋研究所费修更研究员和中国海洋大学张学成教授等选育出来的龙须菜“981”品系，1999年在广东省汕头市南澳岛实验栽培获得成功，通过广东省科技厅组织的成果鉴定，为南方龙须菜的栽培产业发展奠定了基础。龙须菜“981”于2006年被农业部全国水产原种和良种审定委员会评审为水产新品种。

龙须菜以其能适应较高水温，生长快、琼胶含量高等特点，在南方海区广泛养殖。近年来龙须菜栽培技术在我国南方沿海地区迅速推广应用，已经形成产业化规模。据初步统计，至2010年春季全国龙须菜的栽培面积已经达到了20万亩以上，主要集中在福建省莆田湄洲湾、福州罗源湾、漳州东山湾和广东省粤东南澳岛等地。

二、龙须菜栽培技术

（一）海区条件

龙须菜适宜栽培的海水温度为10～26℃，在其适宜生长的水温为18～24℃。适宜栽培的海水盐度为6～34，其适宜盐度为23～32。龙须菜栽培的海区，应选择潮流畅通，水深一般在3～10 m。

龙须菜的栽培海区，应选择浅海区，特别是水质呈富营养化状态的海水动物养殖区域（如海水鱼类网箱养殖和牡蛎等贝类吊养区），水体中大量的氮、磷等富营养化物质可以被龙须菜吸收利用。龙须菜栽培区的海区，要求选择无工业废水排入的海区，以避免龙须菜对重金属离子的富集，水质符合无公害食品海水养殖用水水质的要求。龙须菜栽培区的海区底质除了凹凸不平的岩礁底质外均可，同时由于养殖器材坚固，抗风能力强，可以到潮流较急的海区养殖。

（二）栽培前准备工作

1. 定位打桩

由于龙须菜在南方生产要避开高栽培季节的台风期，因此，考虑筏向的主要因素是潮流，筏向要尽可能做到顺流。筏子的位置方向确定后，要确定筏长和桩间距离。筏身长度为50~65 m，锚缆绳的纯长度为满潮时水深的2~3倍。一台筏子的两个桩间的水平距离为筏身长度加上锚缆绳与水深构成的直角三角形的另一边长度的2倍。两筏之间的距离就是相邻桩间的桩距，不同的养殖模式则不一样，有的2.5~3 m，有的4.5~5.5 m，这样既可确定桩位。夹苗后把7根苗绳平行排列，苗绳间距40 cm，两端绑紧在长度为2.5 m的缆绳上，中间每隔5 m绑上一根横绳，构成长方形的养殖筏架。筏架采取顺流的方向排列，用木桩和缰绳固定在海上，保持漂浮在水下面而不干露出水面。把每台筏架之间的横绳对应连接，形成一个养殖小区，小区之间留出一定距离的工作沟，保持水流的通畅。

筏身设施不要放得太紧，应当时其在高潮时筏身保持较松弛的状态，使筏身能够随风浪浮动有一定的幅度。浮子绑缚要牢固，绑系浮子的绳扣应结紧结死，绳索与浮绠衔接处要绑紧，防止脱落，吊绳绑系要牢固，吊绳绑在浮绠上一定要牢固，不能使其左右滑动，防止吊绳和苗绳相互缠绕磨损而掉失。打桩要牢固，一般海区木桩打入土层深度不小于0.8 m，以防止拔桩，为减少风浪的危害，应偏流设筏。

桩基材料视海区底质不同而异，沙泥质底的海区应选用大约直径13 cm、长2 m的松木为桩，泥沙底的海区选用大约直径16 cm、长3 m以上毛竹为桩，软泥质底的海区应抛50~100 kg的铁锚。注意毛竹末端要打通竹节，长度约占全长1/3。除铁锚外，各桩均要在顶端钻孔以便系桩绳。

2. 下筏

下筏前，锚缆绳要与桩绳连接好，浮绠绳上还需要每隔50~60 cm处绑好吊绳和相应的浮子后下海，每小区台架的两侧还需加固横绳，浮绠绳、横绳与锚缆绳连接好，再将松紧不齐的筏子整理好，使间距一致，即构成单式筏架。筏架的松紧度要以最高潮也保持松弛度最适宜。

3. 用料

每小区（约3亩）的用料除了桩基外，还有2 160~2 800股纱的聚乙烯浮缰绳、横绳、180股纱的聚乙烯吊绳和2 800~3 600股纱的聚乙烯桩绳、锚绳以及浮子等。

（三）龙须菜苗种培育技术

1. 苗种选择和运输

龙须菜“981”品系是采用生物技术方法培育的，目前采用营养枝繁殖方式进行育苗。栽培的龙须菜，是四分孢子体，主要通过营养枝的形式进行生长来增加生物量。在人工栽培生产过程中，利用龙须菜的藻体具有营养枝繁殖的特性，选取一定数量的藻体作为苗种，在适宜条件下培育出大量的藻体，为栽培生产提供优质苗种，使龙须菜的大规模栽培成为可能。

龙须菜在营养盐供应充足的海区一般生长正常，颜色呈现棕红色；在缺乏营养盐、光照过强状态下，颜色为黄绿色。作为苗种的龙须菜，应选择藻体无损伤、无虫害、杂藻附生和泥沙等杂质。在海区栽培的龙须菜中，应挑选颜色呈紫红或棕红色、小枝分枝多而短的未成熟藻体作为苗种。

龙须菜苗种可采用编织带或网袋包装，一般的规格以25 kg/袋为宜。运输是可以在装车后用海水喷淋湿透，在气温20℃左右离水运输，要求在24 h内到达目的地。

2. 苗种下海扩大培育

每年秋季，当海水水温下降到25℃以下时，约在每年的9月下旬至10月上旬，可以将龙须菜苗种移至没有篮子鱼侵害的海区，进行扩大培育。

3. 夹苗

用120纱以上的聚乙烯作为夹苗用的苗绳，苗绳长度为25 m，按每米苗绳夹上龙须菜 100 g 的密度进行夹苗，每簇龙须菜的长度为 6~8 cm，簇与簇间距为 8~10 cm，每 40 条苗绳为 1 亩。夹苗时，防止阳光日暴晒和藻体干燥，以防藻体脱水和超过温度上限。

4. 苗种的采收

经过 60 d 以上的培育，龙须菜的重量一般能够增长 60 倍，每亩产量可达到 1 000 kg 以上，可以将龙须菜采收作为栽培的种苗。

（四）龙须菜大规模养殖

1. 取苗

由于龙须菜基部生长速度慢于顶端，因此，除了要选择生长良好、颜色紫红、杂藻较少的龙须菜外，还要尽可能不用基部藻体为种苗。运输期间要防止藻体干燥可以用海水喷淋湿透，同时温度不能超过 30℃，在 24 h 内到达目的地。

2. 分苗

每年农历十一月当篮子鱼等敌害鱼群移动到外海海区，就可以进行龙须菜的分苗工作，开展龙须菜的规模栽培。

龙须菜栽培分苗时，用 120 纱以上的聚乙烯绳作为夹苗用的苗绳，每亩用苗绳 1 000 m，需要种苗的数量为 50~100 kg。按每米苗绳夹上龙须菜 50~100 g 的密度进行夹苗，每簇龙须菜的长度为 6~8 cm，簇与簇之间的距离为 8~10 cm。要注意，如夹苗间距太宽，则会导致龙须菜的产量下降，还会因为附着其他杂藻而影响质量。

注意事项：为了确保养殖期间少出现病害，建议启用新的养殖设施（特别是苗绳），启用前，将新设施用海水浸泡 1 周后使用。若使用旧设备，应用漂白粉浸泡 1 d 后，用淡水清洗干净，然后暴晒 1~2 d 后才投入使用，或直接将旧设施用淡水洗净，然后暴晒1周后投入使用。

3. 夹苗

要严肃按照科学要求合理夹苗，夹苗量要严格控制在15~20 g/m。苗头小光线足，不易被病害寄生，可防烂头，要改变苗夹越多，产量越高的错误倾向，选择壮苗、尾苗，及时更新苗种，以减少病害，减少死苗，提高单位效率。

4. 采收

龙须菜在每年的1月上旬下海栽培，经过50 d以上的生长期，藻体的长度一般可以达到60 cm以上，每米苗绳鲜菜重量在1.5 kg以上就可以采收。龙须菜的重量一般能够增长60倍，每亩产量可达到1 000 kg以上，就可以逐步收获。收获时可以根据生产季节采用切割的办法多次收割，留下部分藻体（长约10 cm）继续生长，以增加栽培产量。为保证产量和质量，龙须菜的最佳收获时间应在每年的5月中旬以前。收成时将龙须菜由海上养殖筏架上采下，运输到陆地进行处理，把龙须菜平铺在海滩上晾干。

收成时，将龙须菜由海上养殖筏架上采下，运载到陆地上进行处理。除了部分鲜菜提供给人类食用及作为鲍鱼养殖的饲料外，大部分的龙须菜，主要通过晒干处理作为琼胶工业原料。

晒菜时，应选择晴朗无雨的早晨进行，采收龙须菜经常夹杂着杂质，需要用洁净的海水充分洗净，晒干时注意不要堆积，以免藻体发热腐烂，损失含胶量并影响质量。应把龙须菜平铺在海滩或者陆地上晒干，以确保龙须菜能及时暴晒而不变质。如果第一天没晒干，次日一定要晒干，以便装袋保存。

（五）产品等级

人类食品级龙须菜的质量要求：鲜食的龙须菜要求藻体鲜嫩、干净，无杂藻和杂质，无异味，不变红、腐烂；供食用的干品龙须菜要求用淡水清洗干净，晒干后用塑料袋密封，干品外观呈黑色，有芳香味，无杂质。

鲍鱼养殖饲料龙须菜的质量要求：要求新鲜，允许带有部分杂藻和杂质，但藻体不能变红、腐烂。

琼胶工业的原料龙须菜的质量要求：龙须菜晒干后允许带有少量（低于4%）的沙土等杂质，不能吸潮腐烂，水分含量一般不高于16%。

第三节　日常管理

在龙须菜的栽培过程中，日常的管理措施主要有以下方面。

一、适时施肥

根据龙须菜的生长状态和海区环境条件，采取施肥的措施，进一步促进龙须菜的生长，提高产量和质量。在龙须菜栽培前期，采用吊挂或喷洒含氮的肥料（如尿素、硝酸铵等）的方法，可以促进龙须菜的分枝形成，提高它的生长速度，而在龙须菜收成的2周前，采用吊挂或喷洒含磷的肥料（如磷酸二氢钾、过磷酸钙等）的方法，可以促进龙须菜的营养积累和成熟程度，以提高它的含琼胶含量。

二、调整筏架

除适当增减浮力外，应及时补上弄断的绳子，要经常注意检查筏架的牢固程度，每台筏子的松紧要一致，要求齐正划一，以保证生产安全，龙须菜受光均匀。

三、提高浮力

要根据龙须菜的生长状态，及时在养殖筏架上增加泡沫塑料块，以保证龙须菜在水层中的浮力，在间隔 5 m 的横绠绳上加挂一个泡沫塑料块，大小为 30 cm×2 cm×20 cm。

四、调节光照

按照龙须菜的生长规律，及时调节光照强度。龙须菜是好光性海藻，过弱的光照生长慢，但过强的光照对生长有抑制作用，甚至色素被阳光分解而褪色变黄，如不及时调整会变白脱落。栽培前期，龙须菜幼苗对强光的适应能力弱，需要降低养殖的水层。随着龙须菜的生长，藻体对光照的需要增加，应提高养殖的水层。一般地龙须菜栽培的水层，应保持在海区透明度的 1/3~1/2，在南澳海区，一般吊养水深为 50~100 cm。

五、防止风浪

做好养殖筏架的防风防浪工作，定期检查苗绳之间有无互相缠绕或者脱落。

六、清除敌害生物及杂藻

加强日常管理，及时做好的海生物和杂藻的防除工作。

七、注意海水比重的变化

注意海水的变化，及时发现情况，以免对龙须菜的养殖带来损害。

八、补苗

由于风浪的冲击，种苗夹要经常检查，及时补苗，并积极防御台风等自然灾害给生产造成的危害。

第四节　龙须菜养殖方式

龙须菜目前的栽培方式有龙须菜单养、龙须菜与牡蛎等贝类套养以及龙须菜与海带筏式轮养三种模式。

一、龙须菜单养

夹苗后把7根苗绳平行排列，苗绳间距40 cm，两端绑紧在长度为2.5 m的缆绳上，中间每隔5 m绑上一根横绳，构成长方形的养殖筏架。筏架按顺流的方向排列，水深为3~8 m的海区，用木桩和缰绳固定在海上，水深为8 m以上的海区，则用铁锚和缰绳固定在海上，以保持筏架漂浮而不干露出水面。把每台筏架之间的横绳对应连接，形成一个养殖小区，小区之间留出一定距离的工作沟，保持水流的畅通。

二、龙须菜与牡蛎等贝类套养

将夹好龙须菜的苗绳，绑成筏架，固定在太平洋牡蛎等贝类养殖筏架的缰绳上，利用贝类养殖的筏架，进行藻、贝套养。

由于太平洋牡蛎等养殖贝类在养殖区中滤食海水的有机颗粒物质，消耗水体中的氧气，释放出氮、磷和二氧化碳，而栽培龙须菜可以利用海水中的氮、磷和二氧化碳进行光合作用，转化为有机物质，并释放出氧气，改善了养殖区的水之条件，达到生态养殖的目的。一般每10台牡蛎养殖筏架套养6~7台龙须菜筏架，留出一定的空间，保持海流的畅通。

滤食性经济贝类（扇贝、贻贝）与大型藻混养的模式，一方面可以优化养殖结构，合理利用闲置浅海资源；另一方面，鲍养殖过程中以龙须菜作为鲍的饵料，减少其依靠自然光晒干的数量，以缓解龙须菜加工的沙滩晒场的问题，而且减少收成的劳力费用，同时拓展鲍的养殖空间。从生态学角度来说，其模式较单一模式更有利于养殖水体中氧气和二氧化碳的循环，使养殖环境中DO水平达到有利于鲍藻生长的标准，从而也改善养殖环境，优化养殖海域生态系统。

三、龙须菜与海带筏式轮养

一般在9—12月栽培龙须菜，12月至翌年4月栽培海带，4—7月栽培龙须菜，少数是7—9月栽培龙须菜。根据龙须菜和海带的栽培周期，提高海区利用效率和设施利用率，增加经济收入。

第五节　病害防治

对龙须菜养殖有害生物主要有篮子鱼类、藻钩虾、团水虱和麦秆虫等，杂藻有刚毛藻、仙菜、多管藻、水云和草苔虫等。

敌害生物以龙须菜为食物，特别是篮子鱼会大量侵蚀龙须菜，藻钩虾和团水虱等甲壳类动物，会蚕食龙须菜的嫩芽，影响龙须菜的正常生长。在潮流不通畅、养殖密度过大的海区，因为藻钩虾侵蚀龙须菜，使夹苗处的龙须菜伤口发生溃疡而大量脱落，造成龙须菜栽培减产、失收。杂藻与龙须菜竞争营养盐和空间，影响龙须菜的正常生长。

一、敌害生物及杂藻的防除技术

在龙须菜的敌害生物及其发生的季节规律进行调查，避开篮子鱼的地点和季节进行龙须菜栽培。

对于藻钩虾、团水虱、麦秆虫等敌害生物的侵蚀，会造成藻体被敌害切断，造成严重脱落，甚至是绝收。究其原因是龙须菜的栽培给敌害生物提供了一个良好的栖息环境，特别是夏季，海上还保留着龙须菜养殖筏架甚至是龙须菜，造成敌害生物全年均有适宜的栖息环境和适合的饵料生物。因此其防治措施是在夹苗前后，龙须菜苗种可以采用淡水浸泡3~5 min；在海上栽培发生敌害侵蚀严重时，采用吊挂或者喷洒敌百虫、硫酸铵、尿素等药物、肥料的方法进行防除。为了保持药物的浓度，可以使用塑料袋装上50~100 g的药物，扎口后在塑料袋上用针炸出小孔，在吊挂到养殖的筏架上，吊挂数量根据实际情况而定。而主要防除方法是以预防为主，要特别注意龙须菜放养的密度不能过高，夹苗的间距不能过大，以保持龙须菜栽培区域的水流通畅，避免敌害生物和杂藻的侵害，保证龙须菜栽培的正常产量和质量。同时，也必须考虑在高温期（又是台风期）进行海区禁养海藻的休耕方法。

对于刚毛藻、仙藻、多管藻和水云等杂藻的侵害，可以用淡水浸泡苗绳5 min，或通过调节龙须菜养殖水层的深浅来调节光照强度，抑制杂藻的生长，达到防除杂藻的效果。一般绿藻类的杂藻生长在较浅的水层，可以通过降低筏架的水层来防治。而多管藻等杂藻，主要通过降低栽培密度，改善海水交换条件，才能避免杂藻。

二、藻体的局部病烂

龙须菜的养殖区发现龙须菜病烂现象，发生病烂的藻体基部及分枝处多是白点中空或浅黄圆点，部分藻体呈黄绿色，病藻色泽不鲜艳，脱落的藻体较易腐烂。发生病烂的原因是多方面因素引起。

（一）种质退化

龙须菜是一种无性繁殖的海藻，在南方海区经过多茬养殖（特别是夏季高温），影响其生理代谢，抗逆能力下降，一旦环境不适宜就容易造成病烂。

（二）光照变化

冬季向春季过渡期间，光照强度经常突变，如果没有及时调节水层，就会引起其生理性病变。

（三）密度过大

由于前几茬龙须菜生长效益良好，导致海区养殖密度过量，水流不通，局部营养不足等不利条件，影响了龙须菜正常生长，降低了抗病能力。

（四）夹苗不科学

目前，大多数养殖户认为增加苗量可以增加单位产量，每米苗绳用苗量是技术规程的几倍，致使苗种夹得成团过密，甚至有的养殖户不是单簇夹苗而是连簇夹苗，造成每簇龙须菜里外受光差别过大，容易病烂。

若要减少龙须菜病烂发生，应必须要做到如下方面：

①改良种质：每年从北方引进龙须菜，建立扩种基地，于第二茬生产时全面改用不经南方度夏的龙须菜，以保持龙须菜原有的种质，同时，每隔几年应再人工选育龙须菜原种一次。

②合理布局：养殖布局应合理以便减少病虫害的发生。

③科学管理：不但夹苗要规范，而且要经常调节水层，特别是天气突变时，龙须菜宁可距离多些而长得慢些，不宜被强光长时间照射。同时，局部海区营养盐不足时，可使用氨肥，氨肥对敌害生物有一定的驱除作用。

第六节　龙须菜的养殖实例

首先利用室内控温条件（温度为 20~25℃）培养龙须菜的小苗，9 月初将室内控温度夏培育的龙须菜移至海区进行扩大培育，经过一个多月时间的培育，龙须菜的重量能增长60倍，每亩的产量达到1 000 kg以上，可以将龙须菜采收作为栽培的种苗，在农历11月下旬，当海水温度下降到16℃，海区的篮子鱼等敌害鱼群开始移动到外海，此时进行龙须菜的分苗，分苗时用120纱或150纱的聚乙烯绳作为夹苗用的苗绳，需要种苗的数量为30~50 kg。按每米苗绳夹上龙须菜30~50 g的密度进行夹苗，每簇龙须菜的重量为3~5 g，长度为6~8 cm，簇与簇间距为8~10 cm。夹苗时苗绳长度为25 m，每40条苗绳为1亩。夹苗后把7根苗绳平行排列，苗绳间距40 cm，两端绑紧在长度为2.5 m的竹竿上，中间用4根长度为6 m、150纱的聚乙烯绳作为横缏绳，等距离绑在苗绳上，构成一个长方形的养殖单元，每6个养殖单元用聚乙烯绳连接成筏架为1亩。

龙须菜在1月上旬下海栽培，经50多天以上的生长期，藻体的长度一般可以达到60 cm以上，鲜重在1.5 kg/m以上，就可以逐步收成。根据1亩为生产单位计算，需要龙须菜苗种费150元（50 kg）、夹苗苗绳费80元（120纱苗绳8 kg）、浮筏材料费90元（竹竿及木桩、缏绳、浮子）、夹苗人工费60元、筏架布设及管理劳务费120元，加上收成晒菜劳务费100元，合计600元。每亩龙须菜鲜菜的平均产量为3 t，折合干品400 kg，以每千克干菜8元计算，每亩年产值3 200元，可获纯利1 300元。南澳岛海域养殖面积共1 000亩，即可获收益260万元。

第十九章 海带养殖

海带是一种原生于亚寒带的海藻，又名昆布，俗称江白菜，是一种味道鲜美，营养价值较高的食品。同时也是医药、工业上的重要原料。海带的营养价值很高，富含多种维生素。药用价值主要体现在含有较高的碘，缺少它就会发生甲状腺疾病，俗称大脖子病。海带也是工业用的褐藻胶和甘露醇的主要原料。

第一节 海带生物学特性

一、海带的生活史

海带的生活史分为孢子体和配子体两个阶段，我们所使用的部分，即通常所说的海带是孢子体。孢子体分为叶片、柄、固着器三部分，成长的藻体叶片呈带状，不分枝，褐色且富有光泽；有两条线状的纵沟贯穿叶片中部，形成中带部。海带叶片长度一般 2~3 m，大的可达到 6 m。宽度一般是 20 cm 左右。海带的生长点在叶片基部，这一部分的细胞能不断分裂，使叶片不断长大。根据海带的孢子体，可分为以下几个阶段：

（一）幼苗期

孢子体从受精卵开始出现到形成5~10 cm的幼苗，这叫幼苗期。这时的孢子体组织由一层细胞发育到几层细胞，构造较简单，叶片平滑，生长较慢，生长点已出现在叶片基部。

（二）小海带期

幼苗长到10 cm以上，叶片已含有多层细胞，基部出现方形凹凸，生长速度较快。

（三）大海带期

海带长到1 m以上，叶片基部变平直，凹凸部逐渐推向藻体尖端。随着长度的增加叶片逐渐加宽粗壮，固着器分枝发达，大海带期叶片最初薄而嫩，以后逐渐加厚。可分为以下两个阶段：

薄嫩阶段：叶片薄而嫩，基部楔形，含水分多，褐色。这个阶段叶片长度生长最快。

厚成阶段：叶片硬而厚，有韧性，基部变为扁圆，浓褐色。此时长度生长速率下降，开始积累大量有机质。含水分相对减少，晒干后有一定厚度和重量。

二、形态构造

孢子体从受精卵开始，是一个细胞经过细胞分裂长成许多细胞，呈扁平的带状体。孢子体长到一定大小，细胞开始分化为表皮、皮层、髓部、黏液腔、孔纹等组织和构造。

三、海带的生殖

海带的生活由有性世代和无性世代交替构成，有性世代的个体叫做配子体，产生小配子（精子）和大配子（卵子），无性世代的个体叫做孢子体，产生孢子。这两个世代相互连接、相互循环叫做世代交替。孢子体叶片成熟后，部分表皮细胞发育成孢子囊，每个孢子囊里有32~64个游孢子。游孢子为单细胞，长6.9~8.2 μm，宽4.1~5.5 μm，呈梨形。游孢子离开孢子表皮后，依靠两根侧身不等长的鞭毛游动，一段时间后（一般为2 h，温度低时可能延长），附着物体上失去鞭毛，呈球形。以后逐渐发育为幼芽。分为雌雄配子体。雄配子一般由数个至十余个细胞组成，雌配子体有1~2个细胞组成。通常一个雌配子体只产生一个卵囊，卵囊内产生一个卵，卵成熟以后附着于空卵囊的顶端。成熟的雌配子体，一般呈放射形的数个分支。每个分支有一个或几个细胞。尖端细胞变成精子囊，产生一个几乎无色的精子。精卵结合形成合子，合子经过细胞分裂，形成小海带。从由孢子萌发到配子体成熟叫做配子体世代，既有性世代。精卵结合后，进行分裂形成孢子体。幼孢子体逐渐长大，经过30~40 d肉眼即可看到。其后生长较快，直至形成大海带，这就是孢子体世代植物体，即无性世代。

四、海带与环境的关系

海带生活所需要的主要环境因子有：

（一）物理因子

1. 光照

包括光强、海水的浑浊度或透明度。

2. 温度

海带属于亚寒带海藻，海水的温度超过20℃即停止生长（小海带仍可生长）。最适的水温在7~13℃，藻体干重增加最适温度13~20℃，20℃以上停止生长并开始腐烂。

3. 海流

海流可改善海带营养条件，及时补充养分。海流也可改善受光条件，增加新陈代谢。

（二）化学因素

1. 盐度以及酸碱度

海水盐量不低于20，对海带生长问题不大。适应盐度为30~35。所以，我国青岛附近海域含盐量为30~31，旅顺大连附近海域含盐量为31~38，最适宜海带的养殖。

2. 无机盐类

海带生长的无机盐主要是氮、磷、钾。其中一般海水中，磷钾一般都能满足生长需要。含氮量能达到每立方米海水中含有20 mg时，海带生长良好，否则则需要补充。

海带在不同的生长时期所需要的养分不同，小苗长1~2个mm时，就开始增加其氮的需求量。小苗长到30 cm时，生活在含氮15 mg的海水中，仍没有大问题。小苗长到1 m左右时，若叶体因养分不足而呈淡黄色，中带部凹凸的现象更为突出，叶片很薄，如果出现这种情况就应该立即施肥，否则将影响它的生长。

以上各个因素在海带养殖过程中极为重要。各种因素相互联系，综合的对海带生长发生作用。所以在决定养殖之前，这些情况都应该考虑到。另外风浪大小、是否安全、水深和地质情况也都必须进行考量，一般在风浪较小的泥沙底海湾为宜。

第二节　夏苗和秋苗的培育

一、夏苗的培育

夏苗就是在夏季采的孢子，在室内低温条件下培育成小苗。夏苗的优点：①可以增产。夏苗比秋苗提早两个月生长，因而能够长得更大，使海带的产量大大增加。②气温更适宜，减轻海上温度过低带来的困难。③解决了南方养殖海带的问题。南方气温较高，无法培育秋苗，夏苗的孕育可以扩大海带的养殖范围。④室内培养可以减少育苗期中杂藻等危害。⑤节省了大量种海带的保存，节约成本。

二、培育小苗所需要的环境条件

（一）适宜的温度

一般5~10℃的水温培育小苗最好。初期（配子体时期）8~10℃。中期（小孢子体时期）7~8℃。末期（幼苗时期）8~10℃。

（二）适宜的光强和光照时间

培育夏苗所需要的光强是1 000~2 500 lx为宜，最低不得少于400 lx。光照时间以每天10 h为宜。

（三）适宜的光照度

初期（配子体时期）1 000~1 500 lx，中期（小孢子体时期）1 500~

2 500 lx，末期（幼苗时期）2 000~2 500 lx。

（四）海水的净化

自然海水中含有大量的藻类孢子和原生动物，还有大量的泥沙和悬浮杂质。生产上一般采用砂滤法过滤海水。

（五）营养盐的供给

自然海水中含有植物所需要的营养物质，但在培育小苗过程中，由于密度很高，一般海水中的氮和磷含量远不能满足幼苗的需要，因此需要不断补充氮和磷。氮和磷的适应浓度是氮（$-NO_3$）4 mg/L、磷（$-PO_4$）0.4 mg/L。

三、夏苗培育的生产过程

夏苗培育可分为以下几个步骤：

（一）种海带的准备

5月下旬或6月初选择已长出孢子囊群的健壮海带，把它们提升水层或者平起苗绳。在采苗前将孢子囊已经成熟的部分修剪下来，用棕绳或橡皮圈，穿挂放回海中，使伤口愈合备用。以尽量减少采苗中流出黏液，否则会影响孢子放散。

（二）棕绳片的准备

棕绳经过浸泡煮沸洗净后编成网帘。浸泡好的网帘削去棕毛再浸泡煮沸晾干，以备使用。

（三）采苗

1. 刺激种海带

一般采用低温干燥法刺激种海带。把种海带清洗干净，悬挂在15℃以下的低温处，这样刺激2～3 h即可。在刺激过程中，须用显微镜，经常滴水检查。

2. 放散

经过阴干刺激的种海带，由于失掉部分水分，突然放入海水中，水分大量渗进孢子囊里面，使囊膜破裂，孢子就大量放散出来。按照一个网帘一颗成熟比较好的种海带来计算。放散过程中，必须经常进行检查。如果在低倍镜下任一视野中看到10个左右活泼游孢子，即可结束放散。

3. 附着

孢子放散达到预定要求后，可将附着器均匀放在孢子水中进行附着，并放入小载玻片检查附着量，在低倍镜下这一视野中如果能看到50个以上孢子附着即表面附着成功。附着时间一般在3～6 h为宜。

（四）育苗期间的管理工作

1. 清池、洗刷、改善水流

生产上规定每2～3 d冲刷棕帘一次，每半个月清洗育苗池一次。改善水流很重要，可以使用苗受光均匀，源源不断地吸收各种气体和无机盐营养，及时排出代谢废物。初期每分钟流速为0.14～0.2 m，末期每分钟流速为0.28 m左右为宜。

2. 温度

一般控制在10℃左右比较合适。

3. 光照

配子体发育的适应光强在500 lx以上，最低不得少于200 lx。孢子体培育是1 000~2 000 lx的光强最为适宜。

4. 营养盐

幼苗密集在附着器上生长，所需要养分较多，因此必须施加营养液（硝酸盐和磷酸盐）。育苗海水要保持流动状态，使附着牢固，促进新陈代谢，加速幼苗生长。

（五）夏苗培育中的病害问题

夏苗的病虫害中，以幼苗的腐烂最为严重。当幼苗长到1~2 mm，往往会出现大面积绿烂现象，主要是温度、光线、水流、孢子附着密度和营养条件等条件所致。目前的防治方法，以预防为主，给予适当的光强，控制孢子附着密度。一般在显微镜观察下，在10×10倍视野下，有50~100个孢子较为适宜。

（六）夏苗暂养

夏苗出库移入海中培养至分苗为止，这段时间是暂养时期，也是养小苗时期。

1. 暂养海区的选择

要选择风浪较小，水流通畅比较安全的地方。还有水清、浮泥、杂藻等附着物较少和水质较肥沃的海区。

2. 适时下海

幼苗长到0.5~1 cm（最小不小于0.3 cm），同时海水温度降至20℃以下，在19℃左右最为适宜。将幼苗移入暂养海区。

3. 及时拆帘

随着幼苗逐渐长大，棕帘上小苗过于密集，出现相互遮光的现象。及时拆除棕帘，对小苗的生长极其重要。

4. 适宜的水层

拆帘时苗绳长度以70~80 cm为宜，最长不超过1 m。挂放的水层，初拆帘和初下海时水层稍深，一般保持在100 cm左右。随着幼苗的生长和水温的降低，逐步提升，一周后提至50 cm水层。这项工作要求根据各海区透明度的情况而定。

5. 施肥

幼苗下海后，应根据当地海水肥沃程度进行施肥。

6. 洗刷

下海后要及时洗刷，彻底清除浮泥和杂藻，以防烂苗。初下海的幼苗，应及时洗刷，彻底清除浮泥和杂藻，每天应洗刷两次。幼苗长大2 cm左右，应适当减轻洗刷，2~3 d洗刷1次。长到5 cm左右，即可停止洗刷。

7. 适时分苗

幼苗下海后，因个体差异，应及早分离个体大的苗，使小苗快速生长，早日达到分苗标准。这是提高下苗使用率的关键之一。要做到幼苗达到分苗标准就剔除，一般要少剔勤剔。

（七）夏苗的出库、运输

1. 夏苗出库

人工培育的小苗经过100 d左右的培养，当海水温度下降到20℃以下时即可出库，移入海水中暂养。出库前要适当提高光强，使其出库后对环境的适应能力增强。

2. 夏苗运输

运输的幼苗长度要求不超过 5 cm，不能太早也不能太晚。

四、秋苗培育

由于夏苗比秋苗产量高、成本低、劳动强度低等优点，因而夏苗已代替了秋苗。

（一）分苗前的准备

1. 种海带的准备

种海带的准备是从上一季度的生产开始。首先在上一季度分苗时，就要选择一部分生长好，叶片较宽，较厚，形状良好的幼苗，单独夹在苗绳上，与生产苗绳分开养育。其次，在度夏之前，将种苗绳及一部分从生产苗绳上选出的长势良好的海带集中起来，安置于浅水层培育，使之接受充分光照，以增强其在度夏期间的抵抗力。在度夏过程中，要采取一定的方法，以减轻腐烂，并不断清除藻体上附着的生物，防止由于风浪而引起的损伤，使海带在恶劣的环境中也能比较正常的生活，度过夏季，为秋后的采苗工作打下基础。

度夏后的海带，选择叶片仍然健壮，色泽优良，边缘整齐，附着物少，根部附着牢固，摩擦及腐烂现象较轻的海带，再按优劣程度分别集中绑于新的苗绳上，洗刷去有碍发育的附着生物，提升水层，使它有良好的发育条件。

2. 采苗槽好准备

采苗槽是盛采苗水、放置育苗器、进行采苗的工具，大规模采苗时也可采用采苗池。采苗时对采苗槽或采苗池进行检查、清洗工作，确保清洁、无杂质。

3. 育苗器的准备

长江以北海水透明度大的海区，育苗器一般采用大竹帘育苗器或者小竹片绳育苗器。南方浑浊海水区，一般采用棕绳育苗器。

4. 采苗

在9—10月间随时注意种海带的成熟情况，以确定采苗时间。海带孢子囊开始成熟时，可以看见页面上出现黄色，如云状孢子囊群，然后黄色逐渐加深，微微突出叶面孢子囊。从形成到成熟放散需要一个多月时间。当海带表面孢子囊群较多，颜色较深，宽面较高，以略带粗糙时接近成熟。此时可将海带阴干刺激，进行显微镜观察。

采苗培育的具体步骤与夏苗采苗的方法基本相同。

5. 育苗

（1）育苗区的选择

应选择水质较肥，潮流通畅，风浪不太大，杂藻较少的海区。采苗后，刚挂在海水里时应挂的深些。随着育苗的生长，要逐渐提升水层。并将下部分的提起、平起或提升倒置，使上下部分的幼苗，普遍受光，均匀生长。

（2）施肥

在肥水区育苗可以不施肥或少施肥，在硝酸氮含量低于10 mg/m^{3}的瘦区，应大量施肥。一般幼体达到50个细胞时，即可以开始施肥。可采用泼肥和挂袋相结合的办法施肥。

6. 安全

秋季育苗时，北方沿海常受寒潮袭击，因此要做好防风措施。

（二）分苗

培育在棕绳上的苗，不论是夏苗或秋苗，都是高度密集的。随着幼苗不断长大，由于高度密集，光照条件远远不能满足海带生长的需要，反而愈来愈妨碍海带的生长。在这种情况下，无法长成宽厚肥大的商品海带，甚至大部分海带由于长期受光不足而腐烂死掉。因而必须进行分苗。

1. 分散幼苗的标准

实践证明，分散的苗越大越好，在同一时期，用相同的处理办法，放养在同一海区，分散时苗大的，在以后生产过程中显著比苗小的长得快。一般认为最低标准是 10 cm 以上，以 12~15 cm 为宜。

2. 分苗时间

分苗的时间越早越好。一般夏苗是 10 月中、下旬出库，经过半个月的暂养，即可达到分苗标准。及时的完成分苗工作，对提高海带的产量和质量具有极其重要的意义。

3. 分苗操作过程和方法

分苗工作分为采苗、夹苗和挂苗三个工序。这三个工序操作得好坏，对海带生长和产量高低有着直接的关系。

4. 剔苗的方法

采用“大把摇拔”的方法较好。要注意幼苗的根部不得损坏，动作要快，要做到勤剔，少剔。尽量做到当天剔苗当天分散。

5. 夹苗方法

选取适当品种的苗绳，苗绳的长短，根据当地海况条件和养育形式来确定，一般采用 1. 5~2 m 长。

6. 挂苗的方法

挂苗的密度为一般苗绳间距 50 cm，苗水深应依据各个海区的透明度和养育方式的不同而有所不同。一般海区（透明度 1 m 左右）挂苗水深初期应在

80 cm 左右，经过一段适应时期后（两周左右）再提升到 50 cm 左右。

第三节　海上养育管理

一、养育方式

海带分苗之后，紧接着就应进行管理工作。海上管理工作之所以重要，是因为这期间是海带生长的主要阶段，只有充分满足海带对周围环境的要求，才能获得丰产。

海带生长发育的最根本的条件是光、温度、氧气、二氧化碳和营养物质。

海带养育的三种形式分为垂养、平养和斜平养。

（一）垂养

这是立体利用水体的养育方式。分苗之后，将苗绳垂直的挂在筏子下面（垂挂）。这种垂养形式在养育后期（一般在 4 月切尖后），虽然也要平养一个阶段，但这只是为了加速海带厚成的一个具体措施，而海带在主要生长时期还是在垂挂形式下渡过的。

（二）平养

这是水平利用水体的养殖形式。即分苗后，使苗绳水平的挂在筏子上。这种养育形式时间较长，是在水平形式下渡过的。

（三）斜平养

这是由前两种形式结合而成，在养育的前期实行垂养，中后期将苗绳斜平起来养育。很多时候在分苗后就实行斜平养殖。

实验证明，海带平养和斜平养都可增产。各个海区根据具体情况要灵活掌握。

二、养育期间的管理

（一）加强安全措施

海带养殖生产比陆地作物生产的不安全因素要大得多。因此在整个养育期间，需要进行很多的护理工作，以保证架子安全，减少苗绳和海带的损失。要搞好防风设备，摸清海况，抓住主要矛盾，重点加固，专人检查，发现问题及时处理。

（二）初期密养

海带在幼小时并不需要强光，对水流条件的要求也较低。因此在分苗后的养育初期可进行密挂养殖。这样可以充分利用海区集中使用肥料，同时还能减少肥料的流失，便于幼小海带对肥料的吸收，有利于幼小海带的生长。

随着海带的长大，要及时稀疏。稀疏时间的掌握，要根据当地的海况条件而定。当海带长达 1 m 左右，叶片已经形成一定的平直部分，即海带进入脆嫩时期。在密挂放养的条件下，已不能满足海带对光线和水流等条件的要求，海带生长开始变慢，叶片颜色也有变淡的趋势时，就应及时搬移稀疏。稀疏时，注意爱护幼苗。

（三）光线的调节利用

在整个海带养育过程中，调节受光是一项很重要的工作。海带在最适宜的水层中，接受充足的光线，这些是保证海带健康生长和防治海带绿烂的关键。除了垂养、平养，斜平养解决受光问题以外，还可以采用倒置的方法。

即根据苗身上不同部位的海带变化情况，将苗绳的下端移至上端，上下部位进行倒换，称为倒置。倒置时间不可过早也不可过晚。否则对于海带的生长都是不利的。倒置的次数，根据海带变化的需要情况进行，一般在整个养育期间倒置4~5次就可以了。

（四）浮泥的洗刷

浮泥在海带叶片上的沉积往往造成海带的白烂和点状白烂，特别是在悬浮物多的近海区域尤其严重，因此洗刷浮泥工作，应引起足够的重视。特别是进入5月以后，风平浪静，透明度增大，一些水浅流小，容易发生病烂的养殖区，更应抓紧海带的洗刷工作。

三、施肥

如果海区营养盐缺乏可以施肥，海带施肥主要以硝酸铵和硫酸铵为主。硝酸铵优于硫酸铵。根据不同区域选择不同的施肥方式。一般小苗时期挂袋施肥，幼苗后泼洒施肥。

四、病害及防治

海带养育期间的病害主要有绿烂、白烂、点状白烂、泡烂、卷曲病及黄白边等六种。从对生产威胁程度来看，在自然肥区主要是绿烂，在外海贫区则是其他几种病害。

（一）绿烂病

绿烂一般从叶片梢部的边缘开始，变绿变软，腐烂脱落，逐渐向叶片下部蔓延，严重时往往使叶片烂掉大半甚至烂光，而且腐烂速度相当快。防治的主要有：合理的放养密度和养育方法，及时调节海带受光条件，加强施肥，及时切尖等管理工作。当绿烂发生时，比较有效的措施有提升水层或倒置，切尖与间收，稀疏苗绳，洗刷浮泥等。

（二）白烂病

白烂病一般发生在5月。白烂是从叶梢的边缘变白腐烂，然后蔓延至叶梢，并逐渐向生长部方向扩展，速度很快。防治措施主要应抓住营养这一环节，做好施肥工作，使海带在整个生长发育过程中，充分满足海带对营养条件的需要。当白烂发生后，可采取降低放养水层，追施肥料、切尖和洗刷等。

（三）点状白烂

一般发生在5月前后，病烂情况是从叶片中部叶缘开始先出现一些不规则的小白点，在小白点的表皮细胞被破坏后，就腐烂成一个个小洞。随着小白点的增加和扩大，当洞与洞连接在一起时，使叶片变白腐烂或形成不规则的孔洞，并向叶片生长部、梢部和中带部发展。严重时整个叶片都腐烂。点状白烂发展很快，3~5 d内就使海带腐烂到极其严重的程度，因而给海带造成巨大的损失。点状白烂发病突然，病情发展迅速，没有很好的治疗措施，因而应以预防为主，主要是保持水流畅通，控制养育水层，避免突然受光过强。

（四）泡烂

泡烂是在叶片上发生很多水泡，当水泡破裂后，便沉淀上一些浮泥而变绿，烂成许多孔洞，严重时叶片大部分都烂掉。这种病多发生在夏季多雨时的浅水海区。因此在大量降雨前可将苗绳下降水层，以防淡水的侵害。

（五）卷曲病

卷曲病多发生在藻体长到60 cm左右的小海带期。发病时先在生长部

30 cm 范围内，藻体向光面的边缘或中带部变为黄色或黄白色，随后在叶缘出现绿豆大小凹凸网状褶皱或向光面卷曲。这种病多发生在浅水层，主要是由于突然受光过强而引起，因此在养育初期以密挂较好，水层控制在 80～100 cm 以下，水流要求通畅。

（六）黄白边病

黄白边一般是由于缺肥或光照不足，水温升高等原因所造成，因此在养育过程中要做好施肥工作，特别是在后期。另一措施是，适当推迟提升水层时间，一般可以在 5 月以后进行。

第四节 筏式养殖

筏式养殖方法，使人们摆脱了自然条件对海带生产的限制，从而为海带养殖开创了一个崭新的局面。在筏式养殖方法之前，应做好调研工作，尤其是养殖区的勘查。

一、底质

筏式养殖方法以平坦的泥底或泥沙底为最好，较硬沙底次之，稀软泥底也可。凹凸不平的岩礁海底则可利用石坨的办法养殖。

二、水深

水深的要求，根据采用的苗绳的长短和养育形式来确定。一般在冬季大低潮时间，能保持 1.5 m 以上的水深的海区，可采用筏式养殖方法进行生产。在其他条件具备的情况下，海水深一些会更好。

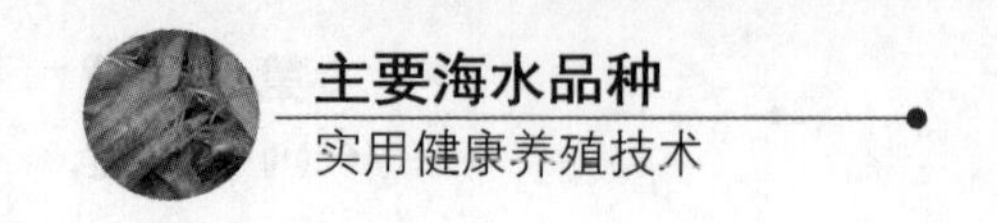

三、流浪

应选择潮流通畅，风浪不大，养育期间没有季节风或夏季风威胁的海区。

四、透明度

以水色澄清，透明度较大的海区为最好。在海带生长期间，透明度能够保持在 1 m 左右的海区，便适用海带养殖。南方海水较浑浊，透明度一般不到 1 m，因此采用短苗绳或平养的方法进行生产，比较适宜。

五、水质

海水含氮量一般是冬季高，夏季低。根据经验每立方米海水的硝酸氮含量，经常在 20 mg 以上的海区不必施肥，或少施肥。低于 20 mg 的海区必须施肥，才能生长出商品海带。

六、其他

除了上述条件外，在勘察养殖区时还必须注意污染情况，河水和淡水注入情况，船只航行以及养殖作业与交通运输条件等。

第五节　海底养殖

由于筏式养殖方法对海区的利用有一定的局限性，如低潮线下的浅海海区就不适合。海底养殖法可以充分利用浅海海底实现广种多收，增加生产。

海底养殖有利于多品种综合养殖生产。因为海底养殖海带后，这一海区将成为鱼、虾和贝类的良好栖息场所，这对开展海底的海参、鲍鱼、牡蛎、贻贝及其他鱼虾养殖是十分有利的。动物大量繁殖起来后所排泄的有机物，也能起到肥沃水质的作用，有利于海藻生长。

海底养殖方法，主要有投石养殖、沉绳养殖、投筐养殖、岩礁自然繁殖和梯田养殖等五种。

一、投石养殖法

这种养殖方法可用于低潮线下，不能进行筏式养殖的浅海、沙底的海区。投石的方法有两种：一种是不采孢子的直接投石法。依靠海底自然苗源，或者在投石后由人工沉下一定数量的种海带，使孢子在自然条件下放散，附着于投掷的石块上。另一种方法是采孢子投石法，即先将石块采上孢子，然后投掷在一定的海区。前者做起来简单，容易节省人力、物力，但是幼苗发生量的把握性较差，这种方法比较适合于海底有大量自然繁殖海带的海区。后者做起来虽然较麻烦，但把握性高，一般能保证生产出一定数量的海带。

二、沉绳养殖法

沉绳养殖法是采用分苗方法，将夹苗绳用石锚等固定基沉设于海底养殖生产。或者直接采孢子于苗绳上，不经过分散夹苗工序，直接平投于海区进行育苗并养殖生产。沉绳养殖法产量和质量较好。

三、投筐养殖法

在软泥沙质海底，既不适合筏式养殖，也不适合投石养殖的浅水区域，可采用投筐养殖法。这种方法是将采好孢子的苗筐或者捆好种海带的筐，先放入一些石块，然后沉入海底和梯田内。每亩投筐数量根据筐的大小，海水透明度和潮流大小而定。

四、岩礁自然繁殖法

这种养殖法就是在富有岩礁的海区，利用海底自然岩礁作为海带的生长基，由人工移植投设种苗，使之自然放散孢子，自然生长繁殖的方法。当种海带接近完全成熟时进行。沉下海带时，先将种海带取上岸进行较短时间的阴干刺激，然后在苗绳两端绑好一定重量的石块，争取在低潮时间从潮流的上方开始，使苗绳与潮流成垂直方向，将全部苗绳均匀的沉入海底。

五、梯田养殖法

一般海区总会在低潮线以上至高潮线的潮间带有一部分生产海带的岩礁，可采用梯田养殖方法。用拦水坝将海水堵成一个个水池，使这部分荒废的岩礁处在一定的水深中，就可以用来养殖海带，这样就能使近岸海区，从浅水到深水，从岩礁底到沙泥底质，从低潮线附近到高潮线下的岩礁地带，全部利用起来，从而扩大养殖面积。梯田养殖一般采用沉设种海带而自然采孢子繁殖的方法。在繁殖前，先在梯田中摆设一定数量的具有一定斜侧面的石块，提供海带生长所需要的有遮光面的生长基层，以提高梯田海带的单位面积产量。

第六节　收割与加工

一、收割时间

海带收割必须适时，过早收割海带薄嫩，含水量高，鲜品晒干后分量轻，质量差。过迟收割，造成海带在海中大量腐烂损失，甚至在叶片上附着一些海洋生物，从而降低质量。当海带成熟，重量停止增长时，就应该收割，一般筏式养殖先收割，其次为梯田养殖，再次是海底生长的海带。

二、收割方法

养殖方式不同，收割方法也不同。筏式养殖的海带的收割方法，通常把苗绳自吊绳上解下，用舢板装到岸上进行加工。

海带间收一般要进行5~6次，从6月中旬至7月中、下旬为收割期。对一绳海带来说，先收割厚成好的，黄白边梢严重的。当进入收割中后期，如果整个苗绳海带厚成均匀，可采取每隔一定距离有规律的间收。这种收割方法可以提高产量和质量，特别是在淡干海带时，采用以上两种方法，可以节省劳力，充分利用好的天气进行收割。

海底养殖收割的海带，因为水深主要靠潜水员下海进行收割，收割时应在每平方米左右留下一颗种海带，以便使它自然繁殖。

梯田养殖的海带，可在低潮时期将梯田内的海水排干，组织人力，将海带全部收割或连根拔起。根据海带的腐烂和厚成的早晚，一般应先割上层田，次为中层田，最后为下层田。

如果采用淡干法加工，海带收割工作，最好在每天上午前进行，争取当日割当日干，确保产品质量。

三、加工方法

海带的加工目前有淡干和盐干两种方法。淡干的产品质量比盐干好，加工手续少，节省人力干燥较快，色泽好，营养成分损失少。

（一）淡干法

每日收割上岸的鲜海带，必须早铺早晒，铺晒3~4 h后翻一次，在晴朗的天气里铺晒5~6 h后，海带可达到八成干，此时可将海带收起，次日再厚厚的摊开，经过短时间的通风干燥，即可整理包装。

（二）盐干法

将收割上岸的海带，连同苗绳一起运至腌菜场或者腌菜池后，以若干苗绳的海带铺成一层，然后撒上一层盐。这样铺若干层后即成为一个菜垛，最后用篷布或苇席等物盖好，用盐量一般是每 100 kg 鲜海带用盐 20~25 kg。封好的菜垛，一星期后即可进行晒干。

第七节　海带的养殖实例

一、南澳岛养殖实例

以南澳岛后宅镇养殖户为例，5 月下旬或 6 月初，选择已长出孢子囊群的健壮海带培育夏苗小苗。人工培育的小苗经过 100 d 左右的培养，幼苗长到 0. 5~1 cm（最小不小于 0. 3 cm），同时海水温度降至 20℃以下，幼苗长度不超过 5 cm，将幼苗移入暂养海区。夏苗是 10 月中、下旬出库，经过半个月的暂养，随着幼苗不断长大，必须分散幼苗。海带分苗之后，根据不同水深和环境进行生长，直至次年 6 月中旬至 7 月中、下旬收割。收割后的海带立即进行干燥处理，制成干品海带即可销售。

培育小苗时和海上养殖初期密养时少量多次施加氮和磷以补充营养盐。后期海带长成期间，进行藻体洗刷工作防止海带病害发生。

南澳岛后宅镇养殖户养殖的 85 亩海带，共收获海带干品 72 t，总产值近 20 万元，以每亩 1 200 条标准苗种计算，平均单产达到 847 kg 干品。

二、霞浦海带养殖实例

以霞浦海带为例，在海带收获前 1 个月进行选种，选择没有腐烂、外伤，藻体没有病害、畸形，外观平整的海带作为种苗进行培养。6 月上旬在海水温度达到 18~19℃，在海带中部形成大面积孢子囊，切去藻体 1/2，进行切稍。调整种海带养殖位置，并加大光照强度，再养殖两个月，到 7 月下旬，选无雨无风浪天气，日出前收获种海带。此时海带表面凸起，并有大面积的褐色斑块。将种海带移入育苗养殖池养殖。在养殖池内放置6~9℃的流动海水，铺设400目尼龙纱网。海带均匀铺设在养殖池内，育苗池宽2 m，长10 m，深0.4 m，每10 min取样1次，在10倍显微镜下有10~20个活泼游动的孢子，既达到目标，停止放散。取出种海带，过滤海水中的黏液及杂质，将棕绳编制的育苗帘按6层一垛的顺序均匀放在孢子水中，100倍显微镜下每平方厘米有15~20个孢子时，为附着成功。一般2 h左右就能附着完成。然后移出育苗池进行分池。分池前用撑杆和拖绳固定好育苗器支架，使育苗器处于距离水面10 cm的位置，育苗期间水温保持在6~9℃。孢子附着后至32列细胞前期，光照在2 500 lx以下，32列细胞至出库前光照在光照500~1 000 lx。幼苗50 d左右形成1 mm左右幼苗。当幼苗长至2~3 cm时，在海水温度下降至21℃时进行下海暂养。放入海中暂养时，苗绳之前间隔1 m，有助于幼苗生长。45 d左右暂养结束。约10月中旬，幼苗可以长到30 mm左右，拆帘分苗，进入海带长成期养殖。

霞浦沿海乡镇海带养殖总面积达到11.46万亩。2008年，加工海带丝4 000 t，海带结18 000 t，海带饼22 000 t。霞浦全县现有6 500亩养殖区。2008年，全县实现海带产值达13.33亿元，下浒镇2008年仅海带的养殖、加工，全镇农民人均平均纯收入增加额就达1 500元，占人均收入总额的29.8%。例如：下浒镇石湖村现有752户3 166人，2008年全村共养殖海带3 300亩，鲜海带产量达64 994 t，干品海带10 000 t，产值6 000万元，扣除成本3 108万元，全村养殖海带纯收入2 892万元。全村人均养殖海带纯收入9 135元。村民黄光寿一家4口人，2008年海带养殖15亩，产量45.45 t、产值27.27万元，扣除成本13.70万元，纯收入13.57万元。

海带产业的发展，还推动了农民就业，下浒镇从事海带生产的村民达2.5万人；同时，全县10 000多人的农村剩余劳动力转移进入海带加工产业，直接受益群众达15万人。海带产业已成为霞浦县农业产值增长农民增收的有力支撑。

第五篇　海珍品养殖

第二十章
刺参养殖

刺参（图 20-1），俗称“沙口巽”，属棘皮动物门，海参纲，仿刺参属。一般生活在 2 ~ 40 m 深的海底，水深超过 20 m 的海区其栖息数量明显减少。刺参是我国有记载的 21 种食用海参中唯一分布于黄渤海区的温带种，也是世界海参类中品质最佳、经济价值最高的种类。它主要分布在北太平洋沿岸，在俄罗斯的远东地区、日本、韩国、朝鲜等地沿海均有分布，但以我国的辽宁、山东、河北等省沿海的产量最大。刺参作为一种珍贵的海味被列为“八珍”之一。在海参家族中，品质比较好的是山东半岛和辽东半岛的刺参。据《本草纲目 · 拾遗》中记载，“辽东产之海参，体色黑褐，肉嫩多刺，称之辽参或海参，品质极佳，且药性甘温无毒，具有补肾阴，生脉血，治下痢及溃疡等功效”。因其药性温补，足敌人参，故名海参。刺参分布于中国的黄海、渤海交界处蓬莱海域、辽宁、山东和河北沿海，主产于烟台、青岛、大连、威海等，捕捞期为每年 11 月至翌年的 6 月，尤其是 6 月和 12 月捕捞量最大，7—9 月是刺参夏眠季节。随着养殖技术水平的提升，刺参也开始在福建一带进行规模化养殖，不过受海水温度影响，目前南养刺参一般只有 12 月至翌年 5 月捕捞。我国国内的刺参产地主要是北方刺参和南方刺参之分，北方市场形成了以山东刺参和辽宁刺参为主的两大主流板块，南方涌现出以福建为代表的新兴板块。国内最好的海参是来自北纬 39℃的大连獐子岛野生海参，这里远离陆地，海水纯净无污染，海参生长期限长，因此所产的野生海参肉质劲道、壁厚、营养价值最高，是海参中质量最好的一种，但产量相当有限。

图 20-1　人工养殖刺参

刺参人工育苗及增养殖技术研究由水科院黄海水产研究所、辽宁省海洋水产研究所、山东省海水养殖研究所等于20世纪80年代初，联合进行育苗技术攻关，在80年代中期获得重大突破，确立了人工育苗技术生产工艺。在此后的30余年，我国北方沿海地区诸多育苗生产单位，相继开展了刺参人工育苗生产，生产规模不断扩大，现在每年生产的刺参商品苗已突破亿枚，甚至高达数亿枚，居世界榜首。

第一节　刺参的生物学特性

一、外部形态

刺参体长一般约 15 cm，最大 40 cm，直径 30 mm，其形似黄瓜状，体呈圆筒状，略扁平，背面隆起，上有 4~6 行大小不等、排列不规则的圆锥形疣足。腹面平坦，管足密集，排列成不规则的纵带。口偏于腹面，肛门位于体后端，略偏背面，生殖孔长在头的背部，距头部约 1 cm 处，此孔在生殖季节呈凹陷状。体色一般多为青灰，少数为赤褐色，此外在大连还有名贵的白色刺参。刺参可随意改变体形，还有利于它们潜伏在岩石下或钻进礁缝中去夏眠或隐居。

二、内部构造

刺参的内部构造比较复杂。无心脏、无肺但消化、排泄、呼吸、血管、生殖、神经系统却样样不少。它的体壁内有一层薄膜叫“体腔膜”和五条纵向的“肌肉束”。这些薄膜、肌肉束，人们在水发刺参时必须把其剥掉，海参才会舒展开来。刺参的消化系统极为发达，食物吞进口中就直接送到食道、无胃，但肠子异常发达，黄色，又长又壮，肠管长度为体长的3倍以上 。这黄色的肠管既能消化，又能吸收营养，最后转制成高级蛋白质。因而，每头海参都像是海底的一座座小蛋白质加工厂。刺参为雌雄异体，极少数为雌雄同体。刺参外形上很难区分雌雄，生殖腺呈多岐分枝状。成熟时雌参生殖腺为橘红色，雄参生殖腺呈乳白色。

三、排脏和再生

刺参在受到强烈刺激时可将其内脏（包括消化管和呼吸树）全部排出体外，称为排脏现象，通俗说法叫做“吐肠子”。引起排脏的原因有很多，主要有海水污浊、水温的突然升高或突然降低等物理和化学刺激。另外刺参离开海水时间过长或生活环境遭到油污污染时，还深的身体（体壁）会自动溶化，称为自溶现象。刺参的再生能力也很强，若将其肉刺切除，5~7 d后出现小的隆起，30 d后完全愈合；若将触手切除，7~10 d后伤口愈合并呈突状隆起，25~30 d后再生至和原来等长的触手，能够正常的摄食活动；若在体背或腹部切开2~4 cm的伤口，经5~7 d后会自行愈合。将刺参横切成两段，虽然5~7 d可愈合，但死亡率很高。消化道、呼吸树的再生速度随刺参个体所处的不同时期而有所不同。在刺参生活周期的恢复期内，其再生速度特别快，“吐肠子”后的25~33 d就能完全恢复，而其他时期则需要8周甚至更长时间。

四、生态习性

刺参生活在波流静稳，海草繁茂和无淡水注入的地方。底质为岩礁或硬底，刺参是一种能耐受很强压力的动物，从几米到几千米都能正常生活，一般多在3~20 m深的海底 。幼小个体多在潮间带石板下。刺参长期生活在光线不足的昏暗海底，喜欢弱光。刺参产卵、排精季节为5—7月，一般在夜间进行，遇到强光刺激身体收缩，刺参性温和，没有锐利的自卫“武器”和迅速游动的本领。常钻入礁洞中，潜伏于岩石下或隐居海藻丛中和泥沙中以逃避敌害。

刺参对环境有较强的适应，当大风暴来临时，都要寻找安全的场所。夏季水温升高时，海参要在既安全又安静的场所夏眠。刺参寿命一般为3~5年。

五、摄食

为查明刺参的食性即食物组成，国内外学者对不同底质生活的刺参做了大量的调查研究，由于所选取的对象不同，其结果也有所差异。木下及田中对日本北海道产的刺参消化道内容物的分析表明，其组成为颗粒大小不同的沙泥粒、砾、贝壳片为主体，包括混在其中的硅藻类（60种）为主的底栖植物、海藻碎片、虾蟹类的脱皮壳、大叶藻、木屑、尘埃及细菌类等。多数研究者认为，刺参的食物与栖息的环境，特别是底质有着十分密切的关系。有人发现其消化管中有1.5 cm×0.7 cm的贝壳，有的还发现有甲宽4~5 mm的稚蟹达37尾之多，也有人发现其消化管有大量的苔藓虫等，这些均与海底生活的生物类群有关。近年来，俄罗斯一些学者的研究表明，微生物及细菌等也是刺参重要的饵料来源。

刺参由于没有齿舌，其摄饵主要靠其触手的不断交互活动（扫和扒），即用触手的先端慢慢地黏附饵料并送入口中，它扫、扒海底表层食物的能力很强，即使是体长2~3 cm的幼小刺参也能扒取海底表层3~4 mm深的饵料。摄食量（湿重）依个体大小及季节的不同而变化，摄食率与个体大小无关，只与季节有关。8月中旬的摄饵率为体壁重的0~10%，12月上旬为5%~35%，3月上旬为20%~45%。刺参的食量很大，通过测量，体壁为100 g重的个体，其每年摄取的沙泥量为6. 8 kg，200 g的个体为13. 1 kg。当海水温度达20℃以上时，成参就潜入深水隐蔽处，停止摄食，排空消化道，进入夏眠状态。

六、繁殖习性

刺参为雌雄异体，外观上很难辨别。生殖腺为树枝状，向前有一总管为生殖管，开口于体背面。成熟后，卵巢呈杏黄色或橘红色，精巢为黄白色或乳白色。要想养好刺参，必须仔细研究其繁殖习性，我们来看个实验：此实验要在6—7月做，将两个培养池中注入鲜海水，一个注入温度低于10℃，一个注入温度为20℃的，然后在每个池中各放入6月下旬捕获的性成熟亲参，其中的雌的放6只，雄的放1只，然后注意观察。结果发现：在傍晚18：15，刺参活动加强爬到水面和空间交界处，而且多集中在水池角落处，翻转身体，腹面朝上，背面朝下，抬起前端，徐徐左右摆动，触手充分伸展，然后雄参排出一股呈灰白色，略带亮光的细烟，向下方延伸，逐渐散开。过42 min，雌参排出一股呈云烟状，略带灰黄，延伸、散开。雄性个性摆幅度小，雌性个体摆幅度大，排放时间25 min，间断进行。

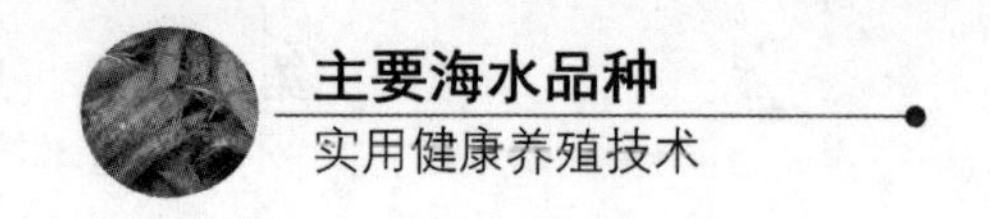

第二节 刺参的人工育苗技术

一、设备与场地

育苗室配套设备有泵房、沉淀池、过滤罐、高位水槽及饵料室等。另外，要配备适合的管道。

育苗室应选择在靠近海边，并适宜建造育苗室的地方，特别是取水口要选择在岩礁底或沙底的地方。育苗室宜选在海水清澈，水质新鲜无污染，并且最好是背风，水深的湾口处。在小潮或低潮时也能取水的湾口是最为理想的。

二、亲参的采捕和蓄养

（一）采捕

目前，多数育苗单位获取的受精卵仍靠亲参的自然排放。为确保获取足够数量的受精卵，不仅要采捕一定数量的亲参，而且要做到适时采捕。采捕过早，由于室内蓄养条件差，又不投饵，亲参尚未发育成熟的生殖腺在长期蓄养中将萎缩变细；采捕过晚，亲参在自然海区将性产物大量排放，会错过获卵机会。亲参的采捕应在亲参产卵盛期前 7～10 d，即在自然海区水温达 15～17℃时为宜。采捕亲参多由潜水员进行，每次在海底拣取的亲参不宜过多，避免因互相挤压而造成排脏。潜水员及其他作业人员的手及使用的容器，要绝对避免油污，因油污会使刺参体壁自溶（俗称化皮），因此需特别加以注意。采捕的亲参个体体长最好在 20 cm 以上，一般为 25～30 cm，体重为 200 g 以上，这样才能保证其有较大的产卵量。

（二）蓄养与管理

亲参入蓄养池前要去掉已排脏及皮肤破损受伤的个体，以免在蓄养中继续溃烂并影响其他个体。经试验证明，在水温 18~20℃时，每立方米水体可蓄养亲参 50 头左右，但如果亲参个体偏大，可适当降低密度至 30 头。蓄养期间一般不投饵，每天早、晚各全量换水一次，换水前，应清除粪便及污物，并拣出已排脏的个体。近产卵时，早上换水前应吸底检查是否已有产的卵。

（三）人工促熟培育

通过人工升温促熟培育可使亲参提早产卵 20~30 d。这样，一方面可在当年培育出大规格的参苗；另一方面由于可提早采卵，不仅可以应用不耐高温的小新月菱形藻做饵料，还可以避免高温季节敌害生物（如桡足类、海蟑螂幼体）的危害。

亲参升温促熟日升温幅度不超过 1℃，当温度升至 13~15℃时要进行恒温培养，因为这是亲参摄食最旺盛的时候，刺参又有夏眠的习性，所以温度不宜升得过高。在产卵前 7 d 左右才可将温度升至 16~18℃。

三、获卵与授精

充分成熟的亲参在 7 月上旬至 8 月中旬为产卵盛期。此期间室内如蓄养亲参 500 头左右，可自然产卵 20~30 批之多，总产卵量高达四五亿粒，完全可满足育苗的需要。

有时为了集中采卵，也需进行人工诱导刺激，其方法是：将经挑选的亲参阴干 0. 5~1 h，然后再用流水缓慢冲流 40~50 min。经刺激的亲参放入事先升温 3~5℃的海水中。采用上述方法一般多在傍晚 17：00 左右进行，经刺激的亲参，多于晚 20：00—20：00 开始非常活跃，并爬于近水面的池壁。产卵、排精前，其头部多左右摇摆。通常，雄性个体先排精，这也是对雌性个体的一种刺激，接着雌性个体排卵。精、卵均从其头前背部的生殖孔排出，精子呈白色烟雾状细线，卵呈橘红色细线。精、卵排出后渐渐在水中逸散开。有时，经刺激的亲参当日不产卵排精，而在刺激后的第二、三天夜间产卵排精，应密切注意。

由于亲参在外观上难以鉴别雌雄，在其产卵、排精时，为避免精子过多而败坏水质，影响孵化，因此要将排精过多的雄性个体及时拣出放于它池。

精、卵产出后即在水中受精。试验证明，过多的精子并不影响卵的正常受精及发育，只是在高温时，如不及时洗卵，过多的精子会败坏水质，影响受精卵的孵化。此外，在水池育苗时，卵的收容密度应控制在 10 个/mL 以下，以免受精卵过分沉积于池底而造成缺氧。

第三节　刺参的养殖技术

一、池塘的建造与培水

（一）养参池塘的建造

据刺参生物学的习性要求，结合实际情况建造适宜刺参生长的池塘，通过人工参礁的形式，满足刺参对底质要求。参礁以扇贝笼、空心砖、遮阳网、多孔管等透水性好的材料为好。礁石参礁局部污染重，水交换差，生产中发现大石头堆参礁养殖时间一长，不能为海参创造最好的生活环境。水源的水质理化指标要符合刺参养殖用水标准。

（二）清塘消毒与培水

保持水深 30 cm 左右，用生石灰或漂白粉进行全池消毒，生石灰用量

150～200 kg/km^2，漂白粉 15 kg/km^2，消毒结束，池塘进水。水质透明度太大，可用无机肥或发酵的有机肥肥水，培养水中的基础生物饵料，用量：无机肥 3～5 kg/km^2，有机肥 30～50 kg/km^2。池水稳定半个月后，有益生物大量繁殖，有益藻类附着人工参礁。此时可准备投放参苗。

二、刺参苗种的选择与投放

（一）苗种生产场的选择与苗种质量鉴别

1. 苗种场的选择

选择信誉好的育苗场家。其生产过程符合健康养殖要求，选用营养全面的饵料，用符合刺参正常生长规律的培育方法。其生产的参苗健康，抗应激，成活率高，生长潜力大。苗种的好坏是决定养殖成败的关键，选择必须慎之又慎。

2. 健康的参苗

体表干净完整，无黏液，色泽鲜亮，参体粗壮，伸展自然，肉刺坚挺，皮厚，自然排水能力强，嘴收缩的紧，管足附着力强，对刺激反应敏感，摄食旺盛，粪便呈短条壮。

3. 质量差的参苗

体色暗淡，体表黏滑挂脏，刺短而不尖或无刺，不伸展。化皮现象：疣足尖端开始溃烂，严重时身体有部分溃烂，甚至全身溃烂，自溶。肿嘴：围口部外突，肿胀，环水管膨出，严重时触手僵直，自由活动受阻。摇头：身体扭曲，后部附着不动，前部抬高反复不停地扭曲、转动。严重时整个身体麻花状扭曲，身体失衡附着无力。僵化：身体僵直，钙化成白色，体不透明，皮质层呈坏死状。

（二）刺参苗种的投放

1. 运输方式

实际生产中多采用干运法。用保温泡沫箱，低温干运。运输时间控制在10 h以内，防止挤压。

2. 放养方式

放养主要是直接投放式（适于600头/kg以上的较大规格苗种）运回的参苗直接投放，均匀撒到参礁所在的水域，生产实践证明，投放大规格苗种，生产效益好且明显。

3. 投放密度

据生产条件适当调整，一般情况下，投放600头/kg以上的大苗，以10~20头/m^2为宜，规格越大，单位面积投放的量可少一些。经过一个生长期的管理，可据成活率，生长情况，适时适量补充苗种。

4. 放苗的水温

春季放苗水温高于12℃，秋季放苗水温高于9℃，成活率高，生产效果好。

5. 放苗的过程

盐度差小于3，温度差小于2℃，且变化要缓慢进行。为保险起见，可先用少量刺参苗试水。

三、刺参养殖的管理

（一）刺参对水质的要求

1. 水温

耐受范围3~34℃，适宜温度为5~20℃，最适生长温度13~18℃，低于

5℃时停止摄食。较长时间低于0℃或高于30℃对养殖危害大。

2. 溶氧

生存要求3 mg/L以上，适宜生长的溶氧要求5 mg/L以上。

3. 盐度

适宜的盐度范围18~33，最适的盐度范围26.5~32.5，变化范围为渐变范围。

4. pH值

适宜范围7~9，最适范围7.6~8.6。

5. 氨氮

水（废水）中氨氮含量指标≤0.02 mg/L。

6. 亚硝酸盐

≤0.1 mg/L。

7. 硫化氢

不得检出。

8. 透明度

以50 cm左右为好。

（二）池塘养殖中各水质理化因子变化的管理措施

1. 温度

是决定刺参存活、摄食、生长、夏眠的重要指标，同时对水体和底质中各种理化因子和生物因子的变化有着较大影响。最大限度地创造适温环境，才能延长生长时间，同时任何时候控制温度变化应缓慢进行。冬季来临适时增加池水深度，一定要注意溶氧和底质的变化。早春温度回升，池水排低，加快水温回升。进入夏季，水温超过适温范围，加深池水，换水尽量在后半夜进行。在冬季封冰前和夏季进入高温前，可通过人工纳水加深水位，有条件的地方可通过加海水井水或工厂化养殖和育苗用水的低温水，调整养殖用水温度趋向适宜范围。

2. 溶氧

适宜的溶氧对刺参的存活、生长、繁殖有着积极的促进作用。溶氧能促进水中有机物降解，直接氧化水体和底质中的毒害物质，降低或消除其毒性。提高刺参对其他不利环境因子的耐受能力，提高抵抗疾病和抗应激能力。管理措施：池底彻底清淤，控制合理的放养密度，科学投喂优质全价饲料，调节藻类生长繁殖，光合作用增强，天然增氧效果明显，同时有利于刺参摄食。冬季封冰要透明，下雪后要扫除冰面积雪，保持冰面 2/3 的面积透明，3~5 km^2 打一个冰眼。适时注意溶氧动态，灵活进行人工增氧。养殖过程中使用化学增氧剂，用颗粒状固体增氧剂效果好，用沸石粉等吸附型水质改良剂不科学，它的使用可造成底部有害物质局部浓度过高。刺参营底栖生活和运动能力差，对底质和水质要求都比较高。适时排换水，保持高溶氧水的不断补充。

3. 氨氮

氨气是非离子氨，对水生生物有毒。铵根离子是离子氨，本身无毒，但可以转化为氨气，因而具有间接致毒效应。pH 值增加一单位，NH_3 在总氨氮中所占的比率约增加 10 倍。在 pH 值 7.8~8.2 范围内，温度每上升 10℃，氨气在总氨氮中的比率增加 1 倍，溶氧在含量较高的情况下，有助于降低氨氮毒性。盐度上升氨氮的毒性升高。保证氨氮（NH_3-N）≤ 0.02 mg/L 的管理措施：清淤、消毒池塘，适时适量加换新水，增加溶氧，适量投喂优质饵料，控制水体 pH 值，使用底质和水质改良剂：主要有光合细菌、硝化细菌、芽孢杆菌三大类，效果良好。

4. 亚硝酸盐

其浓度达到0.1 mg/L时，刺参血红蛋白量逐渐减少，造成刺参的呼吸困难，从而导致刺参不能正常摄食，影响正常活动能力和生长速度。浓度达到0.5 mg/L时，刺参的某些新陈代谢功能失常，体力衰竭，不落池底，集结在参礁石堆中，很容易引起腐皮综合征的发生。主要通过加换新水，降低水中氨氮的含量，保持水中较高的溶氧水平，在饲料和水中使用微生态制剂，在饲料中添加高剂量的维生素C，减少亚硝酸盐对海参的危害。

5. 盐度和透明度

刺参是适高盐范围比较小的生物，盐度变化要相对稳定，换水水源的盐度变化一定要心中有数。夏季大雨后注意排淡，早春化冰后注意排淡，已防盐度剧变和形成淡水层。大雨后引起pH值下降超标，可用生石灰20~30 kg/km^2 调节pH值至正常范围。适宜的透明度是创造刺参生长良好条件的基础，它是水质综合指标趋向合理的直观现象，适时调整好水色，是生态养殖、健康养殖的捷径。

6. 其他理化因子

养殖用水中硫化氢、各种重金属离子含量、农药残留等都必须控制在符合养殖用水标准范围内，才能保证刺参养殖健康持续发展。

（三）刺参的营养需求与饲料投喂

1. 刺参的营养需求

刺参对营养的需求，有蛋白质：包括10种必需氨基酸，脂肪：多种必需脂肪酸、碳水化合物、十多种维生素和矿物质等。粗蛋白含量20%~23%，粗脂肪含量≤3%及其他营养全面平衡的全人工配合饲料，基本能满足刺参不同生长期的需求。

2. 投喂饲料的必要性

刺参养殖放养的密度较大，单靠天然饵料生长慢，养殖周期长，影响成活率。沙质底的池塘自然饵料缺乏，更应投喂。投喂人工饵料，可缩短养殖周期，降低染病几率，降低养殖风险，提高产量，降低养殖成本，提高经济效益。

3. 投喂的时间和方法

选用优质的全人工配合饲料或海藻粉进行投喂 。春季3—5月，越冬后水温回升进入刺参生长适温期，而整个冬季和早春水温低，饵料生物繁殖严重不足，此时刺参进入摄食旺盛期，应进行人工投喂。夏眠期间（7—9月）不投喂，夏眠结束（9月中旬左右）。经过几个月的夏眠时间，饵料生物有一定量的繁殖积累，开始可适当少投一点人工饵料，水温降至18℃，进入刺参生长最适温期，要加大投饵量。5℃以下基本不摄食（1—2月），停止投喂。实际生产中，秋季结束夏眠的海参在不投饵的情况下，1个月内生长速度快，观察池内刺参摄食过的参礁面积越来越大、越干净，刺参爬下参礁入滩，表现出饵料缺乏，以后虽在适温范围，但生长速度下降明显，而投喂饵料的刺参池刺参生长情况良好。养殖过程中饵料投喂量据池中饵料繁殖情况和刺参的摄食强度，基础饵料多少适时调整。投喂量为刺参总重量的1%~6%。投喂次数据各自情况可以每天一次，也可3 d一次，一周一次。少量多次投喂效果比较好。投喂时把配合饲料浸泡湿，然后据刺参在池中的分布多少，适量均匀泼洒在参礁及其附近水域。

第四节　刺参的增殖措施

一、刺参种苗的中间育成

为提供增殖放流与养成用的大规格参苗，需将体长 1 cm 的参苗经过海上中间育成使其体长达到 3 cm，然后再用于放流或增养殖。

（一）场地的选择

以不投饵为条件的刺参中间育成，其场所必须选在有机物和浮泥能够较容易进入并沉积于育成笼内的泥底内湾处。该处必须风浪较小，有机悬浮物较多。所用器材为改良的鲍中间育成笼，金属框架规格为 60 cm×60 cm×30 cm，外包网目为 1.4 mm 的网片，笼内铺设黑色的波纹板。

（二）放养密度及育成

中间育成幼参放养的适宜密度每笼应以 400 头左右为好。经中间育成后的一部分种苗以每笼 30 头的密度继续进行不投饵养殖，大约经过一年，平均体长可达 8.4 cm，最大个体可达 13 cm。

（三）问题与展望

不投饵中间育成的主要费用开支是设施费。在高密度放养情况下，刺参生长所受的影响可能来自两方面：刺参相互挤压和饵料不足。应开发多段式波纹板笼以增大附着面积，并进一步探索采用天然杂藻或腌制的等外裙带菜等廉价饵料补充投喂，同时研制适于投喂的高效的人工配合饵料，以加快其生长。

二、刺参的放流增殖

（一）放流增殖区的选择

放流区的选择原则是：首先，应选择风浪小，水质清新，潮流通畅，无污染的海区。因为海区如有严重污染或海水比重偏低，在洪水季节又有大量淡水流入的河口区，往往会给增殖的种苗带来致命的威胁，这是必须注意的重要条件。其次，就底质来说，放流区应选择在沙泥底的海区，若海区底含泥大则不利于刺参种苗及成参的生长。对幼参而言，选择在有大叶藻或其他大型藻类分布的区域更为有利。种苗放流区的水深一般可在 3~5 m，最好不要超过 10 m。此外，为了检验放流结果，放流区可选择在条件适宜，而无刺参资源或刺参资源很少的地区，或原来有资源后因捕捞过度而造成现有资源很少或已无生产价值的区域，这样的区域便于观察和检验放流效果。对已选定的放流区必须严格管理，当地渔民及主管部门应积极配合科研部门进行放流试验。

（二）增殖的途径

刺参的增殖一般有两种途径：一是移殖种参；二是放流种苗。移殖种参宜在适于刺参成体生长的海区进行。原来没有资源或资源已遭到破坏的地区可以移殖种参，但移殖的数量应尽量大些。移殖后要严格管理，使移殖来的种参能在此安家落户并繁殖后代。放流种苗，目前主要是放流室内人工培育的种苗，特别是随着人工育苗技术的进步，已能为放流提供较大数量的种苗。

（三）放流方法及效果

种苗放流时不能在水面泼洒，应将种苗装入事先备好的梯形网箱中。网箱架由铁筋焊成（铁筋直径10 mm），梯形，下底长、宽各为60 cm，顶面长、宽各为50 cm，高为30 cm。梯形铁架放入海底稳定性好，不易翻滚，但为安全起见，可在下底两侧各系上一块重石。网箱框架外可罩上纱布或纱窗网（网孔为0.5 mm）。网箱装入种苗后，由潜水员带入海底，放在事先勘察好的场所，然后在网箱底边开口，让幼参自动爬出并向四周分散。用这种方法放流的好处是，幼参可在网箱内稳定后自动爬出，避免因其未恢复附着力或未附着在附着基上而被潮流冲走，也可避免因泼洒放入增殖区而被鱼等动物吞食。放流后，要由潜水员定期检查参苗的成活及分散情况，以及是否有敌害侵袭，如有应及时清除。此外，还应定期测定参苗生长，观察其活动及移动范围，并测定其成活率等。

第五节　刺参的采捕与加工

一、刺参的采捕方法

依地区不同，在采捕时间和方法上也有所不同。一般每年分两期采捕。春季（称为春参）多从清明前后至6月1日为止；秋季（秋参）多从10月至小雪或大雪（12月上旬）为止。采捕期的确定，主要应从繁殖保护来考虑，产卵期应禁捕；此外，也与刺参的“夏眠”有关。当亲参资源不足时，春季最好不捕，但从产品质量上看，春季捕的参质量好，商品价值也高。

一般用潜水船由潜水员采捕，这是目前主要的作业方法。潜水船一般4~5人作业。也有用小型汽船拉海参网（俗称参耙）拖捕，作业时应选择较为平坦的作业区进行，并应选在好天气时作业。此时，海参的头部抬起觅食，便于拖入网内。

二、刺参的加工

（一）除脏

采上的刺参出水后即用刀从头部或尾部背侧剖开，取出内脏，刀口的长度以体长的30%为宜。除脏后的刺参称为皮参。

（二）煮参

将皮参放入锅内水煮，用水量以浸没参体为宜，但应注意皮参要在水煮沸后才能下锅，下锅后要不停地翻动，以免贴近锅底化皮、损坏质量，同时要及时除去表层的浮沫。水煮的时间约30 min，其标准是水煮后要达到参体皮紧、棘硬、刀口发金黄色。

（三）盐渍

煮好的参捞出凉透后，放入缸内，加盐30%搅匀。盐渍保存的时间可达2~3个月或更长。盐渍后的刺参称为盐水参。

（四）烤参

将盐水参再进行第二次水煮称为烤参。一般是将水煮开后加15%~30%的粗盐，待盐溶化后将盐水参倒入锅内，煮沸30~50 min。烤参的标准是出锅的刺参的表皮立即显干，并有盐结晶出来，如未达此标准则应继续再煮。

（五）拌灰

烤好的刺参应立即出锅，趁热拌以草木灰。以柞木灰为最好，用这种灰拌的刺参色黑，干得也快，而其他草木灰拌的参，往往颜色不正，干得也慢。

（六）晒干

拌灰后就晾晒干燥。经反复晾晒所得的刺参应该是刺硬，个体完整无缺，此为参中之上品。

第六节　刺参养殖的病害防治

一、注意事项

近年来，养殖海参的效益可观，不少人竞相养殖，由于上马仓促，技术不过关，使病害频发，成活率降低，养殖效益不一，有的甚至亏本。究其养殖失败的各种原因，主要是技术不过关，盲目放养。其实，科学放养是取得养殖成功的首要环节，现就刺参放养应注意的问题做一介绍。

重视池塘建设，参池条件好坏对养殖能否成功影响很大。养参池最好避开养参密集区，尽量选择在海区较近，潮流通畅，能纳自然潮水，附近无大量淡水注入和其他污染源，水源水质条件要好，盐度范围最好在28~33。适于刺参摄食的基础饵料生物丰富，尤其是底栖硅藻数量充足。池塘底质以较硬的泥沙底为好，水深达到2 m以上。进排水渠道分设，池底不能低于海水低潮浅，排水闸门建成在参池底部的最低位，以使底层水体能够排净。

池塘建好后，要附设参礁，要因地制宜选择适宜的筑礁种类，并按照标准堆放，通常多选用投石筑礁，一般每堆石块不低于2 m，每个石块不低于10 kg，投石的行距4~5 m，堆距2~3 m为好，前提是以有利于海参的栖息度夏，有利于藻类的附生，并为海参正常生长提供良好的空间及饵料。另外，也可用空心砖、水泥管、瓦块、废旧轮胎、扇贝养成笼、废旧网片、陶瓷。

二、病害防治

（一）海参发病特点

海参养殖业快速发展，而疾病防治技术相对滞后，加之缺乏卫生和防病意识，疾病发生有连年加重之势，波及范围广，死亡率高，造成的经济损失严重。从广泛的流行病学调查结果来看，海参病害以细菌性疾病为主，其病原也具有多样性和复杂性，而且在环境恶化和受疾病感染时，海参容易“排脏”或发生解体，吐脏后失去摄食能力，无法进行口服治疗，因此海参的疾病治疗难度较大。

另外，在海参养殖过程中，具有“冬”“夏”2个休眠期。在休眠期内，海参活动力弱，不摄食，抗病力差。因此，在人为圈养条件下，一旦在这一时期养殖环境恶化，极易发病，而且难以治疗。

（二）疾病综合防治要点

海参疾病控制应以健康养殖，疾病预防为主。定期消毒池水和使用底质、水质改良剂，加上其他管理措施配合得当，刺参养殖能顺利进行。实际生产中，以二氧化氯等消毒剂为主，经济实用，每半个月左右使用一次，可操作性强。再者，使用微生态制剂改良水质、底质，效果良好且无副作用，生产上应积极推广使用。科技的发展，符合健康养殖的绿色渔药一定会不断面世，给刺参养殖起到保驾护航的作用。生产过程中，关于其病害防治技术措施主要有以下几个方面：

①在饲料投喂方面，要保证饲料的新鲜和清洁，特别是要严禁直接投喂海泥。

②选择亲参和买苗时要进行健康检查，保证其不携带致病原入池。肉眼

检查时，选择体表无损伤，身体自然伸展，活力好，管足附着力强，摄食活泼，所排大便较干呈条状者。如有条件可采用显微观察、解剖和微生物分离等手段，进一步确认其健康程度。

③发现有海参患病后，应遵循“早发现，早隔离，早治疗”的原则，及时将未发病个体与发病个体分开分别处理。身体已经严重腐烂、开始溶化的个体拣出后进行掩埋处理。未发病和病轻的个体可用海参专用药品进行治疗。

④加强卫生管理，所用养殖用具、容器应经常消毒并专池专用，避免交叉感染。

⑤育苗用水要经过二级砂滤或紫外线消毒，保证清除水体中多数微生物、敌害生物和有机物杂质。

⑥海参培苗密度要适宜，要做到适时清池，及时清板（附着基），减少养殖环境中有机物总量。

⑦育苗期间，应经常通过显微镜观察海参幼体发育情况，及时发现育苗体的病变情况并及时采取措施。

⑧室外放养之前应彻底清除过多淤泥，投放适宜、充足的附着基，创造良好的生态环境，以利于海参的生存和生长。

⑨海参多在冬春季低温、不摄食的情况下发病，增加了治病难度。所以应采取“冬病秋治”的防病策略，即根据当地实际情况，筛选高效、低毒的抗菌药品，在入冬前口服药品，从而使海参体内积累一定浓度抗菌素来增强抗病力。

⑩通过提高水深和加大换水量来控制池水水质和透明度，防止养殖池内累积大量的烂泥和滋生大量的敌害藻类。

⑪破除“海参不会得病，放苗入池塘后等收获就行”的传统观念，加强日常管理，经常巡池观察池底清洁状况以及海参活动状态，体表变化，摄食与粪便情况，定时测量水质指标和海参生长速度，发现问题及时解决。定期使用底质改良剂来改善海参栖息环境，控制病原微生物数量。

第七节　刺参的养殖实例

大连市金州区海发水产养殖公司2013年池塘养殖刺参实例。

（一）养殖池状况

沙泥底质，每口池塘30~45亩，底质为沙泥底，含沙量为70%以上，水深应在1.6 m左右，可迅速进行大排、大灌。海水盐度26~31，pH值为8.1~8.6。投放附着基为10 kg/块以上，投石的行距应为3~4 m，堆距为2~3 m。

（二）参苗投放

投放参苗体长3 cm，即2 000~3 000头/kg的参苗，投放密度为20头/m^2，投放时间2013年4月末。投放前及时清除有害的大型绿藻及蟹类等敌害，同时定期施肥使池水保持黄绿及茶褐色，透明度30~50 cm。

（三）养殖管理

高温及低温时应注意换水，尽量避免或减少过高及过低水温的危害，水深保持在1.6 m以上，冬季结冰时应及时清除冰面上的积雪，以利于加强冰层下的光照，开春时应及时打冰眼，以利于刺参的生长，提高成活率。养殖期间应经常观察、巡视海参的生长及成活状况，必要时要进行水下潜入观察海参的分布及移动情况，定期测量海参体长及体重，及时调整投喂量，特别是在海参的快速生长期的春、秋两季，加强投喂高效的人工配合饵料。

（四）养殖结果

养殖2年后收获，养殖期间未发生重大病害，养殖存活率30%以上，大部分收获个体规格达6头/kg，达商品参规格，取得较好养殖效益。

第二十一章
海胆养殖

海胆是棘皮动物门下的一个纲，是一类生活在海洋浅水区的无脊椎动物。主要特征为体呈球形、盘形或心脏形，无腕。内骨骼互相愈合，形成一个坚固的壳，多数种类口内具复杂的咀嚼器，称亚里士多德提灯，其上具齿，可咀嚼食物。消化管长管状，盘曲于体内，以藻类、水螅、蠕虫为食。多雌雄异体，个体发育中经海胆幼虫（长腕），后变态成幼海胆，经1~2年才达性成熟。可分为规则海胆亚纲和不规则海胆亚纲两个亚纲、22目。

分布在从潮间带到几千米深的海底，多集中在滨海带的岩质海底或沙质海底，或有广泛的分布，或局限在特定的海域，因种而异。海胆是生物科学史上最早被使用的模式生物，它的卵子和胚胎对早期发育生物学的发展有举足轻重的作用。是地球上最长寿的海洋生物之一。

同时，海胆也是一种食用价值、药用价值 、科研与教学价值都较高的经济海洋生物，其中部分种类的生殖腺味道极其鲜美 ，营养丰富。其壳可入药治疗胃溃疡，有的海胆种类因其繁殖期长、成熟卵易获得，还被应用于生物学和胚胎学等学科。海胆属棘皮动物门、游在亚门 、海胆纲。全世界发现的海胆约有 850 种，其中经济种类不超过 30 种 。主要产地有中国、日本、美国、加拿大、智利等。

目前，我国已发现的海胆约有 100 种 ，但重要经济种类的还不足 10 种，主要有：光棘球海胆、紫海胆、马粪海胆、海刺猬、白棘三列海胆。1989 年我国从日本引进虾夷马粪海胆，经推广养殖，虾夷马粪海胆及光棘球海胆已成为中国北方最主要的养殖种类。而我国南方养殖品种以紫海胆为主。随着人民生活水平的不断提高，国内、国际市场对海胆产品的需求上升，近年来海胆养殖逐步引起了人们的重视，现已成为我国沿海水产增养殖业的一个新兴产业。下面以虾夷马粪海胆（图 21-1）为例，说明海胆的育苗和养殖技术。

虾夷马粪海胆因其性腺色泽好、味甜而成为世界经济海胆类的重要种。经多年的生态调查研究，认为它适于我国北方沿海特别是辽东和山东半岛增养殖。1989 年 5 月，大连水产学院从日本引入中国，近两年已有许多单位进行了生产性育苗及增养殖试验，均取得良好效果。

图 21-1　人工养殖虾夷马粪海胆

第一节　虾夷马粪海胆的生物学特性

一、温度和盐度适应性

虾夷马粪海胆为冷水性种类，适应的水温偏低。日本北海道的虾夷马粪海胆生存水温为2~25℃，水温在15℃左右摄食量最为活泼，超过20℃以后摄食量显著减少，海区夏季水温长时间超过23℃会导致其大量死亡。

有学者在实验条件下就不同盐度和温度对虾夷马粪海胆摄食与存活的影响进行了观察。结果表明：20℃时的存活下限盐度为19，25℃时的存活下限盐度为26，21℃时，盐度22可致海胆停止摄食，在25℃的自然海水中，海胆能持续良好生存至少14 d，但摄食停止，在28℃的自然海水中，海胆在48 h内的死亡率为100%。

二、栖息环境

虾夷马粪海胆栖息于砂砾、岩礁地带的50 m浅水域，水深5~20 m处分布较多，幼海胆生长在水深2~3 m处，长大后逐渐向深水处移居。

三、摄食与生长

海胆对饵料藻选择性不强，壳径8 mm以下稚海胆主食附着硅藻及有机碎屑，后期改食大型藻类。虾夷马粪海胆生长快速，最大个体壳径可达10 cm以上。

四、耗氧率和排氨率

有学者研究表明在温度15~25℃的范围内，耗氧率和排氨率随温度的升高而增加；相同温度下，随个体重量的增加耗氧率和排氨率下降，呈负指数关系；虾夷马粪海胆的适宜盐度为30左右，此时的耗氧率最大，每小时为0.091 mg/g，排氨率最低，每小时为23.62 μg/g。

五、繁殖习性

虾夷马粪海胆一年中有两个繁殖季节，即春季5—6月和秋季9—11月。

性成熟为2龄，雌雄异体。繁殖主要在秋季，由于其性腺发育不同步，有些地区从春季至秋季断断续续产卵。虾夷马粪海胆适宜繁殖水温10~20℃。我国北方地区自然繁殖季节为9—11月，海区水温12~23℃，繁殖盛期在10月中旬，水温17~18℃。性腺指数为10%~25%，壳径6 cm左右的虾夷马粪海胆平均产卵量500万粒，约5 g。我国北方的育苗生产单位多在9—11月利用育苗设施的相对空闲时间进行人工育苗。

第二节　虾夷马粪海胆的人工育苗技术

一、亲海胆采捕与饲养促熟

繁殖盛期采捕壳径5 cm以上的健康无损伤个体作亲本，性腺发育好的可立即催产。未成熟亲胆可在室内水池网箱或塑料筐内饲养，以采用稚鲍、稚参培育池较好。黑色波纹板遮光，自然光周期。连续充气。每天流水或全量换水。饲养密度10~20个/m^2，投喂海带、裙带菜、鼠尾藻等或熟贝肉。可采用人工控温促熟使其提前产卵，春季育苗也可采用此技术。

二、催产与人工授精

成熟海胆采回后让其自然排放精卵。人工育苗需大量集中排放精卵，因此需人工诱导。常采用以下方法：①阴干与流水刺激法；②精液刺激法；③解剖取卵法；④浸泡注射法，这是最常用方法，主要诱导物KCl、卜氨基酪酸、乙酰胆碱等。虾夷马粪海胆雌雄外观难辨，但排放时可分辨雌雄：雄性排放性产物呈白色线状，散开后呈雾状；雌性呈橙黄色绒线状，散开呈颗粒状。诱导产卵排精时要将亲胆反口面向下，使其生殖孔浸泡于不同口径的烧杯或瓶口上，使雌雄分别排放，分别收集精卵。精卵收集后最好在1 h内进行受精，可大大提高受精率。受精时卵的密度保持 200 个/mL 左右，精子以精液浓度的 1/25 为宜。授精时要充分搅匀，3~5 min 后取样镜检。若大多数受精膜举起，则应洗卵 1~3 次，除去多余精子。

三、胚胎及幼体发育

虾夷马粪海胆成熟卵径平均 90 mm，受精后受精膜举起，受精卵径达 110~120 mm。受精卵的孵化密度以小于 20 个/mL 为宜，并定期搅动。密度大，孵化率下降。胚胎发育水温以 18~20℃为宜，随幼体的生长逐步将水温降至 15℃左右。

四、浮游幼体培育

当受精卵发育至囊胚破膜上浮时，采用虹吸法选取上层幼虫，定量后放入培育池。初期密度 0.6~1 个/mL 后期培育密度应小于 0.5 个/mL。饵料以牟氏角毛藻及纤细角毛藻为主，也可混投一些湛江叉鞭金藻等。培育水体的饵料密度：四腕期为 1 万~2 万细胞/mL，六腕期为 3 万细胞/mL，八腕期为 3 万~5 万细胞/mL，变态期为 6 万~7 万细胞/mL，日投喂 4~6 次。幼体培育期间水温由开始的 20℃逐渐降至浮游幼体培育结束时的 15℃。连续微量充气，日换水 2 次，每次换 1/2~2/3。换水采用网箱或滤鼓，四腕期用 300~250 目筛网，六腕期可用 200 目筛网，八腕期用 150~120 目筛网。培育室内光照强度小于 1 000 lx。

五、幼体的附着变态及稚海胆培育

幼虫发育至八腕后期，前庭复合体出现，是海胆附着变态的信号。应将幼虫移入培养池，池中已投放附着大量底栖硅藻的附着器。幼虫投放量以 0.2~0.3 个/cm^2（附着板面积）为宜。采集密度大，饵料消耗快，易造成变态稚海胆生长和育成率下降。幼虫在未完全附着前仍需投喂浮游单胞藻类。完全附着变态后可采用流水或间断流水培育。光照调整至300~2 000 lx。根据稚海胆的附着密度和底栖硅藻密度，可适当施加营养盐，但氮肥要小于2 mg/L 。后期当附着板饵料不足时，可投喂一些薄嫩的大型藻磨碎液。自然水温培育1.5~2个月，稚海胆壳径达2~3 mm以上，便可剥离进行中间培育。

六、稚海胆剥离与中间培育

当稚海胆壳径至2 mm以上，由于附着板上的饵料被大量摄食，底栖硅藻已满足不了稚海胆的需要，此时便可用软毛刷或KCl、尿烷等将其剥离下来。剥离的稚海胆放入布有黑色波纹板的网箱内流水培育。培养密度前期（<5 mm）为1万~2万个/m^2，后期（>5 mm）为2 000~500个/m^2。每周至少倒池一次，每日清除粪便，日换（流）水1~5倍。饵料主要采用石莼、囊藻、薄嫩海带、裙带菜和配合饵料，2~3 d投喂1次。在水温10℃以上，经大约3个月的中间培育，稚海胆可长至壳径10 mm以上的幼海胆，此时便可下海进行增养殖。稚海胆的中间培养也可采用网笼海上育成。

第三节　虾夷马粪海胆的养殖方式

一、放流增殖

我国的海胆资源增殖目前尚处于试验推广阶段，主要有底播增殖和移殖增殖两种方式。放流增殖资金投入少，管理工作量小，经2~3年的自然生长，在自然条件比较适宜的海域其回捕率可以达到40%以上，为提高放流增殖效果，搞好天然渔场和改进渔场还是很有必要的。适合于海胆增殖的增殖场应具备如下环境条件：

（一）海水环境

潮流通畅，海水悬浮物较小，受风浪影响小，浮泥相对较少；淡水径流较小或无工业污染源，常年盐度在27以上；常年水温接近于海胆的生长的适温范围，增殖场的水深最好在10 m以内，以利于海藻类饵料生长。

（二）底质环境

海底应为岩礁或有石块分布的砾石底质，有适于海胆附着及栖息隐蔽的场所，或可进行人工改造，海底可投石或投放废旧轮胎。

（三）饵料环境

要求海底生存有宜于海胆摄食的藻类，并且，在各种藻类消长季节均能保持有足够量的饵料藻类供海胆摄食，同时可投放人工鱼礁或海藻育成礁。

二、海上筏式养殖

（一）海区选择

养殖海区选择在水流清澈，盐度较高，无工业污染，淡水径流较小，浮泥较少，水深10 m以上，冬季无冰冻水层的海区。同时应选择海藻自然生长旺盛，易于设置浮筏的海域。

（二）养殖密度及水层

关于海胆的养殖密度，既与其大小规格有关，又与使用的养殖器材种类有关，养殖中应根据各种参数及时进行密度调整，定期检查网箱是否有漏洞，及时清除浮泥、附着生物、箱内敌害生物。

（三）养殖器材及饵料投喂

筏式养殖可用的养殖器材种类较多，可以用长方形塑料箱养殖的，也可以用大型网箱或网笼养殖的。用规格为 2 m×1.3 m×1.3 m 的大型网箱，每箱可养 1 cm 的幼海胆 2 万个左右。随着幼海胆的长大，要逐步降低海胆的养殖密度，直至接近商品规格，这时每个网箱可减少至 2 000 个左右。

海上养殖海胆以投喂海带等海藻类为主要饵料。对常见大型海藻类的摄食选择性依次为：海带、裙带菜、囊藻、马尾藻、石莼、刺松藻。此外，在饥饿状态下虾夷马粪海胆也摄食贻贝、苔藓虫、柄海鞘等饵料，因此可用此特点开展虾夷马粪海胆与鲍混养，达到清淤和清除附着在鲍体表的苔藓虫等敌害生物的目的。投喂饵料要根据苗种大小、生长速度以及水温升降灵活掌握，一般 2 d 投喂一次，生长期 5～7 d 投饵一次，高温或寒冷季节 10～15 d 投饵一次，每次投饵要适量，以免堵塞网衣，影响箱内水体交换。

（四）养殖周期

正常情况下，6 月进 1 cm 大小的苗种，养殖 18 个月即可达到商品规格，进 1.5 cm 的苗种，养殖 12 个月即可达到商品规格，如按鲍笼养殖台筏分析，每行架子放养苗种 2.4 万枚，按 90%收获率，每千克平均 16 枚计算，台产量为 1 350 kg，按现行市场价格计算，每行架子收入 6.56 万元，按成本效益 1∶1 计算，每行架子获益 3.28 万元。如按扇贝笼养殖的台筏分析，每行架子用苗种 1.2 万枚，按 90%收获率，每千克平均 16 枚计算，每行架子产量为 657 kg，按现行市场价格计算，每行架子收入为 3.28 万元，按成本、效益 1∶1 计算，每行架子获益 1.64 万元。由此可见，虾夷马粪海胆有着广阔的生产前景。

三、陆上工厂化养殖

陆上工厂化养殖的养殖条件及其产品收获期的可控性强，有较筏式养殖不受季节和气候等限制的优点，且海胆的生长快，产量高，可以在天然海胆采捕淡季供应市场，提高商品价格，丰富市场供应，其缺点是设施投资较大，养殖成本相对偏高。本养殖方法目前在国内外均已形成一定的养殖规模。

四、病害防治

近几年来由于海洋污染比较严重，而且海胆对栖息环境的变化不适应等因素使其抗病力下降，自 1997 年开始出现“黑嘴病”。所谓“黑嘴病”是病海胆围口膜变黑，病情恶化时不能摄食、附着，而且棘刺逐渐脱落后死亡。该病初期无任何异常，但仔细观察可发现海胆摄食能力逐渐减弱。其死亡率很高，经济损失十分严重。该病原菌为革兰氏阳性杆菌，大小为（0.6~0.7）μm×（0.8~1.0）μm，有中生芽孢，胞囊不膨大。在加入浓度为 2×10^6 个/mL该菌的海水养殖的虾夷马粪海胆，1 周内陆续死亡，其症状与原病海胆相同，围口膜变黑，棘刺脱落后不久死亡。该菌是由受伤的管足处侵入体内，病状首先出现为围口膜变黑，经组织病理切片观察，围口膜上无明显之病灶。该菌可能破坏了口器中的肌肉组织，使海胆不能摄食，最终导致大批死亡。采用药物治疗应符合相关要求。

第四节　虾夷马粪海胆的养殖实例

大连湾海珍品养殖场 2011 年虾夷马粪海胆室内全人工养殖试验。试验采用规格为 240 cm×60 cm×30 cm 的玻璃钢水槽进行立体式流水养殖，养殖密度按 1 cm 海胆 5 000 个/槽，2~2.5 cm 海胆 3 000 个/槽，3~3.5 cm 海胆 2 000 个/槽，5 cm 左右的商品海胆 300 个/槽。饵料为海带、裙带菜、石莼等海藻类，日投喂量按海胆体重的 5%计算，养殖用水为发电厂的冷却水。养殖一年半至两年壳径达 5.0 cm 以上即可收获。

第二十二章
乌贼养殖

第一节　乌贼的生物学特性

乌贼属于软体动物门、头足纲、乌贼目、乌贼科，本名乌鲗，又称花枝、墨斗鱼或墨鱼。乌贼因遇到强敌时会喷出墨汁以掩蔽自己逃亡而被冠为“乌贼”“墨鱼”等名称。乌贼种类较多，有针乌贼、金乌贼、枪乌贼、无针乌贼以及大王乌贼等。目前，对乌贼苗种繁育技术在浙江舟山、宁波和山东青岛等地已经成功，江苏连云港地区最近几年也展开了乌贼的苗种培育工作，主要是针对曼氏无针乌贼和金乌贼（图22-1）两个品种进行了养殖相关的试验研究。

图22-1　金乌贼（王兴强摄）

一、外形特征和分布

乌贼身体呈皮袋状，可区分为头、足和躯干三个部分，头部位于身体前端，形如球体，其顶端为口。头的两侧分别有一对结构复杂的眼睛。乌贼的足生在头顶，所以被称为头足类。头顶的足生有10条称为腕，其中8条较短内侧生有吸盘，分布密集，另外两条较长只有前端有吸盘，但活动自如方便捕食。乌贼的躯干呈袋状，背腹略扁，位于头后。外有一层肌肉非常发达的套膜，两侧有鳍，使得乌贼在游泳中保持平衡。

乌贼于世界各大洋中都有分布，主要是生活在热带和温带海洋中，常见的乌贼在春、夏季繁殖，冬季再迁移至较深海域中。我国乌贼种类较多，东海盛产曼氏无针乌贼以及台湾的枪乌贼，海州湾地区则主要为金乌贼。

二、生活习性

乌贼喜欢生活在远海的海洋深水中。每年春暖季节时由深海游到浅水区进行产卵，即生殖洄游。乌贼喜欢将卵产在海藻及其他物体上，孵化出的幼体与成体在体型上相似，且能摄食小型浮游植物及动物如硅藻、角毛藻、夜光虫等，体型稍大以后可捕食甲壳类、软体类及其他小动物等。小乌贼以鱼虾幼体为食，大乌贼食性较杂，但通常以螃蟹、虾、贝类动物为食。据研究表明这些动物都含有非常丰富的虾青素，这正是乌贼在深海生活保持其稳定的结构肌红蛋白的必要条件。

三、营养价值

乌贼是我国近海渔业资源中重要的组成部分，不但因为乌贼肉质鲜美，还因为其体内含有丰富的营养物质，有良好的使用价值，而且有很高的药用价值，可以不夸张地说，乌贼几乎全身是宝。据研究表明，野生乌贼的肌肉、卵巢和缠卵腺具有营养成分均衡，含量丰富等特点。乌贼墨和乌贼骨有抗肿瘤的作用。肌肉、腕、卵巢和缠卵腺中含有丰富的钾、钙、镁、铁、锌等微量元素，且其头足类最具特色的脂肪酸 DHA 和 EPA 含量丰富。DHA 和 EPA 是组成磷脂、胆固醇酯的重要脂肪酸，有调节人体脂质代谢、治疗和预防心脑血管疾病、促进生长发育、降低胆固醇和增加高密度脂蛋白的作用，由此来看，乌贼不仅可以作为高营养价值的食品，也可以作为高药用价值的保健品。

第二节　苗种培育技术

一、培育池条件及蓄水池准备

使用容积为 30 m^3左右的方形或圆形水泥池，池内设置充气及加温管阀，池内用水从上方注入，下侧池底排除污水污泥，以保证池内用水的清洁度。培育池在使用前用高锰酸钾或次氯酸钠消毒，及日光暴晒等方式减少疾病的发生。有条件的话也可使用紫外线消毒。无论是新建蓄水池还是养殖池改造的蓄水池都要按照培育池的标准进行操作，池内水质要按和培育池内 1∶1 配备，保证稳定换水时的盐度。其中要特别注意保证蓄水池内水水质符合质量标准，以防污染养殖池。

二、培育池内水质管理

培育池内用水可采用砂滤海水，温度控制在 20℃，育苗的初始水位保持在 1 m 左右，每天早晨以微流水方式将池内用水更换，前期日加水 5～10 cm，中后期每天吸污 1 次，换水量 50%～100%，充气式增氧机 24 h 不间断增氧，前期微充气，中后期逐步加大。每日对池内水质情况进行检测，包括水温、盐度、氨氮含量、溶氧度及 pH 值等指标的测定。

三、乌贼苗种来源和孵化

可利用捕捞的野生乌贼或人工养殖的亲代乌贼作为人工育苗的亲本，选择亲本时要尽量挑选体表完整、颜色正常及活动力旺盛的个体。利用乌贼喜将卵产于海藻硬枝的特点，提前放置好用来附卵的网板，待乌贼产卵后，取出网板，调节好培育池水温等一系列条件后，将网板逐个悬挂在事先拉好的网绳上进行孵化。

四、饵料投喂

（一）饵料选择

刚孵化出的乌贼幼苗 1~2 d 后即可摄食，通常以小型浮游动物为食如轮虫类和卤虫无节幼体作为开口饵料。乌贼一般为食肉性动物，喜食活食，随着乌贼苗种的生长发育，一般在 10 d 左右，可以逐步投喂虾苗、桡足类、丰年虫等饵料，但是考虑到成本问题，可以通过逐步驯化投喂经人工强化后的辅助性饵料等。

（二）投喂方法

乌贼幼体孵化前 1~2 d，用轮虫处理培育池内用水，密度为 6~10 个/mL，全天不间断充气。孵化出膜后，幼体还处于倒置悬浮状态，此时幼体以轮虫为食。随着乌贼幼体生长发育、活动能力的增强，能在水中自由游动之后，逐步减少轮虫密度，转为投喂丰年虫、夜光虫，密度控制在 5~6 个/mL。每日一般投喂 3 次，早、中、晚各 1 次，定时投喂。每次投喂前根据池内饵料的残留情况，及时进行增补。

五、病害预防

在乌贼幼体培育的整个过程中，一定要注意保持水质的清洁度和水体环境的稳定性，可防止疾病的发生，同时严格控制所投喂饵料的数量和质量，以避免因饵料投喂不当而引起病害发生。也可以定期适量使用一些抗生素，降低乌贼幼苗感染疾病的风险。

六、苗种培育中的注意事项

因苗种培育期多在夏季高温季节，所以要特别注意以下问题的发生：

（一）水质监管

夏季高温多雨，水质特别容易发生变化，所以每日要做好对水质情况的监管，尤其是在特殊天气下更应该增加对水质的检测次数以防水质变化太大对幼苗生长造成伤害，换水时也要特别注意不要引起池内水环境的大幅度改变。对人为能控制的指标加以调节使其保持在正常范围内，有利于苗种的生长。

（二）细心操作、减小损伤

夏季乌贼幼苗表皮较薄，特别容易因剐蹭造成破裂损伤从而引发破皮、化皮等疾病，所以在倒池、接苗的过程中要特别小心，最好都带水操作减小摩擦。

（三）投饵做到保质保量

饵料的投喂情况决定了苗种的生长情况，所以一定要选择优质饵料喂养，并且饵料多富含蛋白质，高温天气下易发生变质，所以要注意查看饵料是否变质过期，切不可把变质过期饵料投喂给苗种。投饵的数量要根据苗种的大小以及实际摄食情况不断做出调整，尽量减少饵料的残余，既保证了水体的清洁度又可防止饵料在水中变质被幼苗食用感染疾病。

第三节 池塘养殖技术

一、养殖池条件

养殖池可选用方形或圆形水泥池塘，底部呈锅底状，大小在 1 hm^2 左右，相应的配备设施要齐全。养殖池底部为排水口，排水口内侧要用筛网拦截，防止排水时乌贼逃逸，也可避免其他敌害进入。排水阀门和进水阀门要保证畅通无阻，在养殖池进水前，要对池内进行彻底清理暴晒，每亩铺洒 75 kg 的生石灰水进行消毒。同时要按 1∶1 比例配备蓄水池，为后续养殖池换水做准备。配备好的蓄水池可用黑网遮盖起来防止污染和挥发。

二、水质条件和基础饵料培养

养殖期间水体温度要保持在 18.1～26.7℃，溶解氧≥6 mg/L，总氨氮 <1 mg/L，pH 值在 7.6~8.5，盐度在 26~31，所引水体要保证来源清洁无污染符合国家海产品养殖用水标准，水体在养殖期间要尽量保证其清洁度。在投放苗种前 1 周左右可进行基础饵料的培养，可以向养殖池内泼洒已发酵好的动物粪便，每亩泼洒 50 kg 左右，也可以向养殖水中泼洒每亩 2 kg 的尿素和 0.5 kg 过磷酸钙，保证水体的营养度，从而培养乌贼饵料例如桡足类，有助于提高幼苗放养后的成活几率。

三、苗种放养

培育池内乌贼苗种长到 2 cm 大小即可移到养殖池内养殖，注意要细心操作，避免剧烈震荡，减小对苗种的刺激，以免苗种喷墨降低成活率。放养密度以每亩4 000尾左右为宜，也可根据苗种具体大小做调整。最好每个池内放养的苗种大小差异不要太大，以免养殖过程中出现强烈竞争。乌贼捕食能力较强，苗种放养时既可单独喂养也可和其他种类混养，但是尽量选择两者相互影响较小的种类混养例如一些底栖贝类。

四、饵料投喂

基础饵料的培养使得苗种投放初期有充足的食物来源，所以一般不需要人工投喂食物。以后主要靠投喂虾苗、糠虾、白虾，乌贼的进食习惯为虾类>蟹类>鱼类，对鱼糜、小杂鱼碎肉、破碎颗粒等有明显的厌食现象，但若是经过驯化后的苗种也可以选择投喂人工调配的饵料，可根据苗种的进食情况来选配饵料。投喂次数大概为每日2~3次，记录苗种的摄食情况和生长情况，适时做出调整。乌贼一般白天潜伏不动，夜晚进食，也可据此选择喂食时间和间隔时间，饵料一次性投喂不要太多，少量多次，见乌贼不再摄食时停止投喂。

五、养殖管理

除了做好日常养殖工作以外还要做好养殖管理。养殖管理主要包括对水质监管和日常监管。搞好水质监管要做到：每日对水体各指标进行测定并记录在册，保证乌贼生长环境适宜，一旦发现水体异常及时补救把对苗种的影响降到最小。注意天气变化，提前做好防护工作；养殖池内排水放水做到稳而缓，换水量也要根据苗种大小及天气做出调整：早期日换水量为20%~30%，中期日换水量30%~40%，高温天气30%~50%。水体颜色在淡黄、黄绿、浅黄为主。日常监管要做到严格巡查，观察乌贼的摄食情况和残饵量可帮助适时对饵料投喂做调整，观察乌贼的活动情况，发现病害要及时捞出病害个体投药换水；定期抽查乌贼的生长情况，待乌贼生长至商品规格时即可捕获上市。

六、养殖过程中应注意的问题

（一）饵料选择问题

饵料投喂情况很大程度上决定了乌贼的生长情况，所以选择合适经济的饵料对乌贼的养殖来说至关重要。因乌贼的摄食习性为喜食活体小虾小鱼，所以尽量以该类饵料为主，当然若是经驯化的苗种也可根据其摄食情况做调整。

（二）生长差异问题

在养殖期间常会出现同池个体大小在生长过程中差异明显，乌贼捕食凶猛，小的个体很难存活，为提高养殖成活率可选择分级喂养，并且高温期间乌贼易发生性早熟，停止生长，且交配产卵后易因体质虚弱死亡，因此一旦发现性早熟个体也要选择分级喂养，保证其成活率和继续生长。

（三）病害防治问题

乌贼在养殖过程中一般不太容易发生大规模病害，但是其活动迅猛，体表又无甲壳保护，容易发生剐蹭受伤，为避免乌贼受伤感染，每周可向池内喷洒土霉素来预防病害。

七、收获

经过两个半月左右的养殖，乌贼基本上就能达到商品规格（体长 84 mm，体重 86 g/只），此时即可捕捞上市。由于乌贼有遇到危险喜欢喷墨的特点，因此选用地笼将乌贼从池塘内不受损伤的捕捞上来。到了 11 月以后，气温逐渐降到 15℃左右，这时，对未达到捕捞上市规格的乌贼，需要从池塘里捕捞上来放入室内暂养池越冬培养。